MY BEST

授業の理解から入試対策まで

よくわかる化学問題集

冨田　功　お茶の水女子大学名誉教授・理学博士
目良誠二　元東京都立新宿高等学校教諭
村上眞一　元東京都立江北高等学校教諭
宮本一弘　私立開成中学校・高等学校教諭
山本哲裕　私立麻布中学校・高等学校教諭

本書の使い方

本書の特色

1 化学の重要な問題をもれなく収録
本書は，平成24年度からの学習指導要領に対応した，「化学」科目で必要とされる重要な問題を精選してとりあげました。「化学」科目の実力養成には本書1冊で十分です。
なお，p.4～9の6ページでは化学基礎のおさらいを収録してありますので，「化学」科目に取り組む前の復習に役立ててください。

2 2色刷りでわかりやすい
本誌，別冊ともポイントがわかりやすい2色刷りです。
別冊の解答・解説では，解答に関連した重要な公式や考え方を POINT としてまとめました。

3 「実戦問題」，「探究活動対策問題」で試験対策も安心
「実戦問題」，「探究活動対策問題」で試験対策も安心です。
各部の末には，中間試験・期末試験に出やすい問題を100点満点のテスト形式で掲載してあります。試験前にやっておけば安心して試験に臨めます。

本書の効果的な使い方

1 「これだけはおさえよう」で要点はバッチリ
各章の冒頭に重要な事項・用語をまとめてあります。しっかり覚えましょう。

2 レベル表示を利用して，効率的に学習しよう
問題は基本と応用の2レベルに分かれています。まず基本問題を学習し，そのあと応用問題にとりかかりましょう。

3 中間試験，期末試験の直前には「実戦問題」をやろう
中間試験・期末試験の出題範囲がわかったら，その範囲の「実戦問題」で腕試しをしてみましょう。

4 「探究活動対策問題」で実験の出題にも慣れよう
実験の経過や結果を問う形式のテストに慣れるために，「探究活動対策問題」にチャレンジしましょう。

5 参考書とセットでより効果的な活用を
本書は参考書『よくわかる 化学基礎＋化学』の姉妹編として作成してあります。本書を単独で使っても十分効果的な学習ができることはいうまでもありませんが，参考書とあわせて活用すると，さらに効果的な学習をすることができます。

CONTENTS もくじ

本書の使い方 …………… 2

化学基礎のおさらい ………… 4

第1部　物質の状態
- 第1章　化学結合と結晶 …………… 10
- 第2章　物質の状態変化 …………… 16
- 実戦問題① …………… 22
- 探究活動 対策問題 …………… 24
- 第3章　気体の性質 …………… 26
- 第4章　溶液 …………… 32
- 実戦問題② …………… 40
- 探究活動 対策問題 …………… 42

第2部　物質の変化と化学平衡
- 第1章　化学反応とエネルギー …………… 44
- 第2章　電池と電気分解 …………… 50
- 実戦問題③ …………… 58
- 探究活動 対策問題 …………… 60
- 第3章　反応の速さとしくみ …………… 62
- 第4章　化学平衡 …………… 66
- 実戦問題④ …………… 74

第3部　無機物質
- 第1章　非金属元素とその化合物 …………… 76
- 第2章　金属元素とその化合物 …………… 84
- 実戦問題⑤ …………… 92
- 探究活動 対策問題 …………… 94

第4部　有機化合物
- 第1章　有機化合物の特徴・分類と化学式 … 96
- 第2章　脂肪族炭化水素 …………… 100
- 第3章　酸素を含む脂肪族化合物 …………… 108
- 第4章　芳香族化合物 …………… 116
- 実戦問題⑥ …………… 124
- 探究活動 対策問題 …………… 126

第5部　高分子化合物
- 第1章　天然高分子化合物 …………… 128
- 第2章　合成高分子化合物 …………… 134
- 実戦問題⑦ …………… 140
- 探究活動 対策問題 …………… 142

化学基礎のおさらい

[1] 物質の構成
次の(ア)〜(カ)の組み合わせについて，下の(1)〜(4)に該当するものを1つずつ選べ。

(ア) 白金と金　　(イ) 鉛と黒鉛　　(ウ) 酸素とオゾン
(エ) 塩酸と石灰水　(オ) 一酸化炭素と二酸化炭素
(カ) 原子番号1で質量数1の原子と，原子番号1で質量数2の原子

(1) 混合物　(2) 化合物　(3) 互いに同位体　(4) 互いに同素体

[2] 単体と元素
次の(1)〜(4)の文中の下線上の語は，「元素」，「単体」のどちらを意味しているか。それぞれ「元素」または「単体」で答えよ。

(1) 水の成分は，酸素と水素である。
(2) 水を電気分解すると，酸素と水素が得られる。
(3) 空気の主成分は，窒素と酸素である。
(4) 地殻中に最も多く含まれているのは，酸素である。

[3] 三態の変化
次の図は，三態の変化を表している。①〜⑤の変化は何と呼ばれるか。

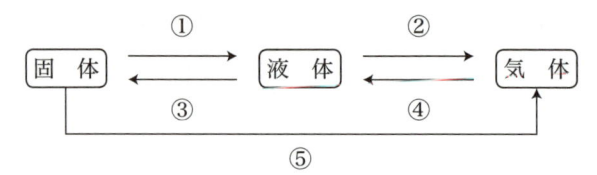

固体 ⇄(①/③) 液体 ⇄(②/④) 気体　⑤(固体→気体)

[4] 原子構造とイオン
マンガンのイオン Mn^{2+} 中には，23個の電子が存在する。質量数55のマンガンのイオン Mn^{2+} 中に存在する陽子と中性子はそれぞれ何個か。

[5] イオンの電子配置
次の①〜⑩のイオンのうち，電子配置がNeと同じものをすべて選べ。

① Li^+　② K^+　③ Na^+　④ Ca^{2+}　⑤ Al^{3+}
⑥ Mg^{2+}　⑦ O^{2-}　⑧ S^{2-}　⑨ Cl^-　⑩ F^-

[6] 電子式・構造式と分子の極性
次の(1)〜(8)の電子式と構造式を書け。また，(1)〜(8)を極性分子と無極性分子に分類せよ。さらに，水素結合を形成するものを選べ。

(1) H_2　(2) N_2　(3) HF　(4) CO_2
(5) H_2O　(6) NH_3　(7) CH_4　(8) CCl_4

[7] いろいろな結晶
次の(ア)～(ク)の結晶を，(1)イオン結晶，(2)分子結晶，(3)共有結合の結晶，(4)金属結晶に分類せよ。

(ア) ダイヤモンド　(イ) ナトリウム　(ウ) 塩化ナトリウム　(エ) 黒鉛
(オ) 鉛　(カ) ヨウ素　(キ) 酸化アルミニウム　(ク) ドライアイス

[8] 原子量
次の問いに答えよ。

(1) 原子量が x の2価の金属元素の単体 a 〔g〕を燃焼したところ，この金属の酸化物 b 〔g〕が得られた。x を a と b を用いて表せ。ただし，原子量は $O=16$ とする。

(2) ある元素は天然に3種類の同位体が存在する。3種類の同位体の相対質量を M_1, M_2, M_3 とし，また，それぞれの存在比を $X_1:X_2:X_3$ としたとき，この元素の原子量を M_1, M_2, M_3 および X_1, X_2, X_3 を用いて表せ。

[9] 原子量と分子量
エタン C_2H_6 分子1個の質量は，ネオン Ne 原子1個の質量の何倍か。ただし，原子量は $H=1.0$, $C=12$, $Ne=20$ とする。

[10] 質量と物質量
次の問いに答えよ。ただし，原子量は $H=1.0$, $C=12$, $N=14$, $O=16$, $Na=23$, $S=32$ とする。

(1) 36 g の水の物質量は何 mol か。
(2) 22 g の二酸化炭素の物質量は何 mol か。
(3) 1.0 mol の硫酸アンモニウム $(NH_4)_2SO_4$ の質量は何 g か。
(4) 0.20 mol のアンモニア NH_3 の質量は何 g か。
(5) 0.10 mol の水酸化ナトリウムの質量は何 g か。

[11] 粒子数と物質量
次の問いに答えよ。ただし，アボガドロ定数 $=6.0\times10^{23}$/mol とする。

(1) 水分子 1.2×10^{23} 個は，水何 mol か。
(2) 二酸化炭素分子 1.5×10^{23} 個は，二酸化炭素何 mol か。
(3) 0.20 mol のアンモニア中には，アンモニア分子が何個含まれるか。
(4) 水素原子 6.0×10^{23} 個を含むアンモニアは何 mol か。
(5) 2.0 mol の硫酸アンモニウム $(NH_4)_2SO_4$ 中のアンモニウムイオンは何個か。
(6) 2.0 mol の硫酸アンモニウム $(NH_4)_2SO_4$ 中の水素原子は何個か。

[12] 質量と粒子数と原子量・分子量

次の問いに答えよ。ただし，原子量は H＝1.0，C＝12，O＝16，アボガドロ定数＝$6.0×10^{23}$/mol とする。

(1) 水 9.0 g 中の水分子の数は何個か。
(2) 二酸化炭素 11 g 中に含まれる酸素原子の数は何個か。
(3) 二酸化炭素分子 $1.2×10^{23}$ 個は何 g か。
(4) 水分子 1 個は何 g か。
(5) 1 分子の質量が $5.0×10^{-23}$ g である分子の分子量はいくらか。
(6) ある金属元素の原子 4 個の質量は $4.2×10^{-22}$ g であった。この金属元素の原子量はいくらか。

[13] 気体の体積と物質量と質量

次の問いに答えよ。ただし，原子量は H＝1.0，C＝12，O＝16，アボガドロ定数＝$6.0×10^{23}$/mol とする。

(1) 標準状態で 5.6 L の H_2 は何 mol か。また何 g か。
(2) 標準状態で 560 mL の CO_2 は何 mol か。また何 g か。
(3) 0.050 mol の O_2 は標準状態で何 L か。
(4) 0.80 g の CH_4 は標準状態で何 L か。

[14] 気体の密度

標準状態での密度が 1.25 g/L である気体を，次の①〜⑥から 1 つ選べ。ただし，原子量は H＝1.0，C＝12，N＝14，O＝16 とする。

① H_2　② N_2　③ O_2　④ CH_4　⑤ CO_2　⑥ C_2H_6

[15] 物質量

次の物質①〜④のうち，物質量が最も多いものを 1 つ選べ。ただし，原子量は H＝1.0，C＝12，O＝16，Na＝23，Cl＝35.5，Fe＝56 とする。

① 56 g の鉄　② 標準状態で 33.6 L の酸素
③ 1.0 mol/L の塩化ナトリウム水溶液 300 mL をつくるのに必要な塩化ナトリウム
④ 1.0 mol のエタノール C_2H_6O が完全燃焼したときに生成する二酸化炭素

[16] 溶液の濃度

水酸化ナトリウム 8.0 g を水に溶かして 100 mL とした水酸化ナトリウム水溶液がある。この水溶液の密度を 1.1 g/cm^3 として，次の問いに答えよ。ただし，原子量は H＝1.0，O＝16，Na＝23 とする。

(1) この水溶液の質量は何 g か。
(2) この水溶液の質量パーセント濃度は何 % か。
(3) この水溶液中に含まれる水酸化ナトリウムの物質量は何 mol か。
(4) この水溶液のモル濃度は何 mol/L か。

[17] 濃度の換算

質量パーセント A〔%〕の塩化ナトリウム水溶液の密度は D〔g/mL〕である。塩化ナトリウムのモル質量を M〔g/mol〕として，塩化ナトリウム水溶液のモル濃度を A，D，M を用いて表せ。

[18] 溶解度と結晶の析出

硝酸カリウムの水に対する溶解度(水100gに溶けるg数)は，60℃で110，40℃で64である。40℃の硝酸カリウム飽和水溶液の質量パーセント濃度は何%か。また，60℃の硝酸カリウム飽和水溶液500gを40℃に冷却すると，何gの硝酸カリウムが析出するか。

[19] 化学反応式①

次の(1)～(3)の化学反応式中の(　)に係数を書け。ただし，1の場合は1と書け。

(1) (　　)C_2H_6 + (　　)O_2 ⟶ (　　)CO_2 + (　　)H_2O

(2) (　　)$CaCO_3$ + (　　)HCl ⟶ (　　)$CaCl_2$ + (　　)H_2O + (　　)CO_2

(3) (　　)NH_3 + (　　)O_2 ⟶ (　　)NO + (　　)H_2O

[20] 化学反応式②

次の(1)～(4)の化学変化を化学反応式で示せ。

(1) メタンCH_4が完全燃焼すると，二酸化炭素と水が生成する。
(2) 亜鉛に希硫酸を加えると，水素が発生する。
(3) 過酸化水素水に触媒として酸化マンガン(IV)を作用させると，酸素が発生する。
(4) 炭酸水素ナトリウム$NaHCO_3$を加熱すると，二酸化炭素が発生する。

[21] 化学反応式と量的関係①

標準状態で3LのC_3H_8が完全燃焼するのに必要な酸素は，標準状態で何Lか。

[22] 化学反応式と量的関係②

メタンCH_4の燃焼について，次の問いに答えよ。ただし，原子量はH＝1.0，C＝12，O＝16とする。

(1) メタン8.0gが完全燃焼すると，生成する水は何gか。
(2) メタン8.0gが完全燃焼すると，発生する二酸化炭素は，標準状態で何Lか。
(3) 標準状態で5.6Lのメタンが完全燃焼すると，発生する二酸化炭素は，標準状態で何Lか。
(4) メタンが完全燃焼して7.2gの水が生成した。このとき消費された酸素は何gか。

[23] 化学反応式と量的関係③

メタンCH_4とエタンC_2H_6の混合物7.6gを完全燃焼したところ，14.4gの水が生成した。はじめの混合物中のメタンは何gか。ただし，原子量はH＝1.0，C＝12，O＝16とする。

[24] 化学反応式と量的関係④

一酸化炭素20Lと酸素20Lの混合気体を反応させ，一酸化炭素を完全に二酸化炭素にした。反応後の気体の全体積は何Lか。また，反応後の気体の体積組成を求めよ。ただし，気体の体積は，同温・同圧におけるものとする。

[25] 酸と塩基
次の酸・塩基に関する①～⑤の記述のうち，正しいものを選べ。
① 塩化水素 HCl は，酸素元素 O を含まないので，酸に分類されない。
② 塩化水素 HCl を水に溶かすと，オキソニウムイオン H_3O^+ が生成する。
③ アンモニア NH_3 は，OH 基を含まないので，塩基に分類されない。
④ 塩化水素 HCl は 1 価の酸で，硫化水素 H_2S は 2 価の酸なので，塩化水素よりも硫化水素のほうが強い酸である。
⑤ 弱酸の電離度は，濃度によらず一定である。

[26] pH
次の(1)～(3)の水溶液の pH を求めよ。ただし，水のイオン積は $1.0\times10^{-14}(mol/L)^2$ とする。
(1) 0.010 mol/L の塩酸
(2) 0.10 mol/L の酢酸水溶液(電離度を 0.010 とする。)
(3) 0.010 mol/L の水酸化ナトリウム水溶液

[27] 中和滴定①
食酢中の酢酸の濃度を求めるために，次の実験を行った。下の問いに答えよ。
食酢を器具Xとメスフラスコを用いて 10 倍にうすめた。この水溶液 10.0 mL を，器具Xでコニカルビーカーにとり，フェノールフタレイン溶液を数滴加え，0.100 mol/L の水酸化ナトリウム水溶液をビュレットから滴下したところ，中和に要した水酸化ナトリウムの量は 7.20 mL であった。
(1) 器具Xの名称を書け。
(2) 食酢中に含まれる酸がすべて酢酸であるとすると，食酢中の酢酸のモル濃度は何 mol/L か。

[28] 中和滴定②
0.10 mol/L のシュウ酸$(COOH)_2$水溶液と，濃度未知の塩酸がある。それぞれ 10 mL を，ある濃度の水酸化ナトリウム水溶液で滴定したところ，中和に要した体積は，それぞれ 7.5 mL と 15.0 mL であった。この塩酸の濃度は何 mol/L か。最も適当な数値を，次の①～⑥のうちから 1 つ選べ。(センター本試)
① 0.025　② 0.050　③ 0.10　④ 0.20　⑤ 0.40　⑥ 0.80

[29] 塩の水溶液の pH
次の水溶液A～Cが示す pH の大きさの順序が正しいものを，下の①～⑥から選べ。
A　0.01 mol/L の塩化ナトリウム
B　0.01 mol/L の炭酸水素ナトリウム
C　0.01 mol/L の塩化アンモニウム
① A＞B＞C　② A＞C＞B　③ B＞A＞C
④ B＞C＞A　⑤ C＞A＞B　⑥ C＞B＞A

[30] 酸化・還元の定義

次の反応で，A〜Dの矢印のついた変化は，「酸化された」のか「還元された」のか。「酸化された」または「還元された」で答えよ。

(1) $2CuO + C \longrightarrow 2Cu + CO_2$ （A: CuO→Cu, B: C→CO_2）

(2) $2H_2S + SO_2 \longrightarrow 3S + 2H_2O$ （C: H_2S→S, D: SO_2→S）

[31] 酸化数

次の物質の下線上の原子の酸化数をそれぞれ求めよ。

(1) Na<u>N</u>O_2   (2) <u>N</u>_2   (3) <u>N</u>O_2   (4) H<u>N</u>O_3   (5) <u>N</u>H_3

(6) H_2<u>O</u>_2   (7) K<u>Mn</u>O_4   (8) Na<u>Cl</u>O   (9) <u>Cl</u>O_3^−

(10) <u>S</u>O_4^{2−}   (11) <u>Cr</u>_2(SO_4)_3

[32] 還元剤

次のA〜Eの反応において，SO_2 が還元剤として作用しているものをすべて選べ。

A $SO_2 + H_2O_2 \longrightarrow H_2SO_4$

B $SO_2 + 2NaOH \longrightarrow Na_2SO_3 + H_2O$

C $SO_2 + 2H_2S \longrightarrow 2H_2O + 3S$

D $SO_2 + Cl_2 + 2H_2O \longrightarrow H_2SO_4 + 2HCl$

E $SO_2 + H_2O \longrightarrow H_2SO_3$

[33] 金属のイオン化傾向

A，B，Cの金属に関する次の(1)〜(2)の実験結果から，A，B，Cをイオン化傾向の大きい順に並べよ。

(1) A，B，Cを塩酸に入れると，AとCは気体を発生して溶けたが，Bは反応しなかった。

(2) Aの塩の水溶液に，Cの単体を入れると，Cの表面にAの単体が析出した。

[34] 酸化剤・還元剤の量的関係

硫酸酸性で，H_2O_2 水溶液と $KMnO_4$ 水溶液は酸化還元反応を起こす。このとき，H_2O_2 と MnO_4^- はそれぞれ還元剤および酸化剤として，次のようにはたらく。

$$H_2O_2 \longrightarrow O_2 + 2H^+ + 2e^-$$

$$MnO_4^- + 8H^+ + 5e^- \longrightarrow Mn^{2+} + 4H_2O$$

この反応で，0.50 mol の H_2O_2 と反応する $KMnO_4$ は何 mol か。

第1部 物質の状態

第1章 化学結合と結晶

これだけはおさえよう

1 結晶の種類と特徴

❶ **イオン結晶** 静電気力（クーロン力）によるイオン結合によって，陽イオンと陰イオンが交互に規則正しく配列してできた結晶。硬くてもろく，電導性なし。㋐

❷ **分子結晶**㋑ 分子がファンデルワールス力などの分子間力によって，規則正しく配列してできた結晶。融点が低く，㋒軟らかくもろい。

❸ **共有結合の結晶** 原子が共有結合によって連続的に結ばれた結晶。非常に硬く，融点が非常に高く，電導性なし。㋓

❹ **金属結晶**㋔ 自由電子を金属全体で共有してできる金属結合によって原子が規則正しく配列してできた結晶。展性・延性に富む。電導性あり。

㋐ 水溶液や加熱融解すると電気を流す。
㋑ 有機化合物の多くは，分子結晶。
㋒ 昇華するものも多い。
㋓ 黒鉛は共有結合の結晶であるが，軟らかく，電気を流す。
㋔ 金属光沢がある。

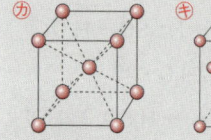

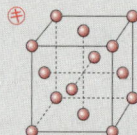

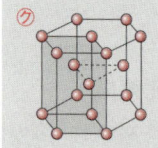

2 金属の結晶構造

❶ **結晶格子** (A)体心立方格子，㋕ (B)面心立方格子，㋖ (C)六方最密構造㋗

	配位数	単位格子中の原子数	充填率(%)
A	8	2	68
B	12	4	74
C	12	2	74

❷ **単位格子とアボガドロ定数**
原子のモル質量 M〔g/mol〕，密度 d〔g/cm³〕，単位格子中の原子の数，単位格子1辺の長さ a〔cm〕，アボガドロ定数 N_A〔/mol〕の関係

単位格子中の原子の数：$a^3d = N_A : M$ ㋘

❸ **金属の単位格子と原子半径**
単位格子1辺の長さ a〔cm〕，原子半径 r〔cm〕
体心立方格子のとき $4r = \sqrt{3}\,a$ ㋙
面心立方格子のとき $4r = \sqrt{2}\,a$ ㋚

㋗ 体心立方格子のとき
$2 : a^3d = N_A : M$
面心立方格子のとき
$4 : a^3d = N_A : M$

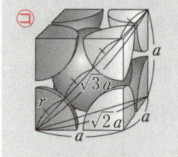

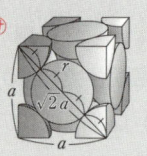

3 NaCl と CsCl の結晶構造

❶ **NaCl形**㋛ Na⁺，Cl⁻の配位数＝6
❷ **CsCl形**㋜ Cs⁺，Cl⁻の配位数＝8

4 非晶質（アモルファス）

構成粒子が規則的に配列をしていない固体

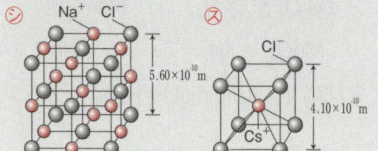

基本問題

解答・解説は別冊 p.7

重要例題1　化学結合と結晶

次の㋐～㋕の物質が結晶状態にあるとき，(1)～(6)に該当するものを㋐～㋕から1つずつ選べ。

㋐　アルミニウム　　㋑　ダイヤモンド　　㋒　塩化ナトリウム
㋓　氷　　　　　　　㋔　メタン　　　　　㋕　アルゴン

(1) イオン結合のみからなる。　　(2) 共有結合のみからなる。
(3) 金属結合のみからなる。　　　(4) ファンデルワールス力のみからなる。
(5) 共有結合とファンデルワールス力とからなる。
(6) 共有結合とファンデルワールス力と水素結合とからなる。

考え方
㋐　アルミニウム Al は金属で，金属結合。
㋑　ダイヤモンド C は C 原子の共有結合の結晶で共有結合。
㋒　塩化ナトリウム NaCl は，Na^+ と Cl^- 間のイオン結晶で，イオン結合。
㋓　氷 H_2O は，分子内に共有結合，分子間にファンデルワールス力と水素結合。
㋔　メタン CH_4 は分子内に共有結合，分子間にファンデルワールス力。
㋕　アルゴン Ar は，希ガスに属する単原子分子で，ファンデルワールス力のみ。

解答　(1) ㋒　(2) ㋑　(3) ㋐　(4) ㋕　(5) ㋔　(6) ㋓

1　化学結合と結晶①

次の㋐～㋕の物質が結晶状態にあるとき，下の(1)～(4)に当てはまるものをすべて選べ。

㋐　Fe　　　㋑　NH_4Cl　　　㋒　CaO　　　㋓　CO_2
㋔　KNO_3　　㋕　C（ダイヤモンド）

(1) 共有結合を含むイオン結晶　　(2) 配位結合を含むイオン結晶
(3) 分子結晶　　　　　　　　　　(4) 共有結合の結晶

2　化学結合と結晶②

次の文中の(　)に適する語句を書け。

　塩化ナトリウムや塩化カルシウムなどの結晶は，(　a　)と(　b　)が(　c　)力により強く結合している。これらの結晶は一般に融点が高く，硬くてもろい。

　ダイヤモンドや二酸化ケイ素などの結晶は，(　d　)どうしが価電子を共有して(　e　)をつくることにより正四面体状に結合した巨大分子で，きわめて硬く，融点は非常に高い。

　鉄や銅などの結晶では，価電子が結晶の中を動きまわることができる(　f　)になり，これが原子の間で共有されているために，電気や熱の良導体である。

　ヨウ素やナフタレンなどの結晶は，(　g　)どうしが(　h　)力と呼ばれる比較的弱い力で結合しており，軟らかく，融点が低い。

ヒント
1　多原子イオン中の原子間の結合は共有結合。
2　鉄や銅などの結晶では，すべての金属原子が自由に動ける電子を共有している。

> **重要例題2** 　**面心立方格子とアボガドロ定数**

銅の結晶は，図のような，面心立方格子である。

次の問いに答えよ。ただし，銅の原子量をM，単位格子の1辺の長さをa〔cm〕，結晶の密度をd〔g/cm³〕とする。

(1) 単位格子には，銅原子は何個含まれるか。
(2) アボガドロ定数N_A〔/mol〕をM，a，dを用いて表せ。

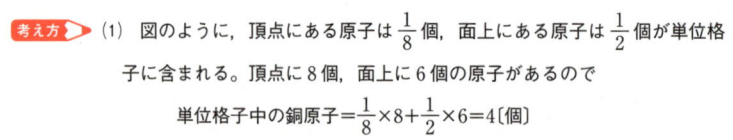

考え方 (1) 図のように，頂点にある原子は$\frac{1}{8}$個，面上にある原子は$\frac{1}{2}$個が単位格子に含まれる。頂点に8個，面上に6個の原子があるので
　　　単位格子中の銅原子＝$\frac{1}{8}×8+\frac{1}{2}×6=4$〔個〕
(2) 単位格子には，4個の銅原子が含まれ，その質量はa^3d〔g〕であり，N_A個の銅原子の質量はM〔g〕なので　　$4:a^3d=N_A:M$　　$N_A=\frac{4M}{a^3d}$〔/mol〕

解答 (1) 4個　(2) $N_A=\frac{4M}{a^3d}$

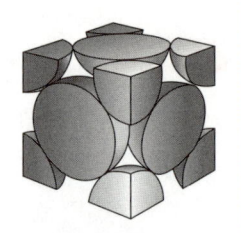

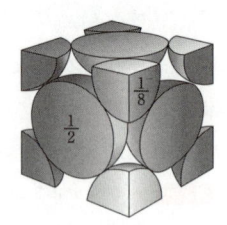

3 　面心立方格子と原子量

銀の結晶格子は，面心立方格子である。単位格子の1辺の長さをa〔cm〕，結晶の密度をd〔g/cm³〕，アボガドロ定数をN_Aとして，銀の原子量MをN_A，a，dを用いて表せ。

4 　体心立方格子とアボガドロ定数

ナトリウムの結晶は，図のような，体心立方格子である。

次の問いに答えよ。ただし，ナトリウムの原子量をM，単位格子の1辺の長さをa〔cm〕，結晶の密度をd〔g/cm³〕とする。

(1) 単位格子には，ナトリウム原子は何個含まれるか。
(2) アボガドロ定数N_AをM，a，dを用いて表せ。

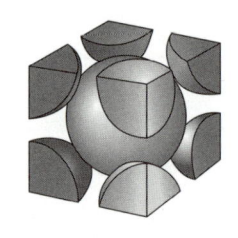

5 　単位格子と組成式

次の(1)〜(3)の図は，A原子(●)とB原子(○)からなる結晶の構造を示したものである。結晶の組成式をA_2B_3のように書け。

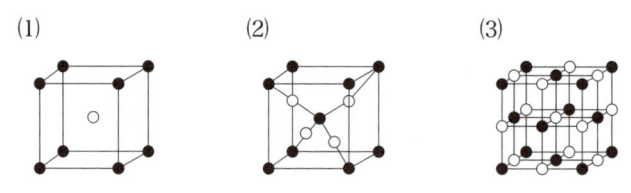

(1)　　　(2)　　　(3)

ヒント　3，4　N_A個の原子の質量はM〔g〕。単位格子中の原子の数と単位格子の質量に注意。
　　　　　5 (3) 辺上の原子は，$\frac{1}{4}$個分が単位格子に含まれる。

重要例題3 体心立方格子と原子半径

鉄の結晶は，図のような，1辺の長さ a が $2.87×10^{-8}$ cm の体心立方格子である。次の問いに答えよ。

(1) 1つの鉄原子に隣接する鉄原子は何個あるか。
(2) 鉄原子の原子半径 r はいくらか。ただし，$\sqrt{3}=1.73$ とする。

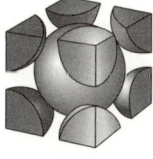

図1

考え方 (1) 図1のように，中心の鉄原子は，頂点にある8つの鉄原子に接している。
(2) 体心立方格子を図2の赤線で切断すると，切断面は図3のようになる。ABの長さは a で表すと，三平方の定理より，$\sqrt{3}a$ となる。一方，原子半径 r で表すと，$4r$ となる。

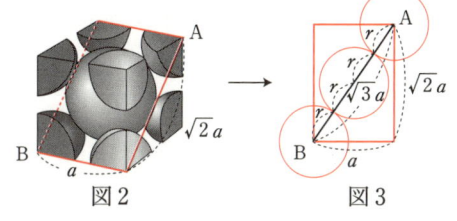

$$4r=\sqrt{3}a \quad \text{よって} \quad r=\frac{\sqrt{3}}{4}a=1.24×10^{-8} \text{[cm]}$$

図2　図3

解答 (1) 8個　(2) $1.24×10^{-8}$ cm

---

6 体心立方格子の配位数と原子半径

ある金属の結晶は，1辺の長さ a の体心立方格子である。次の問いに答えよ。
(1) この金属原子1個に隣接する原子は何個あるか。
(2) この金属原子の原子半径 r を a を用いて表せ。

7 面心立方格子の配位数と原子半径

ニッケルの結晶は，図のような，1辺の長さ a の面心立方格子である。次の問いに答えよ。
(1) 1つのニッケル原子に隣接するニッケル原子は何個あるか。
(2) ニッケル原子の原子半径 r を a を用いて表せ。

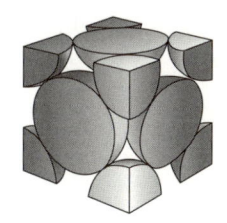

8 塩化ナトリウムの構造

図は，塩化ナトリウムの単位格子である。塩化ナトリウム中の Na^+，Cl^- の配位数はいくらか。

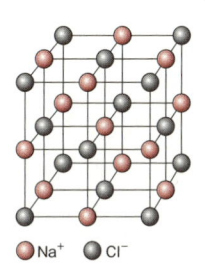

○ Na^+　● Cl^-

ヒント　6 体心立方格子であることに注意する。
　　　　　7 面心立方格子であることに注意する。
　　　　　8 図中で，○Na^+ のまわりに ●Cl^- は何個あるか。

第1章　化学結合と結晶　13

応用問題

9 種々の結晶とその性質

次の文中の空欄㋐〜㋙に適する語句を，下の(a)〜(y)から選び，記号で答えよ。

塩化ナトリウムのような結晶では，陰陽両イオンが（ ㋐ ）によって結合しており，その融点は（ ㋑ ）。ヨウ素やナフタレンのように分子間に（ ㋒ ）がはたらいている分子結晶の融点は低いが，ダイヤモンドのように（ ㋓ ）の結晶になると，その融点は高い。金属では規則正しく配列している原子の間を（ ㋔ ）が自由に動きまわって結晶全体を結びつけている。このため，金属は電気や熱の（ ㋕ ）である。イオン結晶の融解した液体は（ ㋖ ）が，分子結晶の融解した液体は（ ㋗ ）。黒鉛では炭素原子が六角形網目状に結びつけられた面が（ ㋘ ）に配列しており，面と面との間には弱い力がはたらいている。面内には面全体を自由に動く電子があるので，黒鉛は（ ㋙ ）を示す。水やアルコールのような物質では，分子間にファンデルワールス力のほかに（ ㋚ ）という静電気的な強い力がはたらいているので，これらの物質の沸点は同じ程度の分子量の炭化水素と比べて異常に高い。

(a) 環状　(b) 層状　(c) 線状　(d) 電子　(e) 原子　(f) 分子　(g) 熱伝導性
(h) 耐熱性　(i) 延性　(j) 展性　(k) 電気伝導性　(l) 電気を通さない
(m) 電気を通す　(n) 低い　(o) 高い　(p) 二量体　(q) 半導体　(r) 良導体
(s) 金属結合　(t) 水素結合　(u) 共有結合　(v) 静電気力（クーロン力）
(w) ファンデルワールス力　(x) 陰イオン　(y) 陽イオン

10 面心立方格子

図は，アルミニウム Al の単位格子（面心立方格子）を示したものである。

この単位格子の1辺の長さを 4.0×10^{-8} cm，密度を 2.7 g/cm³，アボガドロ定数を 6.0×10^{23}/mol，$\sqrt{2} = 1.4$ として，次の問いに答えよ。

(1) アルミニウムの原子半径は何 cm か。
(2) アルミニウム原子1個の質量は何 g か。
(3) アルミニウムの原子量はいくらか。

11 体心立方格子

ナトリウムの結晶の単位格子は，1辺の長さが 4.3×10^{-8} cm の体心立方格子で，結晶の密度は 0.97 g/cm³ である。アボガドロ定数を 6.0×10^{23}/mol，$\sqrt{3} = 1.7$ として，次の問いに答えよ。

(1) ナトリウムの原子半径は何 cm か。
(2) ナトリウム原子1個の質量は何 g か。
(3) ナトリウムの原子量はいくらか。

ヒント
9　ダイヤモンドと黒鉛は，炭素の同素体で共有結合の結晶であるが，性質には大きな違いがある。
10, 11　面心立方格子，体心立方格子中の原子数は，それぞれ4個と2個である。

12 塩化ナトリウムの単位格子

図は，塩化ナトリウムの単位格子である。次の問いに答えよ。

(1) この単位格子中に含まれるNa^+，Cl^-はそれぞれ何個か。

(2) Cl^-のイオン半径は$1.67×10^{-8}$cm，単位格子の1辺の長さは$5.60×10^{-8}$cmである。結晶内ではNa^+とCl^-が接しているとして，Na^+のイオン半径を求めよ。

(3) NaClの式量をM，単位格子の1辺の長さをa〔cm〕，結晶の密度をd〔g/cm^3〕として，アボガドロ定数N_AをM, a, dを用いて表せ。

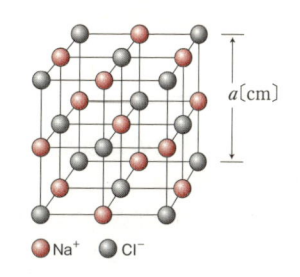

13 ダイヤモンドの結晶の単位格子

図は，ダイヤモンドの結晶の単位格子(立方体)と，その一部を拡大したものである。単位格子の1辺の長さをa〔cm〕，結晶の密度をd〔g/cm^3〕として，アボガドロ定数をN_A〔/mol〕とするとき，次の問いに答えよ。

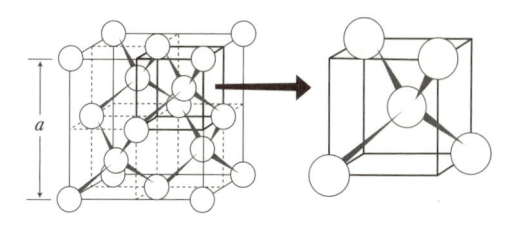

(1) 炭素の原子量はどのように表されるか。最も適当な式を，次の①～④から1つ選べ。

① $\dfrac{a^3 d N_A}{8}$　② $\dfrac{a^3 d N_A}{9}$　③ $\dfrac{a^3 d N_A}{10}$　④ $\dfrac{a^3 d N_A}{12}$

(2) 原子間結合の長さ〔cm〕はどのように表されるか。最も適当な式を，次の①～④から1つ選べ。

① $\dfrac{\sqrt{2}}{4}a$　② $\dfrac{\sqrt{3}}{4}a$　③ $\dfrac{\sqrt{2}}{2}a$　④ $\dfrac{\sqrt{3}}{2}a$

14 体心立方格子の金属の結晶の充填率

原子半径をr，単位格子の1辺の長さをaとして，体心立方格子の金属の結晶の充填率〔％〕は，どのように表されるか。最も適当な式を，次の①～④から1つ選べ。

① $\dfrac{\sqrt{2}\pi}{4}×100$　② $\dfrac{\sqrt{2}\pi}{8}×100$

③ $\dfrac{\sqrt{3}\pi}{6}×100$　④ $\dfrac{\sqrt{3}\pi}{8}×100$

ヒント　12 (3) M〔g〕中にNaClがN_A個入っていることになる。
13 (1) 単位格子中に何個の炭素原子が含まれるか。(2) 拡大図の立方体の対角線の長さは，どんな長さを意味しているか。
14 rとaの関係は，$4r=\sqrt{3}a$

第2章　物質の状態変化

1 物質の三態とその変化

❶ 熱運動 ㋐
物質を構成している粒子(原子・分子・イオン)が絶え間なく行っている，温度に応じた不規則な運動。

熱運動している気体分子が壁面に衝突して生じる力を圧力という。

❷ 物質の三態
(1) 固体 ㋑　粒子(原子・分子・イオン)が集合し，互いに定まった位置で熱運動している状態。
(2) 液体　粒子(原子・分子・イオン)が集合し，互いにある程度入れ替わることができる状態。
(3) 気体 ㋒　粒子が離れ，高速で運動している状態。

❸ 物質の状態変化
(1) 変化名　融解，凝固，蒸発，凝縮，昇華 ㋓
(2) エネルギー　状態変化にともなってエネルギーの出入りがある。

❹ 蒸気圧
(1) 気液平衡　容器内で蒸発する分子と凝縮する分子の数が等しくなり，見かけ上変化がない状態。
(2) 蒸気圧 ㋔　気液平衡のときに気体がもつ圧力。温度が高いほど大きくなり，ほかの気体の存在には無関係で，一定。
(3) 沸騰 ㋕　液体の内部からも蒸発する現象で，蒸気圧が外圧と等しくなったときに起こる。

❺ 状態図
ある温度・圧力のときに，物質がどの状態をとるかを示した図。

2 物質の構造と融点・沸点

❶ 化学結合と結合の強さ
共有結合≧イオン結合・金属結合 ㋖ ≫分子間力

❷ 結合の強さと融点・沸点
粒子間の結合が強いほど融点・沸点は高い。 ㋗

❸ 分子間力の強さ
(1) 構造が似た分子のとき　分子量が大きいほど分子間力も強くなる。
(2) 同程度の分子量のとき　分子間力の種類による。
水素結合，極性分子のファンデルワールス力，無極性分子のファンデルワールス力 の順番に強い。

これだけはおさえよう

㋐ 各分子の熱運動の速度はまちまちだが，温度が高いほど，平均の速度は大きい。

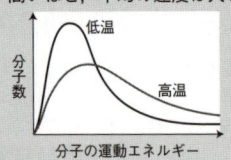

㋑ 固体で，粒子が規則正しく配列している場合を結晶，そうでない場合を非晶質(アモルファス)という。

㋒ 互いに離れて高速で運動しているから，固体・液体に比べて体積が大きい。

㋓ 固体を加熱すると熱運動が活発になり，融解して液体になる。さらに加熱すると蒸発して気体になる。

㋔ 飽和蒸気圧ともいい，気液平衡の状態である限り，容器の体積に無関係で，一定である。

㋕ 蒸発は温度に関係なく，液体の表面でつねに起こっている状態変化だが，沸騰は蒸気圧が大気圧と等しくなったときに起こる現象で，そのときの温度が沸点である。

㋖ 共有結合は非金属元素どうし，イオン結合は金属元素と非金属元素(例外：NH_4Cl)，金属結合は金属元素どうしの結合。

㋗ 粒子間の引力を切ってばらばらにするのにエネルギーが必要なので，融解・蒸発は吸熱反応である。

基本問題

重要例題4　物質の三態

図はある純物質の結晶を，一定圧力のもと，一定の割合で，一様に加熱したときの時間と温度との関係を示したものである。次の問いに答えよ。

(1) T_1，T_2をそれぞれ何というか。
(2) b-c，c-dで物質はそれぞれどのような状態か。
(3) b-c，d-eで物質が吸収した熱量をそれぞれ何というか。
(4) b-cで物質の温度が変化しないのはなぜか。

考え方 結晶(固体)は加熱すると，融解して液体になり，そして蒸発(沸騰)して気体へと変化する。
(1) 融解する温度が融点，沸騰する温度が沸点で，純物質の場合はその物質により一定である。
(2) 固体と液体，液体と気体が共存するとき，加熱しても温度は一定に保たれる。
(3) 融解するとき吸収する熱量が融解熱，蒸発するとき吸収する熱量が蒸発熱である。
(4) 融点や沸点では，加えられた熱エネルギーは状態変化のためだけに使われる。

解答 (1) T_1：融点，T_2：沸点　(2) b-c：固体と液体，c-d：液体
(3) b-c：融解熱，d-e：蒸発熱　(4) 固体を融解させるためだけに熱エネルギーが使われるから。

15　物質の三態①

次の(1)～(4)の記述は，それぞれ固体(結晶)・液体・気体のどの状態を示しているか。

(1) 同体積をとると，その質量が最も小さい状態。
(2) 粒子(原子・分子・イオン)のもつエネルギーが最も高い状態。
(3) 粒子(原子・分子・イオン)は接しているが，互いに入れ替わることができ，一定の形をもたない状態。
(4) 粒子(原子・分子・イオン)は互いに接しており，一定の位置で振動している状態。

16　三態の変化

次の(1)～(5)の記述は，下の(ア)～(オ)のどの変化に当てはまるか。

(1) 冬の寒い日に暖房を入れていると，窓に水滴がついた。
(2) 液体が熱を放出して変化した。
(3) ドライアイス(固体の二酸化炭素)を置いておくと，どんどん小さくなった。
(4) 汗をふかずにいたら，体温が下がった。
(5) 朝に積もっていた雪が，昼には水たまりになっていた。

　　(ア) 融解　(イ) 凝固　(ウ) 蒸発　(エ) 凝縮　(オ) 昇華

ヒント
15　粒子間にはたらく引力と，粒子の熱運動とのバランスによってその物質の状態は決まる。
16　(2) 熱を放出すると，粒子のもつエネルギーが小さくなる。
　　(4) 体温が下がったのは，熱を吸収したため。

> 重要例題5　蒸気圧

図は，ジエチルエーテル，エタノール，水の蒸気圧曲線を示したものである。次の問いに答えよ。
(1) 30℃において，蒸気圧が最も大きい物質はどれか。
(2) 大気圧が$8.0×10^4$Paのとき，水の沸点はおよそ何℃になるか。
(3) 分子間力が最も強いと考えられる物質はどれか。

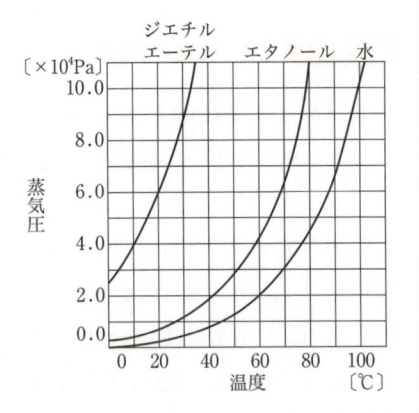

考え方
(2) 大気圧と蒸気圧が等しくなったときに，液体は沸騰する。
(3) 分子間力が強い物質の蒸気圧は，分子間力が弱い物質の蒸気圧よりも小さくなる。

解答
(1) ジエチルエーテル　(2) 94℃　(3) 水

17　状態変化の熱と比熱

0℃の氷が180 gある。この氷を100℃の水蒸気にするために必要なエネルギーは何kJか。ただし，0℃の氷の融解熱は6.0 kJ/mol，100℃の水の蒸発熱は41 kJ/mol，液体の水の比熱は4.2 J/(g・K)，H_2Oの分子量は18とする。

18　蒸気圧曲線

図は，水の蒸気圧曲線である。この図から読み取れる事実として適切でないものを，次の①〜⑤から1つ選べ。
① 水の蒸気圧は温度が高くなるほど大きくなる。
② 1℃あたりの蒸気圧の変化量は，温度が高いほど小さい。
③ 60℃における水の蒸気圧は約$0.2×10^5$Paである。
④ 大気圧が$1.0×10^5$Paのもとでの水の沸点は100℃である。
⑤ 大気圧が低くなると，水の沸点は低くなる。

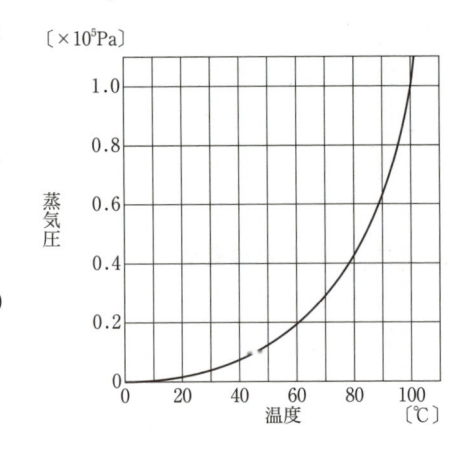

ヒント
17　融解(蒸発)熱とは，1 molの物質が融解(蒸発)するときに吸収する熱量のことで，比熱とは，ある物質1 gの温度を1 K上げるときに必要なエネルギーのことである。
18　大気圧と液体の蒸気圧が等しくなったときに，その液体は沸騰する。

重要例題6　状態図

物質の状態は温度や圧力によって変化する。さまざまな温度や圧力で，どのような状態にあるかを示したものを状態図と呼び，図は水の場合を示している。次の問いに答えよ。

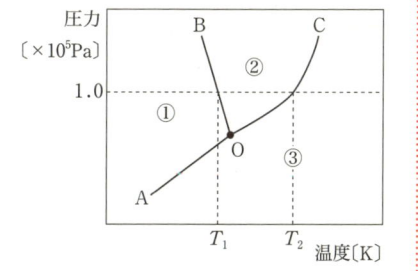

(1) T_1, T_2 はそれぞれ何 K か。
(2) 点 O の名称を書け。
(3) ①→③，②→③の状態変化をそれぞれ何というか。
(4) 曲線 OC を何というか。

考え方　(1) ①は固体，②は液体，③は気体であり，絶対温度 T は，セルシウス温度 $t+273$[K] である。
(2) 固体と液体と気体の3つの状態が共存する状態である。
(3) 状態変化の名称は，固体から液体は融解，液体から固体は凝固，液体から気体は蒸発，気体から液体は凝縮，固体から気体は昇華という。
(4) 曲線 AO は昇華圧曲線，曲線 OB は融解曲線という。

解答　(1) T_1：273 K, T_2：373 K　(2) 三重点　(3) ①→③：昇華，②→③：蒸発　(4) 蒸気圧曲線

19　状態図①

図は，二酸化炭素の状態図である。次の問いに答えよ。

(1) 領域 Ⅰ，Ⅱ，Ⅲ の状態をそれぞれ何というか。
(2) Ⅰ の状態の二酸化炭素を一般的に何というか。
(3) 1013 hPa は，図の点線に比べて上にあるか，下にあるか。

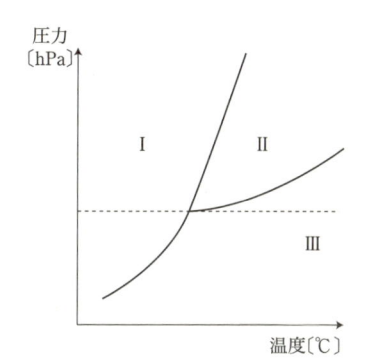

20　沸点・融点と分子間力

次の問いに答えよ。

(1) フッ素，塩素，臭素，ヨウ素を沸点の低い順に並べよ。
(2) フッ化水素，塩化水素，臭化水素，ヨウ化水素を沸点の低い順に並べよ。
(3) 二酸化ケイ素(水晶)，塩化ナトリウム，銅，ベンゼンの各結晶のうちで最も融点の低いものと高いものをそれぞれ答えよ。

ヒント　19 (2), (3) 二酸化炭素の固体は身近に存在し，昇華する物質であることを考える。
20 (1), (2) どのような分子間力がはたらいているのかを考える。
(3) どのような力で結びついた結晶なのかを考える。

応用問題

21 物質の三態②

図は，1013 hPa のもとで，ある物質 x [mol] の固体を y [kJ/分] の割合で穏やかに加熱したときの加熱時間と物質の温度の関係を示したものである。次の問いに答えよ。

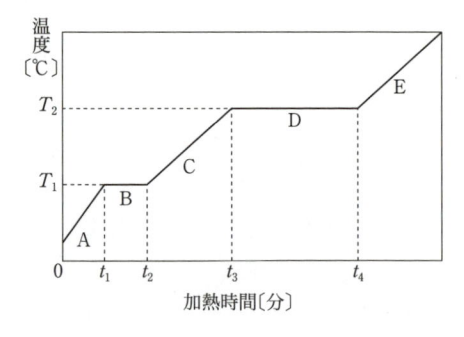

(1) 温度 T_2 を何というか。
(2) 液体と固体が共存するのはA～Eのどれか。
(3) 圧力を 1013 hPa より大きくすると，T_2 はどうなるか。
(4) この物質の融解熱を x, y, t_1, t_2, t_3, t_4 の中から必要なものを用いて表せ。

22 物質の三態とその変化

次の記述(1)～(7)について，正しいものには○，誤っているものには×を記せ。
(1) 液体が固体に変化するとき，吸収する熱量を凝固熱と呼ぶ。
(2) 純物質において，凝固点と融点は等しい。
(3) 粒子間が強い力で結ばれている物質は，高い融点を示す。
(4) ある質量の固体(結晶，純物質)を加熱したとき，融解の始まりから終わりまでの温度は一定である。
(5) 純物質の結晶が融解するとき，体積は必ず大きくなる。
(6) 同じ質量の純物質の体積は，どの物質でも一定圧力のもとでは，固体＜液体＜気体である。
(7) 気体と液体が平衡状態にあるとき，気体が示す圧力を蒸気圧という。

23 大気圧と水銀柱

次の文を読んで，下の問いに答えよ。

大気圧が 1.0×10^5 Pa のとき，一端を封じたガラス管内に水銀を満たし，水銀槽に倒立させると，図のようにガラス管内の水銀柱は 760 mm の高さで静止し，上部に真空の空間ができる。この真空部分に少量の液体を注入し，その液体が(　　)の状態になると，蒸気圧の分だけ水銀柱が低くなる。

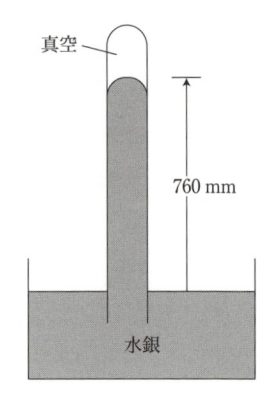

(1) 文中の空欄に適する語句を書け。
(2) 大気圧が 9.5×10^4 Pa になったとき，水銀柱の高さはいくらになるか。
(3) 真空部分にある物質を適量入れると，水銀柱の高さが 760 mm から 700 mm になった。この物質の蒸気圧は何 mmHg か。

ヒント　21　温度変化がないとき，状態変化が起こっている。
　　　　　22　融解と蒸発が吸熱反応，凝固と凝縮が発熱反応である。

24 状態図②

物質の状態は温度や圧力によって変化する。さまざまな温度や圧力で，どのような状態にあるかを示したものを状態図と呼び，図は水の場合を示している。下の問いに答えよ。

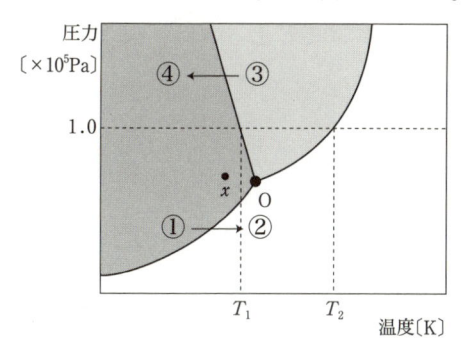

(1) T_1，T_2をそれぞれ何というか。
(2) ①→②，③→④の状態変化をそれぞれ何というか。
(3) 点Oのとき，水はどのような状態で存在するか。
(4) xの状態の水(氷)を温度を変えずに圧力を加えると，やがてどうなるか。

25 沸点と分子間力

図は物質の分子量と沸点の関係を示している。図に関する次の記述(1)～(4)について，正しいものには○，誤っているものには×を記せ。

(1) NH_3は水素結合をしているため，PH_3よりも沸点が高い。
(2) PH_3，H_2S，Arの分子量はほとんど同じだが，Arの沸点がほかの2つに比べて極端に低いのは，PH_3とH_2Sが極性をもっていないからである。
(3) Neの分子間にはたらく力とArの分子間にはたらく力を比べると，前者のほうが強い。
(4) 水素結合とファンデルワールス力では，水素結合のほうが強い。

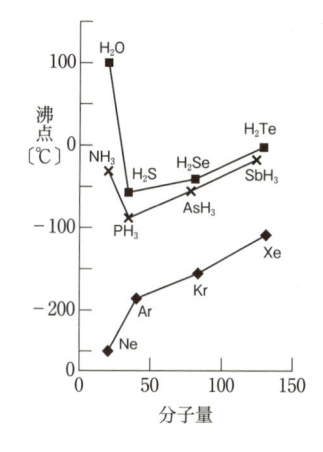

ヒント　24　(4) スケート靴で氷の上をすべることができる原理の1つである。
　　　　25　分子間にはたらく力が強いほど，沸点は高くなる。

実戦問題①

1 下のア～クの物質が結晶状態にあるとき、次の(1)～(5)に当てはまるものをすべて選べ。**(20点)**

(1) 共有結合を含むイオン結晶。
(2) 配位結合を含むイオン結晶。
(3) 電導性がある共有結合の結晶。
(4) 水素結合を含む結晶。
(5) ファンデルワールス力のみからなる結晶。

　ア　$AgNO_3$　　　イ　NH_3　　　ウ　NH_4Cl　　　エ　Ar
　オ　H_2O　　　カ　C(黒鉛)　　キ　C(ダイヤモンド)　　ク　CH_4

2 図は、ある金属の単位格子で、単位格子1辺の長さは$3.0×10^{-8}$cmである。この金属の密度は$6.0\ \text{g/cm}^3$である。アボガドロ定数を$6.0×10^{23}$/mol、$\sqrt{2}=1.4$、$\sqrt{3}=1.7$として、次の問いに答えよ。　**(19点)**

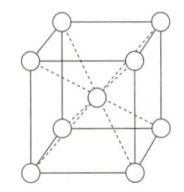

(1) この単位格子を何というか。
(2) 単位格子中に含まれる原子は何個か。
(3) この金属元素の原子量はいくらか。
(4) この金属の原子半径は何cmか。

3 塩化ナトリウムの結晶構造を図に示す。Na^+とCl^-は三次元的に規則正しく配列しており、その単位格子はそれぞれのイオンについては（　ア　）格子の構造をもつ。したがって、単位格子にはNa^+が（　イ　）個、Cl^-が（　ウ　）個含まれており、1個のNa^+は最近接の位置にある（　エ　）個のCl^-に囲まれている。これに対し、塩化セシウムの結晶では、Cl^-を立方体の頂点に置くと、Cs^+が立方体の中心に、逆にCs^+を立方体の頂点に置くと、Cl^-が立方体の中心に位置する。塩化セシウムの結晶の単位格子では両イオンの配位数はともに（　オ　）である。次の問いに答えよ。　**(24点)**

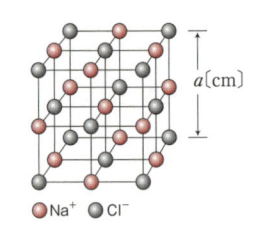

(1) 文中の（　）に適する語句または数値を書け。
(2) 塩化ナトリウム結晶では、Na^+とCl^-のイオン半径はそれぞれ$1.16×10^{-8}$cmと$1.67×10^{-8}$cmであり、$\sqrt{2}=1.41$、$\sqrt{3}=1.73$として、次の問いに答えよ。
　① 塩化ナトリウム結晶の単位格子の1辺の長さは何cmか。
　② Na^+とCl^-との最近接距離は何cmか。
　③ 最近接にあるNa^+どうしの中心距離は何cmか。

4 次の文中の空欄ア〜サに適する語句または数値を書け。 (22点)

物質は（ ア ）や圧力によって，気体，液体，固体のうち，どの状態をとるかが決まる。固体の水(氷)では分子は互いに（ イ ）という分子間力によって結晶を形成している。分子はその位置で振動などの熱運動をしているが，分子相互の位置は変わらない。温度が上昇すると，分子の熱運動が活発になり，加えられた熱エネルギーが分子間力に打ち勝って結晶がくずれて流動し始める。この現象が（ ウ ）であり，氷は液体の水となる。液体の水の温度が上昇するにつれて，熱運動をしている液体分子の中で，大きな運動エネルギーをもった分子は分子間力を振り切って液面から飛び出す。この現象が（ エ ）である。ある温度で，液体が同温度の気体になるとき吸収する熱量を（ オ ）という。空間に飛び出した気体分子の中には，液面に衝突して液体に戻るものもある。この現象が（ カ ）である。

密閉した容器中で液体の(エ)が起こるとき，ある時間内に液面から飛び出す分子の数と，液体に戻る分子の数が等しくなった状態を（ キ ）といい，このときの蒸気の圧力を，その温度におけるその液体の（ ク ）という。開放した容器中で液体の温度を上げていくとき，(ク)が大気圧と等しくなると，液体の内部からも泡が発生して(エ)が起こる。この現象を（ ケ ）といい，そのときの温度を（ コ ）という。水は1013 hPa（1気圧）のもとでは100℃で(ケ)するが，大気の圧力が1013 hPa（1気圧）より低い高地では，100℃より低い温度で(ク)が大気圧と等しくなる。図の(ク)曲線を用いると，大気圧が約550 mmHgの高地では水はおよそ（ サ ）℃で(ケ)することがわかる。

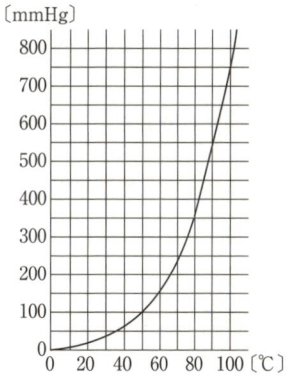

5 次の文を読んで，下の問いに答えよ。 (15点)

1.0×10^5 Paにおいて，一端を封じたガラス管内に水銀を満たし，水銀槽に倒立させると，図1のようにガラス管内の水銀柱は760 mmの高さで静止し，上部に真空の空間ができる。

この真空部分に少量の液体を注入し，その液体が（   ）の状態になると，蒸気圧の分だけ水銀柱が低くなる。

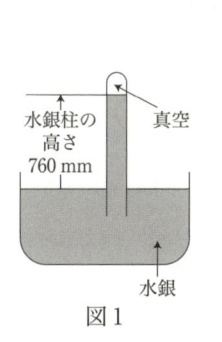

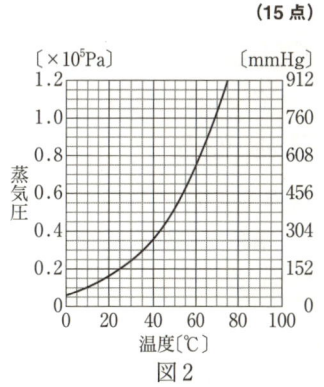

図2はこのようにして得られたヘキサンの蒸気圧曲線である。なお，このグラフでは，縦軸は，蒸気圧(左側)と，蒸気圧に相当する水銀柱の高さ(右側)の両方で表示している。また，両者の関係は，1.0×10^5 Pa＝760 mmHgとする。

(1) 文中の空欄に適する語句を書け。

(2) 25℃，1.0×10^5 Paでガラス管を図1の状態にした。ガラス管内上部の真空部分に少量のヘキサンを注入し，その蒸気で飽和させた。水銀柱は注入前と比較して何mm低下するか，整数値で答えよ。

(3) 圧力0.9×10^5 Paにおけるヘキサンの沸点をグラフから求めよ。

探究活動 対策問題

解答・解説は別冊 p.12

1 次の目的における結晶模型の作成に関する実験について、下の問いに答えよ。

発泡ポリスチレン球を用いて、面心立方格子・体心立方格子の単位格子を作り、結晶構造の理解を深める。

実験

① 直径 40 mm の発泡ポリスチレン球を原子に見立てる場合、面心立方格子の単位格子では、1 辺が 57 mm の正方形のポリ塩化ビニル板を、体心立方格子の単位格子では、1 辺が 46 mm の正方形のポリ塩化ビニル板を各 6 枚用意する。

② 発泡ポリスチレン球を切断して、次の発泡ポリスチレン球を用意する。

面心立方格子：$\dfrac{1}{8}$ 球を 8 個、$\dfrac{1}{2}$ 球を 6 個　　体心立方格子：$\dfrac{1}{8}$ 球を 8 個、全球を 1 個。

③ ふたとなるポリ塩化ビニル板を残して、5 枚で箱型を作る。

④ 各球を図のように詰めてふたをし、各単位格子の模型を作る。

⑤ 完成した単位格子を集めて、各結晶格子を作る。

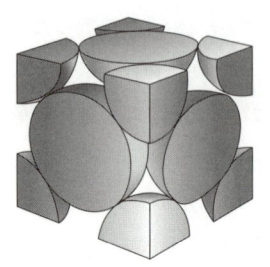

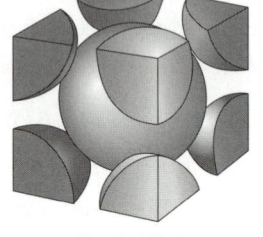

面心立方格子　　体心立方格子

問題

(1) 各単位格子において、1 個の原子は何個の原子と接しているか。

答 面心立方格子

答 体心立方格子

(2) 各単位格子中には何個の原子が含まれているか。

答 面心立方格子

答 体心立方格子

(3) 直径 30 mm の発泡ポリスチレン球を使う場合、ポリ塩化ビニル板の 1 辺の長さは、各単位格子で何 mm か。$\sqrt{2}=1.41$、$\sqrt{3}=1.73$ として、小数第 1 位を四捨五入して、整数値で答えよ。

答 面心立方格子

答 体心立方格子

2 次の実験に関する下の問いに答えよ。

実験

パルミチン酸の凝固点を測定する。

① パルミチン酸20 gを直径30 mmの試験管に入れ，温度計とかき混ぜ棒をセットしたゴム栓をする。

② 200 mLビーカーに半分より多めにお湯を入れ，①の試験管を図のようにセットし，ガスバーナーで加熱する。

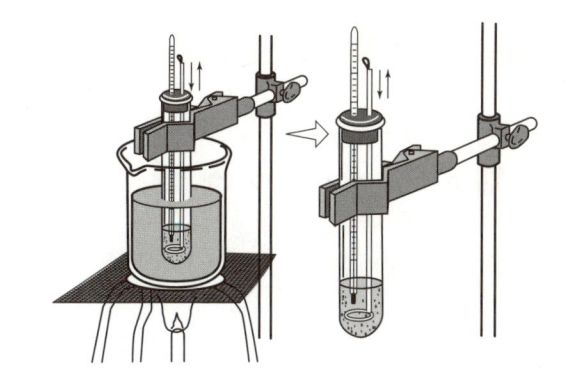

③ パルミチン酸が完全に融解したらガスバーナーの火を止め，試験管をビーカーから出し，かき混ぜ棒を使ってゆっくりとかき混ぜながら温度を測定する。

結果▶ 右のグラフ

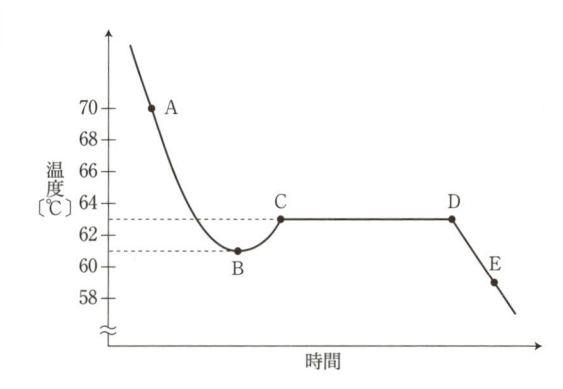

問題

(1) パルミチン酸の凝固が始まったのは，上のグラフのA～Eのどの時点か。

答

(2) パルミチン酸が固体だけになったのは，上のグラフのA～Eのどの時点か。

答

(3) パルミチン酸の凝固点は何℃か。

答

(4) 温度が凝固点より低くなっても凝固しない現象を何というか。また，上のグラフではA～Eのどの時点か。

答

発展

(1) B～Cで温度が急に上がっているのはなぜか。

答

第3章　気体の性質

1 ボイル・シャルルの法則

① ボイルの法則
温度一定で，一定量の気体の体積 V は，圧力 P に反比例する。　$P_1V_1=P_2V_2=k$（一定）

② シャルルの法則 ㋐
圧力一定で，一定量の気体の体積 V は，絶対温度 T に比例する。　$\dfrac{V_1}{T_1}=\dfrac{V_2}{T_2}=k'$（一定）

③ ボイル・シャルルの法則
一定量の気体の体積 V は，圧力 P に反比例し，絶対温度 T に比例する。

$$\dfrac{P_1V_1}{T_1}=\dfrac{P_2V_2}{T_2}=k''（一定）$$

2 気体の状態方程式

① 気体の状態方程式 ㋑　$PV=nRT$

② 分子量と密度
分子量 M の気体 w〔g〕の物質量は $\dfrac{w}{M}$〔mol〕なので，それを状態方程式の n に代入すると，$PV=\dfrac{w}{M}RT$ となる。さらに式を整理すると，$M=\dfrac{wRT}{PV}$ ㋒ となる。

3 混合気体

① ドルトンの分圧の法則
混合気体の示す圧力（全圧）は，その成分気体の分圧 ㋓ の合計である。

② 水上置換 ㋔
水上置換で気体を集めた場合，集めた気体には水蒸気も含まれており，水蒸気の分圧はその温度における飽和水蒸気圧に等しい。

4 理想気体と実在気体

① 理想気体 ㋕
分子間力も分子自身の体積もない仮想的な気体で，気体の状態方程式が厳密に成り立つ。

② 実在気体 ㋖
分子間力や分子自身の体積があるため，気体の状態方程式が厳密には成り立たない。それらの影響が小さくなる高温・低圧では理想気体に近づく。

これだけはおさえよう

㋐　圧力一定で，一定量の気体の体積 V は，温度 t〔℃〕が1℃増減するごとに0℃での体積 V_0 の $\dfrac{1}{273}$ ずつ増減するというもので，

$$V=V_0+V_0\times\dfrac{t}{273}=\dfrac{273+t}{273}V_0$$

気体の体積が0になる-273℃を絶対零度，絶対温度 T〔K〕＝セルシウス温度 t〔℃〕＋273 とした。

㋑　気体の体積は，標準状態（273K，1.013×10^5Pa）で1 mol あたり22.4 L である。これをボイル・シャルルの法則に代入して求まる k'' を R（気体定数）として，式を整理し，n〔mol〕の気体においてつくったものがこの状態方程式である。
また，$R=8.3\times10^3$ Pa・L/(K・mol)

㋒　密度を d〔g/L〕とすると，$d=\dfrac{w}{V}$ なので，さらに，$M=\dfrac{dRT}{P}$ と変形できる。

㋓　その成分気体が単独で混合気体の全体積を占めたときの圧力。全圧にその成分気体のモル分率をかけると分圧になる。

㋔　水上置換は，水に溶けにくい気体の捕集法である。

㋕　理想気体の体積は，絶対零度（-273℃）で0。

㋖　分子量が小さく，極性の小さい気体ほど，理想気体に近い。理想気体との違いとして，状態変化することも挙げられる。

基本問題

解答・解説は別冊 p.13

重要例題7　ボイルの法則，シャルルの法則，ボイル・シャルルの法則

次の問いに答えよ。
(1) $1.2×10^5$ Pa で 5.0 L の気体を，温度を変えずに 8.0 L にすると，圧力は何 Pa になるか。
(2) 27℃で 6.0 L の気体を，圧力を変えずに 77℃にすると，体積は何 L になるか。
(3) 27℃，$2.0×10^5$ Pa で 3.0 L の気体を，127℃，$1.0×10^5$ Pa にすると，体積は何 L になるか。

考え方 どの法則を適用すればよいか，それぞれ考える。

(1) 温度一定で，一定量の気体の圧力を変化させているので，ボイルの法則 $P_1V_1=P_2V_2$ である。
$$1.2×10^5 \text{Pa} × 5.0 \text{L} = P[\text{Pa}] × 8.0 \text{L} \qquad P=7.5×10^4 [\text{Pa}]$$

(2) 圧力一定で，一定量の気体の温度を変化させているので，シャルルの法則 $\dfrac{V_1}{T_1}=\dfrac{V_2}{T_2}$ である。
$$\dfrac{6.0 \text{L}}{27+273 \text{K}} = \dfrac{V[\text{L}]}{77+273 \text{K}} \qquad V=7.0[\text{L}]$$

(3) 一定量の気体の温度と圧力を変化させているので，ボイル・シャルルの法則 $\dfrac{P_1V_1}{T_1}=\dfrac{P_2V_2}{T_2}$ である。
$$\dfrac{2.0×10^5 \text{Pa} × 3.0 \text{L}}{27+273 \text{K}} = \dfrac{1.0×10^5 \text{Pa} × V[\text{L}]}{127+273 \text{K}} \qquad V=8.0[\text{L}]$$

解答 (1) $7.5×10^4$ Pa　(2) 7.0 L　(3) 8.0 L

26　ボイルの法則

次の問いに答えよ。
(1) $1.5×10^5$ Pa で 5.0 L の気体を，温度を変えずに 3.0 L にすると，圧力は何 Pa になるか。
(2) $2.0×10^5$ Pa で 6.0 L の気体を，温度を変えずに $2.4×10^5$ Pa にすると，体積は何 L になるか。
(3) $3.0×10^2$ hPa で 1.0 L の気体を，温度を変えずに $1.0×10^4$ Pa にすると，体積は何 L になるか。

27　シャルルの法則

次の問いに答えよ。
(1) 47℃で 8.0 L の気体を，圧力を変えずに 87℃にすると，体積は何 L になるか。
(2) 27℃で 3.6 L の気体を，圧力を変えずに 127℃にすると，体積は何 L になるか。
(3) 0℃で 9.1 L の気体を，圧力を変えずに 10.0 L にするには温度を何℃にすればよいか。

28　ボイル・シャルルの法則

次の問いに答えよ。
(1) 47℃，$1.0×10^5$ Pa で 5.0 L の気体を，15℃，$7.5×10^4$ Pa にすると，体積は何 L になるか。
(2) 27℃，$1.2×10^5$ Pa で 3.0 L の気体を，7℃，7.0 L にすると，圧力は何 Pa になるか。
(3) 91℃，$2.0×10^5$ Pa で 4.0 L の気体を，標準状態にすると，体積は何 L になるか。

ヒント
26　$P_1V_1=P_2V_2=k$（一定）
27　$\dfrac{V_1}{T_1}=\dfrac{V_2}{T_2}=k'$（一定）
28　$\dfrac{P_1V_1}{T_1}=\dfrac{P_2V_2}{T_2}=k''$（一定）

第3章　気体の性質

> **重要例題8** **気体の状態方程式**
>
> 次の問いに答えよ。ただし，気体定数 $R=8.3\times10^3$ Pa・L/(K・mol) とする。
> (1) 水素 0.20 mol を，27℃で 1.0 L の容器に入れた。この容器内の圧力は何 Pa になるか。
> (2) 酸素 0.10 mol の体積は，127℃，2.0×10^5 Pa において何 L か。
> (3) ある気体 9.6 g の体積は，77℃，1.2×10^5 Pa において 8.3 L である。この気体の分子量はいくらか。
>
> **考え方** 気体の状態方程式 $PV=nRT$ を使う。
> (1) $P[\text{Pa}]\times1.0\,\text{L}=0.20\,\text{mol}\times8.3\times10^3\dfrac{\text{Pa・L}}{\text{K・mol}}\times300\,\text{K}$　　$P=4.98\times10^5\fallingdotseq5.0\times10^5$ [Pa]
> (2) $2.0\times10^5\,\text{Pa}\times V[\text{L}]=0.10\,\text{mol}\times8.3\times10^3\dfrac{\text{Pa・L}}{\text{K・mol}}\times400\,\text{K}$　　$V=1.66\fallingdotseq1.7$ [L]
> (3) 分子量を M とすると，この気体の物質量は $\dfrac{9.6}{M}$ [mol] と表せる。
> 　　$1.2\times10^5\,\text{Pa}\times8.3\,\text{L}=\dfrac{9.6}{M}[\text{mol}]\times8.3\times10^3\dfrac{\text{Pa・L}}{\text{K・mol}}\times350\,\text{K}$　　$M=28$
>
> **別解** $M=\dfrac{wRT}{PV}$ に代入してもよい。
>
> **解答** (1) 5.0×10^5 Pa　(2) 1.7 L　(3) 28

29　気体の状態方程式①

次の問いに答えよ。ただし，原子量は N=14，O=16，気体定数 $R=8.3\times10^3$ Pa・L/(K・mol) とする。
(1) 水素 0.10 mol を，27℃で 1.0 L の容器に入れた。この容器内の圧力は何 Pa になるか。
(2) 酸素 3.2 g は，127℃，2.0×10^5 Pa において，体積は何 L か。
(3) 窒素 14 g を 8.3 L の容器に入れると，容器内の圧力が 2.0×10^5 Pa になった。この容器内の温度を絶対温度で答えよ。

30　気体の状態方程式②

次のア～エの気体を，(1)体積の大きい順，(2)密度の大きい順に並べよ。
ただし，原子量は H=1.0，C=12，N=14，O=16，気体定数 $R=8.3\times10^3$ Pa・L/(K・mol) とする。
　ア　27℃，8.3×10^5 Pa の水素 4.0 g　　　　イ　127℃，2.0×10^5 Pa の窒素 7.0 g
　ウ　標準状態(0℃，1.01×10^5 Pa)の酸素 8.0 g　エ　127℃，2.0×10^4 Pa の二酸化炭素 0.88 g

31　気体の状態方程式と分子量

次の気体の分子量を求めよ。ただし，気体定数 $R=8.3\times10^3$ Pa・L/(K・mol) とする。
(1) 27℃，1.5×10^5 Pa，8.3 L での 20 g の気体
(2) 7℃，8.3×10^4 Pa において密度が 2.0 g/L の気体

> **ヒント**
> 29　物質量(mol)は，質量を分子量で割って求められる。絶対温度 T [K]＝セルシウス温度 t [℃]＋273 である。
> 30　ウ　密度は 1 L あたりの質量。標準状態は 0℃(273 K)，1.01×10^5 Pa だが，標準状態において，1 mol の気体の体積は 22.4 L であることを使ってもよい。
> 31　(2) 気体の状態方程式を密度 d [g/L] を用いて書き替える。

重要例題9 混合気体

図に示すように2つの容器A, Bがコックのついた細管Cで接続してあり、装置全体が一定温度に保たれている。また、細管Cの容積は小さく、無視できるものとする。

最初、細管Cのコックは閉じた状態で、容器Aには $6.0×10^4$ Pa になるまで酸素を入れ、容器Bには $4.5×10^4$ Pa になるまで窒素を入れた。その後、細管Cを開き、十分な時間が経過した。次の問いに答えよ。

(1) 各気体の分圧はそれぞれ何Paか。
(2) 混合気体の全圧は何Paか。

考え方 (1) 体積はどちらの気体も 6.0 L になったと考えて、それぞれボイルの法則を用いる。
  酸素：$6.0×10^4$ Pa × 2.0 L = P_{O_2}[Pa] × 6.0 L P_{O_2} = $2.0×10^4$ [Pa]
  窒素：$4.5×10^4$ Pa × 4.0 L = P_{N_2}[Pa] × 6.0 L P_{N_2} = $3.0×10^4$ [Pa]
(2) 全圧は各分圧の和である。
  $P_{O_2} + P_{N_2}$ = $2.0×10^4$ Pa + $3.0×10^4$ Pa
  = $5.0×10^4$ [Pa]

解答 (1) 酸素：$2.0×10^4$ Pa, 窒素：$3.0×10^4$ Pa (2) $5.0×10^4$ Pa

---

32 混合気体①

図のように、3.0 L の容器Aに $1.0×10^5$ Pa の酸素を、2.0 L の容器Bに $2.0×10^5$ Pa の水素を入れ、コックを開いて両気体を混合した。コックの部分の体積は無視でき、温度はつねに一定に保たれているとして、次の問いに答えよ。

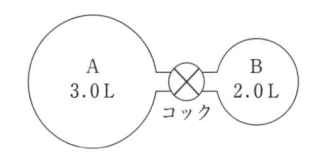

(1) 各気体の分圧はそれぞれ何Paか。
(2) 全圧は何Paか。

33 理想気体と実在気体①

実際に存在する気体(実在気体)は、気体の状態方程式に完全に当てはまるわけではない。気体の状態方程式に完全に当てはまるとした気体を理想気体というが、理想気体には分子間力がはたらかず、分子自身の(ア)がない。実在気体も、比較的(イ)温で(ウ)圧の状態では分子間力や分子の(ア)の影響が小さく、ほぼ理想気体と見なすことができる。水素や酸素および(エ)などは、常温・常圧でも理想気体として扱うことが多い。

文中の空欄ア〜エに適する物質または語句を下の1〜8から選び、番号で答えよ。

  1 体積   2 質量   3 低   4 高
  5 アンモニア 6 水   7 窒素   8 塩化水素

ヒント 32 体積はどちらの気体も 5.0 L になり、全圧は各分圧の和である。
  33 実在気体と理想気体の違いと、その違いが小さくなる条件(温度と圧力)を考える。

応用問題

解答・解説は別冊 p.14

34 ボイルの法則, シャルルの法則, ボイル・シャルルの法則

次の文中の空欄ア〜カとA〜Cに最も適するものを下の各解答群から1つずつ選び, 語句または式で答えよ。

ボイルの法則は, 「温度一定のもとでは, 物質量一定の気体の体積は圧力に(ア)する」と表現される。したがって, 温度一定のもとで, 圧力 P_1, 体積 V_1 の気体が圧力 P_2, 体積 V_2 の状態に変化したとき, (A)式が成り立つ。

ボイルの法則が成立するのは, 物質量と温度が一定のもとで, 気体の体積と, 単位体積あたりに存在する気体分子数が(イ)するためである。すなわち, 気体の入っている容器の内容積を n 倍にすると単位体積中の分子数は(ウ)倍となり, このため気体分子が単位時間あたり容器の壁の単位面積あたりに衝突する回数が(エ)倍となり, 圧力は(オ)倍となるのである。

シャルルの法則は, 「圧力一定のもとでは, 物質量一定の気体の体積は, 絶対温度に(カ)する」と表現される。したがって, 圧力一定のもとで, 絶対温度 T_1, 体積 V_1 の気体が絶対温度 T_2, 体積 V_2 に変化したとき, (B)式が成り立つ。

(A)式と(B)式をあわせて考えることにより, 「物質量一定の気体の体積は, 圧力に(ア)し, 絶対温度に(カ)する」というボイル・シャルルの法則が得られる。

ボイル・シャルルの法則は, 実在気体に適用すると, 厳密には成立しない場合がある。この法則が厳密に成り立つと考えた気体を理想気体という。理想気体において, 絶対温度, 体積, 圧力, 物質量の間に成り立つ関係を表したものが理想気体の状態方程式である。理想気体の状態方程式は, 気体定数を R〔Pa・L/(K・mol)〕とし, モル質量が M〔g/mol〕, 質量が w〔g〕の場合, 気体の絶対温度を T〔K〕, 体積を V〔L〕, 圧力を P〔Pa〕として, (C)式のように表される。

〔ア, イ, カの解答群〕 (1) 比例 (2) 反比例

〔A, Bの解答群〕 (1) $P_1V_2=P_2V_1$ (2) $P_1V_1=P_2V_2$ (3) $P_1P_2=V_1V_2$
(4) $V_1T_2=V_2T_1$ (5) $V_1T_1=V_2T_2$ (6) $V_1V_2=T_1T_2$

〔ウ〜オの解答群〕 (1) $\dfrac{1}{n}$ (2) $\dfrac{1}{\sqrt{n}}$ (3) 1 (4) n (5) $\sqrt{n}$

〔Cの解答群〕 (1) $PV=\dfrac{wR}{MT}$ (2) $PV=\dfrac{wRT}{M}$ (3) $PV=\dfrac{MR}{wT}$ (4) $PV=\dfrac{MRT}{w}$

35 気体の状態方程式③

27℃, 1.2×10^5 Pa で 16.6 L の気体がある。次の値を求めよ。ただし, アボガドロ定数 $N_A=6.0\times10^{23}$/mol, 気体定数 $R=8.3\times10^3$ Pa・L/(K・mol)とする。

(1) この気体の物質量
(2) この気体中の分子数
(3) この気体の質量が 32 g のときの気体の分子量

> **ヒント** 34 C 質量をモル質量で割れば, 物質量になる。
> 35 1 mol あれば, 質量は分子量(g), 個数はアボガドロ定数(個)存在する。

36 混合気体②

図のように，1.0 L の容器 A と 0.50 L の容器 B がコックで接続されている。容器 A に 2.0×10^5 Pa の酸素，容器 B に 1.0×10^5 Pa の二酸化炭素を充填した。その後，コックを開いて両気体を混合した。接続部の内容積は無視でき，温度はつねに一定に保たれているものとして，次の問いに答えよ。ただし，原子量は C = 12，O = 16 とする。

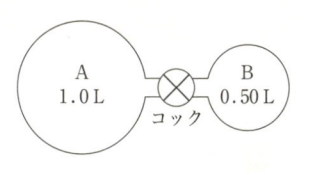

(1) 混合気体の全圧は何 Pa か。
(2) 酸素のモル分率はいくらか。
(3) 混合気体の平均分子量はいくらか。

37 水上置換

ある気体を発生させて図のように水上置換で捕集し，容器内の水位と水槽の水位を一致させて体積を測定したところ，830 mL であった。また，温度は 27℃，大気圧は 9.96×10^4 Pa，27℃での飽和水蒸気圧は 3.6×10^3 Pa である。気体定数 $R = 8.3 \times 10^3$ Pa・L/(K・mol) として，次の問いに答えよ。

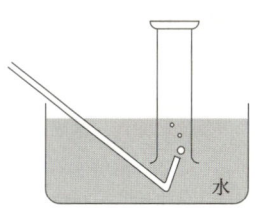

(1) 下線部のようにする理由を書け。
(2) 発生させた気体の分圧は何 Pa か。　(3) 発生させた気体の物質量は何 mol か。

38 理想気体と実在気体②

表は，水素，メタン，および二酸化炭素の標準状態における 1 mol の体積を表している。また，図はこれらの気体について，温度 T を一定(273 K)にして，圧力 P〔Pa〕を変えながら n〔mol〕あたりの体積 V〔L〕を測定し，$\dfrac{PV}{nRT}$ の値を求め，圧力 P との関係を示したものである。ただし，R は気体定数である。下の問いに答えよ。

実在気体 1 mol の標準状態における体積

気体	体積〔L〕
H_2	22.424
CH_4	22.375
CO_2	22.256

実在気体の理想気体からのずれ
(温度 273 K のとき)

(1) 実在気体が理想気体と異なる点を 2 つ答えよ。
(2) 表で，下の気体ほど体積が小さくなっている理由を書け。
(3) 図中の曲線 A，B，C はそれぞれ，水素，メタン，二酸化炭素のどれに当てはまるか。
(4) 実在気体の理想気体からのずれは，圧力が高いほど，そして，温度が高いほどどう変化するか。ずれが大きくなるか，小さくなるか，それとも変化しないかでそれぞれ答えよ。

ヒント
36 分圧の比が，物質量の比になっている。また，モル分率とは全体の物質量に対する，その物質の物質量の割合である。
37 捕集した気体は，ある気体と水蒸気の混合気体になっている。
38 (1)の，実在気体が理想気体と異なっている点をしっかりと意識する。

第4章　溶液

1 溶解
① 溶解　液体の溶媒に溶質が溶けて均一に混ざり，透明(ア)な液体(溶液)になる現象。溶媒と溶質の極性が似ていると溶解する。
② 溶媒　水やエタノールなど極性がある極性溶媒とベンゼンやヘキサンなど極性がない無極性溶媒がある。
③ 溶質　溶解したときに電離する電解質(イ)と，電離しない非電解質(ウ)がある。

2 溶解度
① 濃度　質量パーセント濃度，モル濃度(エ)，質量モル濃度(オ)などがある。
② 飽和溶液　溶媒に溶質が限界まで溶けた溶液。そのとき，溶解する粒子数と析出する粒子数が等しい溶解平衡(カ)の状態になっている。
③ 固体の溶解度(キ)　溶媒100gに溶ける溶質のg数。
④ 気体の溶解度　$1.0×10^5$ Paのもとで，水1Lに溶ける気体の，標準状態における体積で表すことが多い。
(1) 温度　温度を上げると小さくなる。
(2) 圧力　温度一定では，質量と物質量は圧力に比例するが，体積は圧力に関係なく一定(ク)である。

3 希薄溶液の性質
① 蒸気圧降下　溶媒に不揮発性の溶質を溶かすと，その溶液の蒸気圧が下がる。
② 沸点と凝固点　溶液は溶媒より沸点(ケ)は上昇し(沸点上昇)，凝固点は下がる(凝固点降下)。純粋な溶媒からどれだけ変化するかは，溶質粒子の質量モル濃度に比例(コ)する。
③ 浸透圧(サ)　半透膜(シ)で仕切った容器に濃度の異なる溶液を入れると，濃度の薄い溶液から濃い溶液へ溶媒分子が移動する圧力。

4 コロイド溶液
① コロイド溶液　直径が 10^{-9}〜10^{-7} m程度の粒子(ス)が液体中に分散している溶液。
② コロイドの種類　電解質を少量加えるだけで沈殿する疎水コロイドと大量に加えないと沈殿しない(セ)親水コロイドの2種類がある。
③ 性質　チンダル現象，ブラウン運動，透析，電気泳動など。

これだけはおさえよう

⑦　色がついているかどうかは無関係。

④　多くの塩や強塩基などのイオン性物質や酸などの極性分子。
⑦　グルコースやエタノールなどの分子性物質。
④　体積モル濃度とも呼ばれ，溶液1L中に溶質が何mol溶けているかを表す。
⑦　溶媒1kg中に溶質が何mol溶けているかを表す。モル濃度との違いに注意。

⑦　見た目では何の変化も起こっていない。
⑦　温度を上げると大きくなる物質が多いが，水酸化カルシウムなど例外もある。

⑦　これをヘンリーの法則と呼ぶ。

⑦　沸騰は大気圧と溶液の蒸気圧が等しくなったときに起こる現象である。

⑦　電解質の場合は，電離して生じるイオンの合計の質量モル濃度になる。
⑦　浸透圧 $Π$ は，$Π=CRT$ で求められる。
　　C：モル濃度
　　R：気体定数
　　T：絶対温度
この関係をファントホッフの法則と呼ぶ。
⑦　溶媒など小さな分子は通すが，大きな分子は通さない膜。セロハンなど。

⑦　コロイド粒子という。
⑦　凝析という。
⑦　大量に加えて沈殿する現象を塩析という。

基本問題

解答・解説は別冊 p.16

重要例題10　固体の溶解度と濃度，気体の溶解度

(1) 水 100 g に対する塩化カリウムの溶解度は 20℃ で 34.0 である。塩化カリウムの式量を 74.5，20℃ における飽和水溶液の密度を 1.15 g/cm³ として，この飽和水溶液の質量パーセント濃度，モル濃度，質量モル濃度を求めよ。

(2) 酸素の 0℃ における溶解度(1.0×10^5 Pa のもとで，水 1 L に溶ける気体の体積を，標準状態 〔0℃，1.0×10^5 Pa〕に換算した L 単位の体積)は 0.049 である。酸素の原子量を 16 として，次の問いに答えよ。

① 1 L の水に 0℃，4.0×10^5 Pa の酸素を溶かしたとき，溶けた酸素の質量と体積はそれぞれいくらか。

② 標準状態において，空気が 1 L の水に接しているとき，この水 1 L に溶けている酸素は何 g か。ただし，空気は窒素と酸素の物質量比が 4:1 の混合気体とする。

考え方 (1) 〔質量パーセント濃度〕$\dfrac{34.0}{100+34.0} \times 100 \fallingdotseq 25.4$〔%〕

〔モル濃度〕まず水溶液 1 L の質量を求める。 $1000 \text{ cm}^3 \times 1.15 \text{ g/cm}^3 = 1150$ g これに質量パーセント濃度をかけて溶質の質量を求め，最後に式量で割って求める。 $1150 \times \dfrac{34.0}{100+34.0} \times \dfrac{1}{74.5} \fallingdotseq 3.92$〔mol/L〕

〔質量モル濃度〕溶媒 1 kg 中に溶けている溶質の物質量なので，溶解度から溶質の物質量を求め，最後に溶媒 1 kg 中に溶けている溶質の物質量を求める。 $\dfrac{34.0}{74.5} \times \dfrac{1000}{100} \fallingdotseq 4.56$〔mol/kg〕

(2) ヘンリーの法則と分圧の法則を使う。

① 圧力が $\dfrac{4.0 \times 10^5 \text{Pa}}{1.0 \times 10^5 \text{Pa}} = 4$ 倍であるので，溶ける質量は 4 倍，体積は同じである。$\dfrac{0.049}{22.4} \times 32 \times 4 = 0.28$〔g〕

② 酸素のモル分率は $\dfrac{1}{4+1}$ なので，分圧は $1.0 \times 10^5 \text{Pa} \times \dfrac{1}{5}$ で，①と同様にして $\dfrac{0.049}{22.4} \times 32 \times \dfrac{1}{5} = 0.014$〔g〕

解答 (1) 質量パーセント濃度：25.4％，モル濃度：3.92 mol/L，質量モル濃度：4.56 mol/kg

(2) ① 質量：0.28 g，体積：0.049 L　② 0.014 g

39　溶解と溶解度

次の文中の空欄ア〜カに適する語句を書け。

水は（　ア　）の大きい溶媒で，グルコースやアンモニアなどの(ア)分子や，塩化ナトリウムや硝酸カリウムなどの（　イ　）結晶をよく溶かすが，ヨウ素などの無(ア)分子はほとんど溶かせない。その一方で，ベンゼンやヘキサンなどは水と違って(ア)がほとんどない溶媒で，水とは反対の溶解性を示す。一般に，溶媒への気体の溶解度は温度が低くなると（　ウ　）くなる。温度が低いときは分子の熱運動がおだやかで，溶媒分子と気体分子の間にはたらく（　エ　）のために，多くの気体分子が溶媒中に存在することができる。一方，温度が高くなると，分子の熱運動が激しくなり，(エ)を振り切って，溶媒から飛び出していく気体分子が多くなる。一定温度における溶媒への気体の溶解度については，（　オ　）の法則が成り立つ。この法則は，溶解度が小さく，溶媒と反応しない気体に対して，圧力のあまり高くない範囲で成り立つ。一定量の溶媒に溶解する気体の体積は，その圧力において（　カ　）である。

> **重要例題11** 凝固点降下

純粋な水の凝固点は 0.00℃,水のモル凝固点降下は 1.85 K·kg/mol として,次の問いに答えよ。

(1) 水 500 g にグルコース(分子量：180)を 9.00 g 溶かした。この水溶液の凝固点は何℃か。

(2) 水 100 g に塩化ナトリウム(式量：58.5)を 1.17 g 溶かした。この水溶液の凝固点は何℃か。

(3) 水 1000 g にある有機物を 12 g 溶かした水溶液の凝固点を測定したら,−0.37℃であった。この有機物の分子量はいくらか。ただし,この有機物は非電解質とする。

考え方 凝固点降下度は,溶質粒子の質量モル濃度に比例する。

(1) 溶媒 1 kg にグルコースが何 mol 溶けているか(質量モル濃度)を考えると

$$\frac{9.00 \text{ g}}{180 \text{ g/mol}} \times \frac{1000 \text{ g}}{500 \text{ g}} = 0.100 \text{ mol} \quad \text{よって,溶質粒子の質量モル濃度は } 0.100 \text{ mol/kg}$$

モル凝固点降下にこれをかけて　1.85 K·kg/mol×0.100 mol/kg=0.185 K　よって,−0.185℃

(2) 溶媒 1 kg に塩化ナトリウムが何 mol 溶けているか(質量モル濃度)を考えると

$$\frac{1.17 \text{ g}}{58.5 \text{ g/mol}} \times \frac{1000 \text{ g}}{100 \text{ g}} = 0.200 \text{ mol} \quad \text{よって,質量モル濃度は } 0.200 \text{ mol/kg}$$

しかし,塩化ナトリウムは電離して　$NaCl \longrightarrow Na^+ + Cl^-$　となるので,溶質粒子の質量モル濃度は 2 倍の 0.400 mol/kg になる。モル凝固点降下にこれをかけて

1.85 K·kg/mol×0.400 mol/kg=0.740 K　よって,−0.740℃

(3) 有機物の分子量を M とすると,12 g は $\frac{12}{M}$ [mol] と表せ,この有機物は電離しないので,溶質粒子の質量モル濃度は $\frac{12}{M}$ [mol/kg] である。よって　1.85 K·kg/mol×$\frac{12}{M}$ mol/kg=0.37 K　　$M=60$

解答 (1) −0.185℃　(2) −0.740℃　(3) 60

---

40 蒸気圧降下と沸点上昇と凝固点降下

水 1000 g に下の(ア)～(ウ)の物質をそれぞれ溶かした水溶液がある。この 3 つの水溶液を次の(1)～(3)の順にそれぞれ並べよ。ただし,原子量は H=1.0,C=12,O=16,Na=23,Mg=24,Cl=35.5 とする。

(1) 蒸気圧の高い順　(2) 沸点の高い順　(3) 凝固点の高い順

　(ア) 塩化ナトリウム 5.85 g　(イ) 塩化マグネシウム 9.5 g　(ウ) グルコース($C_6H_{12}O_6$) 18 g

41 浸透圧①

次の問いに答えよ。ただし,原子量は H=1.0,C=12,N=14,O=16,Na=23,気体定数 $R=8.3\times10^3$ Pa·L/(K·mol) とする。

(1) 尿素$(NH_2)_2CO$ 18.0 g を水に溶かして 500 mL にした。この水溶液を 27℃にしたときの浸透圧は何 Pa か。

(2) 水酸化ナトリウム 10.0 g を水に溶かして 1 L にした。この水溶液を 27℃にしたときの浸透圧は何 Pa か。

(3) デンプン 10 g を水に溶かして,1 L にした。この水溶液を 47℃にしたときの浸透圧は 320 Pa であった。このデンプンの分子量はいくらか。

ヒント　40　蒸気圧降下,沸点上昇,凝固点降下のいずれも溶質粒子の質量モル濃度に比例する。また,問題はどれも高い順を問われていることに気をつける。

41　浸透圧 Π は,ファントホッフの法則により,$\Pi=CRT$ で求められる。ただし,C は溶質粒子のモル濃度であることに注意する。また,(3)では,デンプンの分子量を M とおくと,この水溶液のモル濃度は $\frac{10}{M}$ [mol/L] と表せる。

重要例題12　コロイド

コロイドに関する次の記述が正しいときは○，誤っているときは×で答えよ。

(1) コロイド溶液は，セロハン膜などを用いることにより，精製できる。
(2) コロイド粒子は光を吸収するので，チンダル現象が見られる。
(3) 親水コロイドに電解質を少量加えても沈殿しないが，多量に加えると沈殿が生じる。これを塩析という。
(4) 表面が正に帯電しているコロイドは，リン酸ナトリウムより塩化カルシウムのほうが効率よく沈殿させられる。
(5) 電気泳動を行えば，コロイドの表面が正と負のどちらに帯電しているかわかる。
(6) 墨汁には，にかわが加えてあるが，これは疎水コロイドである炭素粒子を沈殿しにくくするためである。

考え方
(1) コロイド粒子はセロハン膜などの穴よりも大きいので，半透膜を通らない。これを透析という。
(2) 光を吸収せず，散乱するために光の通路が見える。この現象をチンダル現象という。
(3) 疎水コロイドは少量の電解質で沈殿が生じる。こちらは凝析という。
(4) 正コロイドでは，陰イオンの価数が大きいほうが効率よく沈殿させられる。
(5) 正に帯電しているコロイドは陰極に，負に帯電しているコロイドは陽極に移動する。
(6) 疎水コロイドに親水コロイドを加えると沈殿しにくくなる。この親水コロイドを保護コロイドという。

解答　(1) ○　(2) ×　(3) ○　(4) ×　(5) ○　(6) ○

42　コロイド①

次の文中の空欄ア～キに適する語句または化学式を下の①～⑫から選べ。

コロイドとは，直径 10^{-9}～10^{-7} m 程度の大きさの微粒子がほかの物質に均一に分散している状態をいう。コロイド粒子は，ろ紙は通過できるが，半透膜を通過できない大きさである。分散しているコロイド粒子を分散質といい，分散させている物質を分散媒という。

コロイド粒子が均一に分散した溶液をコロイド溶液という。コロイド溶液の横から強い光を当てると，光の通路が見える。この現象を（　ア　）といい，コロイド粒子によって光が散乱されることで起こる。また，コロイド溶液を限外顕微鏡で観察すると，光った微粒子が細かく不規則に動いているのが見える。この現象を（　イ　）といい，分散媒の分子がコロイド粒子に不規則に衝突することによって起こる。

塩化鉄(Ⅲ)の水溶液を多量の沸騰水に加えると，コロイド溶液が得られる。これはコロイド粒子である（　ウ　）が水中に分散するからである。このコロイド溶液をセロハンの袋に入れ，ビーカー中の蒸留水に浸して（　エ　）を行うと，袋の外側の水溶液は（　オ　）性になる。また，このコロイド溶液に少量の電解質を加えると沈殿が生じる。この現象を（　カ　）といい，このように少量の電解質によって沈殿しやすいコロイドを（　キ　）コロイドという。

① 酸　② 塩基　③ 親水　④ 疎水　⑤ 保護　⑥ 塩析　⑦ 透析
⑧ 凝析　⑨ チンダル現象　⑩ ブラウン運動　⑪ $FeCl_3$　⑫ $Fe(OH)_3$

ヒント　42　塩化鉄(Ⅲ)水溶液を沸騰水に加えると，塩化鉄(Ⅲ)と水が反応して水酸化鉄(Ⅲ)と塩化水素ができるが，塩化水素は電離して水素イオンと塩化物イオンになっている。また，セロハンには穴があいており，コロイドよりも小さい物質やイオンは通過するので，コロイドを精製できる。

応用問題

43 物質の溶解性

次の(ア)～(オ)の物質は、①水にはよく溶けるがベンゼンには溶けにくい物質と、②水には溶けにくいがベンゼンにはよく溶ける物質のどちらか。それぞれ選べ。

(ア) ヨウ素　(イ) アンモニア　(ウ) 四塩化炭素　(エ) 水酸化カリウム　(オ) 塩化ナトリウム

44 濃度の換算

質量パーセント濃度が98%の濃硫酸の密度は$1.84\,g/cm^3$である。この水溶液について、次の問いに答えよ。ただし、原子量はH＝1.0, O＝16, S＝32とする。

(1) この濃硫酸のモル濃度を求めよ。
(2) 純水で希釈して1.0 mol/Lの希硫酸を500 mLつくるには、この濃硫酸が何mL必要か。

45 水和水を含む結晶の溶解と濃度

硫酸銅(Ⅱ)五水和物375 gに水を加えて完全に溶かし、体積を1100 mLにしたところ、その密度は$1.10\,g/cm^3$であった。この水溶液の質量パーセント濃度、モル濃度、質量モル濃度を求めよ。ただし、式量は硫酸銅(Ⅱ) $CuSO_4$＝160, 硫酸銅(Ⅱ)五水和物 $CuSO_4\cdot 5H_2O$＝250 とする。

46 溶解度曲線と再結晶

図の溶解度曲線を用いて、次の問いに整数値で答えよ。ただし、溶解度は互いに影響しないものとする。

(1) 水200 gに塩化カリウムと硝酸カリウムをそれぞれ100 gずつ加え、40℃で十分に溶解させた。このとき、水に溶けずに残っている固体の質量は何gか。
(2) 温度を40℃に保ったまま、(1)で溶けなかった固体をろ過し、溶液を0℃まで冷却したところ、固体が析出した。その中に含まれる塩化カリウムと硝酸カリウムはそれぞれ何gか。
(3) (2)で析出した固体を100 gの水に50℃で完全に溶かした。その溶液を0℃まで冷却したところ、結晶が析出した。この結晶は塩化カリウムと硝酸カリウムのどちらか。また、その質量は何gか。
(4) このように溶解度の違いを利用して純粋な物質を得る方法を何というか。

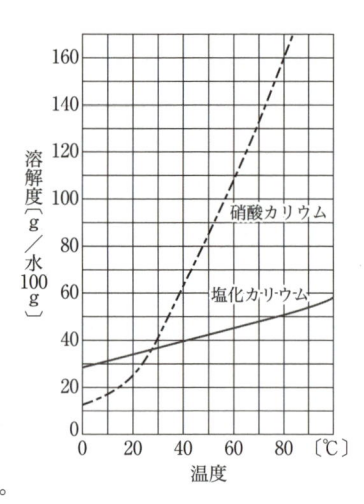

> **ヒント**
> 43 極性がある物質は、極性溶媒の水に溶けやすく、無極性溶媒のベンゼンには溶けにくい。極性がない物質は、極性溶媒の水に溶けにくく、無極性溶媒のベンゼンには溶けやすい。
> 44 (1) モル濃度とは、溶液1Lあたりの物質量なので、濃硫酸1Lの質量を求め、そのうちの硫酸の質量を求めてから、物質量にする。体積×密度＝質量
> (2) 水には硫酸が含まれていないので、つくる希硫酸中の硫酸の物質量(0.50 mol)と、必要な濃硫酸中の硫酸の物質量は等しい。
> 45 水和水を含む結晶を水に溶かすと、その水和水は結晶から離れ、溶媒の水と区別できなくなる。

47　ヘンリーの法則①

水素は，0℃，$1.0×10^5$ Pa で，1 L の水に 22 mL 溶ける。次の問いに答えよ。

(1) 0℃，$4.0×10^5$ Pa で，10 L の水に溶ける水素の物質量は何 mol か。

(2) 0℃，$4.0×10^5$ Pa で，10 L の水に溶ける水素の体積は何 mL か。

(3) 水素と窒素が 1:1 の物質量の比で混合した気体を 5 L の水に接触させて，0℃，$1.0×10^6$ Pa に保ったとき，水素は何 g 溶けるか。ただし，水素の原子量は 1.0 とする。

(4) 次の気体のうち，ヘンリーの法則にしたがわないものをすべて選べ。

　　アンモニア　　塩化水素　　酸素　　ヘリウム

48　ヘンリーの法則②

気体の水への溶解について，次の問いに答えよ。なお，原子量は N＝14，水 1 L に溶ける窒素 N_2 の物質量は，圧力が $1.0×10^5$ Pa のとき，0℃で $1.0×10^{-3}$ mol，80℃で $4.3×10^{-4}$ mol とする。

(1) 圧力 $5.0×10^5$ Pa で，0℃の水に窒素が接している。この水 2.00 L に溶けている窒素の量は，この温度・圧力における気体の体積〔L〕で表すといくらか。

(2) 圧力 $1.0×10^5$ Pa で，0℃の水 2.00 L に窒素が接している。圧力を変えずにこの水の温度を上げていくと，溶けていた窒素が気体となって出ていく。水の温度が 0℃から 80℃まで変化する間に出ていった窒素の全量は，標準状態における体積〔L〕に換算するといくらか。ただし，温度が変化しても水の体積は変わらないものとする。

(3) 圧力 $1.0×10^5$ Pa の空気が 0℃の水 2.00 L に接している。この水に溶けている窒素の質量〔g〕はいくらか。ただし，空気は窒素と酸素の混合気体で，物質量比は 4:1 とする。

49　蒸気圧降下と沸点上昇

図は，水と 0.10 mol/kg の硫酸ナトリウム水溶液の蒸気圧と温度の関係を調べたグラフである。次の問いに答えよ。

(1) 水の蒸気圧と温度の関係を示しているのは曲線 A と B のどちらか。

(2) 沸点上昇度をグラフの値を用いて表せ。

(3) グラフの 1.00 と P の差は何と呼ばれるものに相当するか。

(4) グラフの水の沸点を 100℃，水のモル沸点上昇を 0.52 K・kg/mol とすると，0.10 mol/kg の硫酸ナトリウム水溶液の沸点は何℃になるか。ただし，硫酸ナトリウムは完全に電離しているものとする。

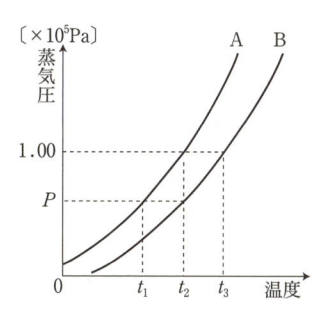

50　凝固点降下

凝固点について，次の問いに答えよ。

(1) 2.54 g のヨウ素をベンゼン 100 g に溶かした溶液の凝固点は何℃か。ただし，ヨウ素の原子量は 127，ベンゼンの凝固点は 5.5℃，モル凝固点降下は 5.0 K・kg/mol とする。

(2) ある非電解質 36 g を水 1000 g に溶かした水溶液の凝固点は，質量モル濃度 0.10 mol/kg の塩化ナトリウム水溶液の凝固点と一致した。この非電解質の分子量を求めよ。ただし，塩化ナトリウムは完全に電離しているものとする。

51 凝固点降下と過冷却

図は，グルコースの希薄水溶液を静かに冷却したときの，冷却時間と温度の関係を示した冷却曲線である。次の問いに答えよ。

(1) 本来，凝固するはずの温度でも凝固が起こらない現象を何というか。
(2) この水溶液の凝固点を図中のA～Fから選べ。
(3) 水 500 g にグルコース 9.00 g を溶かした水溶液の凝固点は何℃か。ただし，グルコースの分子量は 180，水のモル凝固点降下は 1.85 K·kg/mol とする。

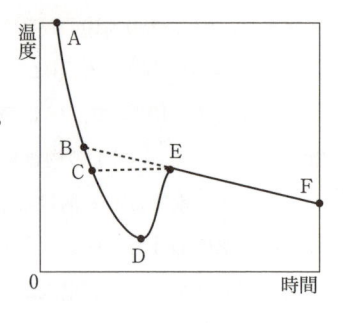

52 浸透圧②

9.0 mg のグルコースに水を加えて，体積を 500 mL にした。この水溶液の浸透圧を測定するために，図のような装置を用い，27℃で実験を行った。水溶液と水銀の密度はそれぞれ 1.0 g/cm³, 13.5 g/cm³, 気体定数 $R = 8.3 \times 10^3$ Pa·L/(K·mol)，1.0×10^5 Pa = 760 mmHg として，次の問いに答えよ。ただし，グルコースの分子量は 180，水面の上に出ている細い管は十分細く，水溶液に濃度の変化はないものとする。

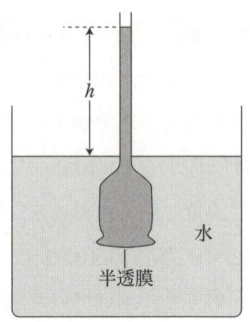

(1) 1.0×10^5 Pa = 760 mmHg とは，1.0×10^5 Pa の圧力を水銀の柱に換算すると，760 mm ということである。水溶液の柱にすると，何 cm になるか。整数値で答えよ。
(2) 水溶液の浸透圧は何 Pa か。
(3) 液柱の高さ h は何 cm か。

53 浸透圧と分子量

次の文を読んで，下の問いに答えよ。ただし，原子量は H = 1.0, O = 16, Na = 23, Cl = 35.5, 気体定数 $R = 8.3 \times 10^3$ Pa·L/(K·mol) とする。

希薄溶液の浸透圧 Π は溶媒や溶質の種類に関係なく溶液のモル濃度 C と絶対温度 T に比例するので，$\Pi = CRT$ ……① と表される。分子量 M の溶質 w [g] を溶媒に溶かして 1 L の溶液にすると $C = ($ ア $)$ であるから，①式とあわせて分子量 M は次のように表せる。$M = ($ イ $)$ したがって，w, T, Π を決めることによって，溶質の分子量を求めることができる。また，溶液の体積 V [L] 中での溶質の物質量を n とすると $C = ($ ウ $)$ であるから，①式は $\Pi \times ($ エ $) = ($ オ $) \times T$ と変形できる。

(1) 文中の空欄ア～オに適する式を書け。
(2) 血液は希薄溶液で，37℃における浸透圧を 7.7×10^5 Pa として，血液の濃度(mol/L)を求めよ。
(3) この血液と同じ浸透圧を示す食塩水 1 L をつくるためには，何 g の塩化ナトリウムを水に溶かして 1 L にすればよいか。ただし，塩化ナトリウムは完全に電離しているものとする。
(4) ある有機化合物(非電解質) 7.7 g を水に溶かして 100 mL にした溶液は，37℃で血液と同じ浸透圧を示した。この化合物の分子量を求めよ。

ヒント
51 過冷却が起こっており，実験では凝固点を正確に測定することはできないので，グラフから，実際にはこの温度で凝固が始まったはずだという温度を予想する。
52 (1) 圧力は，単位面積あたりにかかる力(質量)なので，密度に注目する。
(2) ファントホッフの法則 $\Pi = CRT$ を使う。

54 コロイド②

次の文中の空欄ア～コに適する語句を書け。

デンプンやタンパク質などの分子が分散している状態をコロイドという。例えば，デンプン水溶液のような流動性のあるコロイドは，コロイド溶液または（　ア　）といわれ，豆腐のような流動性を失ったコロイドは（　イ　）といわれる。

コロイド溶液に強い光線を当てると，光の進路が輝いて見える。この現象を（　ウ　）現象という。コロイド溶液を限外顕微鏡で観察すると，コロイド粒子が光った点となって不規則に運動しているのが見える。これを（　エ　）運動という。

塩化鉄(Ⅲ)の水溶液を沸騰した水に加えると水酸化鉄(Ⅲ)のコロイドが生成する。このコロイド溶液をセロハン膜の袋に入れて流水にさらすことで，コロイド粒子以外のものを取り除き，精製することができる。この操作を（　オ　）という。水酸化鉄(Ⅲ)のコロイド溶液に直流電圧をかけると，コロイド粒子の表面が正に帯電しているため，コロイド粒子は陰極のほうへ移動する。この現象を（　カ　）という。また，水和している水分子の数が少ない水酸化鉄(Ⅲ)のコロイドは，（　キ　）コロイドといわれる。このコロイド溶液に少量の電解質を加えると，コロイド粒子が反発力を失い，互いに集まって大きくなり，沈殿する。この現象を（　ク　）という。一方，多数の水分子が水和して安定に存在しているコロイドを，一般に（　ケ　）コロイドという。このコロイド溶液に，多量の電解質を加えると，水分子が取り除かれ，コロイド粒子どうしが引きつけ合って大きくなって沈殿する。この現象を（　コ　）という。

55 コロイドの性質

コロイドに関する次の記述のうち，正しいものを2つ選べ。

① セッケンなどの界面活性剤を水に溶かすと，ある濃度以上では多数の分子が集合したコロイド粒子になる。これをミセルコロイドと呼ぶ。
② 水中においてミセルコロイドは分子の疎水基(親油基)を外側に，親水基を内側に向けて，水に溶けないような構造をとっている。
③ コロイド溶液に強い光を当てると，ブラウン運動に基づく光の吸収が生じるので，光の進路が輝いて見える。これをチンダル現象と呼ぶ。
④ コロイド粒子を分散させる物質を分散媒，コロイド粒子として分散している物質を分散質と呼ぶ。
⑤ 疎水コロイドの溶液に親水コロイドの溶液を加えると，コロイド粒子が集合して沈殿する。これを凝析と呼ぶ。

56 コロイドと浸透圧

金が水中に分散しているコロイド溶液が500 mLある。この浸透圧を調べると，27℃で$8.3×10^3$ Paであった。この溶液に含まれる金のコロイド粒子の数はいくつか。ただし，アボガドロ定数は$6.0×10^{23}$/mol，気体定数$R=8.3×10^3$ Pa・L/(K・mol)とする。

> **ヒント**
> 54 コロイドの基本的な性質について，なぜそのようなことが起こるのかを詳しく説明しているので，しっかりと読んで確認しておくこと。
> 56 コロイド溶液にも浸透圧があり，これを使って粒子数を調べたり，あるいは分子量や式量などを求めることもある。

実戦問題②

1 図に示すようなコックでつながれた容器Ⅰ,Ⅱがある。

容器Ⅰの，点火装置を除いた体積は 2.0 L で $1.0×10^5$ Pa のメタン CH_4 が，容器Ⅱの体積は 3.0 L で $1.5×10^5$ Pa の酸素が入っており，容器全体は 27℃ になっている。

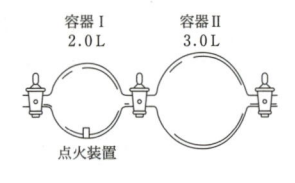

いま，中央のコックを開いて 2 つの気体を混合した。次の問いに答えよ。 **(12点)**

(1) 気体を混合したあとの全圧はいくらか。

(2) 点火装置を用いてメタンを燃焼させ，容器の温度を再び 27℃ にしたところ，液体の水が容器内に存在していた。メタンの燃焼の化学反応式を示せ。

(3) 燃焼後，液体の水が容器内に存在していた。27℃における水の飽和蒸気圧を $3.6×10^3$ Pa として，容器内の全圧を求めよ。

2 窒素の理想気体からのずれを表したグラフについて，次の問いに答えよ。ただし，理想気体は，圧力を P，体積を V，物質量を n，絶対温度を T，気体定数を R としたとき，$\dfrac{PV}{nRT}$ の値がつねに 1 になる気体である。 **(13点)**

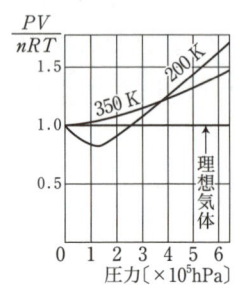

(1) 図のように 200 K の低温では，圧力が 0 から $1.2×10^5$ hPa まで増大すると，窒素 N_2 の $\dfrac{PV}{nRT}$ の値は 1.0 から次第に小さくなる。その理由として正しいものを，次のア〜エから 1 つ選べ。

　ア　窒素 N_2 の密度が低くなり，分子間力の効果が弱くなるから。
　イ　窒素 N_2 の密度が低くなり，分子間力の効果が強くなるから。
　ウ　窒素 N_2 の密度が高くなり，分子間力の効果が弱くなるから。
　エ　窒素 N_2 の密度が高くなり，分子間力の効果が強くなるから。

(2) さらに，圧力が $1.2×10^5$ hPa より高くなると，$\dfrac{PV}{nRT}$ の値も次第に大きくなる。その理由として正しいものを，次のア〜エから 1 つ選べ。

　ア　窒素 N_2 分子の体積の効果が小さくなるから。
　イ　窒素 N_2 分子の運動が弱くなるから。
　ウ　窒素 N_2 分子の体積の効果が大きくなるから。
　エ　窒素 N_2 分子の運動が強くなるから。

(3) 350 K の高温では，圧力の増大にともない $\dfrac{PV}{nRT}$ の値の上昇が見られるだけである。温度が 200K から 350K になると，$\dfrac{PV}{nRT}$ の値の減少がほとんど認められなくなる理由を簡潔に書け。

3 水に対する固体の溶解度は，通常，水100gで飽和溶液をつくるのに必要な溶質のグラム数で表される。また，水和水(結晶水)をもつ溶質では，その無水物のグラム数で表示される。硫酸銅(Ⅱ)無水物の溶解度を上に示す。ただし，式量は硫酸銅(Ⅱ) $CuSO_4 = 160$，硫酸銅(Ⅱ)五水和物 $CuSO_4·5H_2O = 250$ とする。**(15点)**

温度〔℃〕	0	20	40	60
溶解度	14	20	29	40

(1) 60℃で硫酸銅(Ⅱ)の飽和水溶液を全量で175gつくりたい。硫酸銅(Ⅱ)無水物は何g必要か。

(2) (1)で調製した飽和水溶液の60℃における質量モル濃度はいくらか。

(3) (1)で調製した飽和水溶液を20℃まで冷却したところ，硫酸銅(Ⅱ)五水和物 $CuSO_4·5H_2O$ が析出した。析出した硫酸銅(Ⅱ)五水和物は何gか。

4 標準状態で，水素および酸素は1000mLの水にそれぞれ21mL，49mL溶ける。いま，水素と酸素を物質量比で2:5に混ぜ，その混合気体を0℃，$2.0×10^5$Paに保ったまま，0℃の純水1000mLに溶かした。酸素の原子量を16として，次の問いに答えなさい。 **(20点)**

(1) 水に溶けている酸素の体積は，標準状態に換算すると何mLか。

(2) 水に溶けている水素の体積は，標準状態に換算すると何mLか。

(3) 水に溶けている酸素の物質量は水素の何倍か。

(4) 水に溶けている酸素の質量は何gか。

5 次の文を読んで，下の問いに答えよ。

図は，グルコースの希薄水溶液を容器に入れ，かくはんしながら冷却したときの時間経過にともなうグルコース水溶液の温度変化，および同様の操作を純水で行った場合の温度変化をそれぞれグラフにしたものである。

溶液の温度と冷やし始めてからの時間の関係を示したものを冷却曲線という。一般に溶液の凝固点は純溶媒の凝固点よりも低くなるが，純溶媒と溶液の凝固点の差を(ア)という。また液体を冷やしていくと，液体の状態を保ったまま温度が凝固点よりも下がることがある。この現象を(イ)という。 **(40点)**

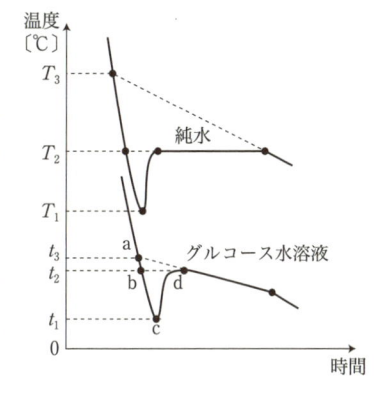

(1) 文中の空欄アとイに適する語句を書け。

(2) グルコース水溶液の凝固が始まる点を図中のa，b，c，dのいずれかで答えよ。

(3) グルコース水溶液のアを図中のt_1，t_2，t_3およびT_1，T_2，T_3の記号を用いて文字式で表せ。

(4) 点c→d間の状態は次の(ア)～(オ)のどれに当てはまるか，記号で答えよ。

　(ア) 気体　　　(イ) 液体　　　(ウ) 固体
　(エ) 液体と固体が混ざった状態　　(オ) 気体と液体が混ざった状態

(5) 点c→d間で急激に温度が上昇している理由を簡潔に書け。

(6) グルコース水溶液は，点d以降も温度が下がり続ける。その理由を簡潔に書け。

(7) 質量パーセント濃度で5.0%のグルコース水溶液をつくり，その100gを容器中に入れて凝固点を測定したところ，−0.54℃であった。この容器中のグルコース水溶液に水をいくらか加えてから再び凝固点を測定したところ−0.43℃であった。加えた水の質量(g)を小数第1位まで求めよ。

探究活動 対策問題

1 ヘキサンを用いて，次のような分子量測定の実験を行った。ただし，大気圧は $1.0×10^5$ Pa，気体定数は $8.3×10^3$ L・Pa/(K・mol) とする。

実験

① 容積が 166 mL の丸底フラスコを，針で小さな穴をあけたアルミニウム箔で口を閉じ，質量 w_1 を測定した。
② アルミニウム箔をはがしてヘキサン約 2 mL を丸底フラスコに入れ，再びふたをした。
③ 図のように 77℃ に保った湯の中にフラスコを入れ，丸底フラスコ内のヘキサンをおだやかに，完全に蒸発させた。
④ 丸底フラスコを取り出して室温まで冷やし，ヘキサンを凝縮させ，外側の水滴をよく拭いてから，丸底フラスコの質量 w_2 を測定した。

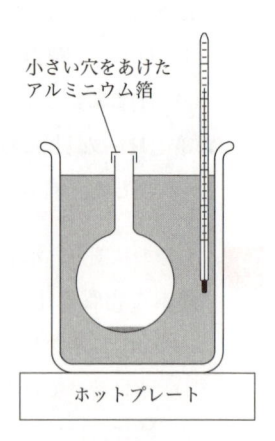

結果 ① $w_1 = 72.51$ g ④ $w_2 = 73.00$ g

問題

(1) ③のとき，丸底フラスコ内にあった空気は蒸発したヘキサンによって追い出され，丸底フラスコ内はヘキサンの蒸気で満たされている。このヘキサンの質量を求めよ。ただし，④のとき，丸底フラスコ内に存在する液体のヘキサンの体積は無視でき，①のときと同じだけ，空気が存在するものとする。

答

(2) (1)の気体のヘキサンの体積，圧力，温度を求めよ。

答

(3) ヘキサンの分子量を求めよ。

答

発展

(1) 問題(1)で「④のとき，丸底フラスコ内に存在する液体のヘキサンの体積は無視でき，①のときと同じだけ，空気が存在するものとする」とあるが，実際には液体のヘキサン以外にも無視したものがある。それは何か。

答

2

水酸化鉄(Ⅲ)のコロイド溶液をつくり，次の実験を行った。

実験

① 100 mL ビーカーに純水を 80 mL 入れ，ガスバーナーで温めて沸騰させる。
② ①の純水を沸騰させたままガラス棒でかき混ぜながら，15％塩化鉄(Ⅲ)水溶液を 5 mL 加え，色の変化を見る。
③ 300 mL ビーカーに純水 250 mL とスターラーチップを入れ，その上にぬれたセロハン紙を広げる。
④ ③のセロハン紙の中に②の溶液をこぼれない程度入れ，図のようにセロハン紙を袋状にしばってからスターラーでゆっくり 10 分ほどかくはんする。
⑤ ③のビーカーの水を 5 mL 試験管にとり，硝酸銀水溶液を加えて変化を見る。
⑥ ③のビーカーの水を赤色リトマス紙と青色リトマス紙にたらして変化を見る。
⑦ ③のセロハン紙の中の赤色の溶液を 3 mL ずつ，試験管 A，B，C にとる。試験管 A に 0.2 mol/L 塩化ナトリウム水溶液，試験管 B に 0.1 mol/L 塩化カルシウム水溶液，試験管 C に 0.1 mol/L 硫酸ナトリウム水溶液を 3 滴ほど加え，変化を見る。

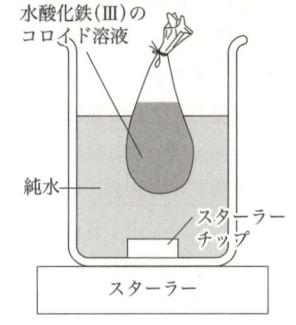

結果
② 塩化鉄(Ⅲ)水溶液は黄褐色だったが，沸騰水に加えると，赤色になった。
⑤ 白い沈殿が生じた。
⑥ 赤色リトマス紙：変化なし。　青色リトマス紙：赤色になった。
⑦ 0.1 mol/L 硫酸ナトリウム水溶液のみ，赤色の沈殿が生じた。

問題

(1) ②の変化を化学反応式で示せ。
答

(2) ④の作業を何というか。
答

(3) ⑤の結果から，ビーカーの水に存在することがわかるイオンは何か。
答

(4) ⑥の結果から，ビーカーの水は何性だということがわかるか。
答

(5) ⑦の結果から，水酸化鉄(Ⅲ)のコロイドの表面は，正と負のどちらに帯電していることがわかるか。
答

第2部　物質の変化と化学平衡

第1章　化学反応とエネルギー

これだけはおさえよう

1 反応熱と熱化学方程式

❶ **反応熱**㋐　化学反応にともなって，発生または吸収する熱量。

❷ **発熱反応と吸熱反応**　熱を発生する反応を発熱反応，熱を吸収する反応を吸熱反応という。

❸ **熱化学方程式**㋑　化学反応式の右辺に反応熱を書き加え，左辺と右辺を等号＝で結んだ式。

2 反応熱の種類

❶ **燃焼熱**　物質1molが完全に燃焼するときに発生する熱量(kJ/mol)。㋒

❷ **生成熱**　化合物1molがその成分元素の単体から生成するときに発生または吸収する熱量(kJ/mol)。㋓

❸ **溶解熱**　物質1molを多量の溶媒に溶解するときに発生または吸収する熱量(kJ/mol)。㋔

❹ **中和熱**　酸と塩基が中和して，1molの水を生成するときに発生する熱量(kJ/mol)。㋕

3 ヘスの法則とその応用

❶ **ヘスの法則**　化学反応において出入りする熱量の総和は，反応前後の物質の状態のみによって決まり，途中の経路には無関係である。㋖

❷ **反応熱と生成熱**㋗**の関係**
　(反応熱)＝(生成物の生成熱の総和)
　　　　　－(反応物の生成熱の総和)

❸ **結合エネルギー**　共有結合している原子を引き離すのに必要なエネルギー。熱化学方程式では負の値となる。㋘

❹ **結合エネルギーと反応熱の関係**　気体状態の分子について，次の関係が成り立つ。
　(反応熱)＝(生成物の結合エネルギーの総和)
　　　　　－(反応物の結合エネルギーの総和)㋙

4 化学反応と光

❶ **光化学反応**㋚　反応物が光を吸収して，高いエネルギー状態となり，起こる反応。

❷ **化学発光**㋛　化学反応によって，光が放出される現象。

㋐　ふつう，物質1molあたりの熱量kJ(キロジュール)で表す。

㋑　反応熱は，発熱反応の場合には＋を，吸熱反応の場合には－をつける。物質には，固体，液体，気体の状態や同素体の区別を示す。また係数に分数を用いることもある。

㋒　メタンCH_4の燃焼熱は
　　$CH_4+2O_2=CO_2+2H_2O$(液)$+891$ kJ

㋓　メタンCH_4の生成熱は
　　C(黒鉛)$+2H_2=CH_4+75$ kJ

㋔　NaOH(固)の溶解熱は
　　NaOH(固)$+aq=$NaOHaq$+44.5$ kJ

㋕　HClとNaOHの中和熱は
　　HClaq$+$NaOHaq
　　$=$NaClaq$+H_2O$(液)$+56.5$ kJ

㋖　熱化学方程式をふつうの代数式のように扱える。したがって，連立方程式の解法のように加減乗除ができる。

㋗　単体の生成熱は0とする。

㋘　H_2の結合エネルギー 432 kJ/mol は
　　H_2(気)$=2H$(気)-432 kJ

㋙　H_2(気)$+Cl_2$(気)$=2HCl$(気)$+185$ kJ においては
　　185 kJ＝{(H－Clの結合エネルギー)×2}
　　　　　－{(H－Hの結合エネルギー)
　　　　　　＋(Cl－Clの結合エネルギー)}

㋚　例として，光合成がある。

㋛　例として，ルミノール反応がある。

基本問題

解答・解説は別冊 p.22

重要例題13　熱化学方程式と発熱量

次の熱化学方程式を用いて、下の問いに答えよ。ただし、原子量は $H=1.0$, $C=12.0$ とする。

$CH_4 + 2O_2 = CO_2 + 2H_2O(液) + 891\ kJ$ ……①

$C_2H_4 + 3O_2 = 2CO_2 + 2H_2O(液) + 1412\ kJ$ ……②

(1) メタン CH_4 80.0 g が完全に燃焼すると、何 kJ の熱量が発生するか。

(2) メタン CH_4 とエチレン C_2H_4 を、体積比 80% と 20% の割合で含む混合気体がある。標準状態で 140 L のこの混合気体を完全に燃焼したときの発熱量は何 kJ か。

考え方 熱化学方程式における熱量は、CH_4, C_2H_4 それぞれ 1 mol が完全に燃焼したときの発熱量を示しているから、質量、体積をそれぞれ物質量に換算する。

(1) $\dfrac{80.0}{16.0} \times 891 = 4.46 \times 10^3\ [kJ]$　(2) $\dfrac{140 \times 0.80}{22.4} \times 891 + \dfrac{140 \times 0.20}{22.4} \times 1412 = 6.2 \times 10^3\ [kJ]$

解答 (1) $4.46 \times 10^3\ kJ$　(2) $6.2 \times 10^3\ kJ$

57　熱化学方程式と反応熱

次の熱化学方程式をもとにして、下の(1), (2)の場合の熱量を計算せよ。

$C_3H_8 + 5O_2 = 3CO_2 + 4H_2O(液) + 2220\ kJ$

ただし、原子量は $H=1.0$, $C=12.0$ とする。

(1) プロパン C_3H_8 8.8 g が完全に燃焼したときの熱量。

(2) 標準状態で 5.6 L を占めるプロパンが完全に燃焼したときの熱量。

58　熱化学方程式の書き方

次の(1)～(3)の変化を、熱化学方程式を用いて表せ。

ただし、原子量は $H=1.0$, $C=12.0$, $O=16.0$, $K=39.0$ とする。

(1) 水(液体) 3.6 g が水蒸気になるとき、8.8 kJ の熱を吸収する。

(2) 水酸化カリウム KOH 7.0 g を多量の水に溶かすと 6.7 kJ の熱を発生する。

(3) 標準状態で 448 mL のエチレン(C_2H_4)を完全に燃焼させると 28.2 kJ の熱を発生する。

59　反応熱の種類

酢酸 CH_3COOH に関する次の熱化学方程式の反応熱の名称をそれぞれ書け。

(1) $CH_3COOH + aq = CH_3COOHaq - 8.8\ kJ$

(2) $2C(黒鉛) + 2H_2 + O_2 = CH_3COOH + 485\ kJ$

(3) $CH_3COOH + 2O_2 = 2CO_2 + 2H_2O(液) + 874\ kJ$

ヒント　57　C_3H_8 の質量・体積を物質量(mol)に換算する。
　　　　　58　それぞれ 1 mol についての発熱量(kJ)を求める。

重要例題14　ヘスの法則の応用

次の熱化学方程式を用いて，グルコース $C_6H_{12}O_6$(固)の生成熱(kJ/mol)を求めよ。

$C(黒鉛) + O_2 = CO_2 + 394 \text{ kJ}$ ……①

$H_2 + \dfrac{1}{2} O_2 = H_2O(液) + 286 \text{ kJ}$ ……②

$C_6H_{12}O_6(固) + 6O_2 = 6CO_2 + 6H_2O(液) + 2840 \text{ kJ}$ ……③

考え方 ①と②より，CO_2 と H_2O(液)の生成熱は，それぞれ，394 kJ/mol, 286 kJ/mol である。$C_6H_{12}O_6$(固)の生成熱を x[kJ/mol]として，熱化学方程式③に対して，
(反応熱)＝(生成物の生成熱の総和)－(反応物の生成熱の総和) を適用する。
$2840 = 394 \times 6 + 286 \times 6 - x$　　$x = 1240$[kJ/mol]　（O_2 の生成熱は定義により 0）

解答 1240 kJ/mol　（解答・解説 別解 を参照）

60　ヘスの法則と生成熱

次の熱化学方程式①～③を用いて，アンモニア NH_3 の生成熱を表す熱化学方程式を導け。

$2H_2 + O_2 = 2H_2O(液) + 572 \text{ kJ}$　……①

$N_2 + O_2 = 2NO - 180 \text{ kJ}$　……②

$4NH_3 + 5O_2 = 4NO + 6H_2O(液) + 1154 \text{ kJ}$　……③

61　ヘスの法則と熱化学方程式

次に示すようなメタン CH_4 からメタノール CH_3OH を生成するときの反応熱 Q[kJ]の値を，下の熱化学方程式①，②を用いて求めよ。

$CH_4 + \dfrac{1}{2} O_2 = CH_3OH(液) + Q \text{[kJ]}$

$CH_4 + 2O_2 = CO_2 + 2H_2O(液) + 891 \text{ kJ}$　……①

$2CH_3OH(液) + 3O_2 = 2CO_2 + 4H_2O(液) + 1450 \text{ kJ}$　……②

62　ヘスの法則と発熱量の計算

次に示す二酸化炭素，水(液体)およびエタン C_2H_6 の生成熱(kJ/mol)をもとにしてエタンの燃焼熱を表す熱化学方程式をつくり，エタン 1.5 kg が完全に燃焼したときの発熱量を計算せよ。ただし，原子量は H＝1.0, C＝12 とする。

二酸化炭素：394　　水(液体)：286　　エタン C_2H_6：86

ヒント
60　NH_3 の生成熱を x[kJ/mol]として，反応熱の式を適用する。
61　重要例題14の 別解 にならって解く。①と②から CO_2 と H_2O を消去する。
62　3つの物質の生成熱からエタンの燃焼熱を算出する。

重要例題15　結合エネルギー

H–H, C–H, O=O の結合エネルギーをそれぞれ 432 kJ/mol, 411 kJ/mol, 494 kJ/mol とし，次の問いに答えよ。

(1) メタン CH_4 1 mol を完全に原子に解離するのに必要なエネルギーは何 kJ か。

(2) 水(気)の生成熱は次の式で表される。

$$H_2 + \frac{1}{2}O_2 = H_2O(気) + 242 \text{ kJ} \quad \cdots\cdots ①$$

水分子の O–H の結合エネルギーを求めよ。

考え方 (1) CH_4 は，分子中に C–H 結合を4つもつので，解離に要するエネルギーは
$$4 \times 411 = 1644 \text{ (kJ)}$$

(2) (反応熱)＝(生成物の結合エネルギーの総和)－(反応物の結合エネルギーの総和) を①に適用する。
O–H の結合エネルギーを x [kJ/mol] とすると
$$242 = 2x - \left(432 + \frac{1}{2} \times 494\right) \quad x = 460.5 \text{ [kJ/mol]}$$

解答 (1) 1644 kJ　(2) 460.5 kJ/mol　(解答・解説 別解 を参照)

63　結合エネルギーと生成熱

次に示す結合エネルギー(kJ/mol)の値を用いて，臭化水素 HBr およびアンモニア NH_3 の生成熱 (kJ/mol) を計算せよ。

H–H : 432　　Br–Br : 192　　N≡N : 945

N–H : 386　　H–Br : 368

64　結合エネルギー

H–H の結合エネルギーを 432 kJ/mol とし，次の①と②の熱化学方程式をもとにして，CH_4 の C–H の結合エネルギー(kJ/mol)を求めよ。

C(黒鉛) + $2H_2$(気) = CH_4(気) + 75 kJ 　……①

C(黒鉛) = C(気) － 705 kJ　　　　　　……②

65　化学反応と光エネルギー

次の文中の空欄アとイに適する語句を書け。

物質が光を吸収して，高いエネルギー状態になり，起こる反応を（　ア　）反応という。一方，化学反応によって，エネルギーが光の形で放出されると，発光が観察される。化学反応による発光を（　イ　）発光という。

ヒント　63, 64　(反応熱)＝(生成物の結合エネルギーの総和)－(反応物の結合エネルギーの総和)を利用。

応用問題

解答・解説は別冊 p.24

66 混合気体の発熱量

次の熱化学方程式①〜④を用いて，下の問いに答えよ。ただし，式中の H_2O は液体で，ほかの物質は気体である。

$$H_2 + \frac{1}{2}O_2 = H_2O + 286\ kJ \quad \cdots\cdots ①$$

$$CO + \frac{1}{2}O_2 = CO_2 + 283\ kJ \quad \cdots\cdots ②$$

$$CH_4 + 2O_2 = CO_2 + 2H_2O + 890\ kJ \quad \cdots\cdots ③$$

$$C_2H_6 + \frac{7}{2}O_2 = 2CO_2 + 3H_2O + 1560\ kJ \quad \cdots\cdots ④$$

(1) 次に示すような体積組成の混合気体 1120 L（標準状態）を完全に燃焼させると，発生する熱量は何 kJ か。

　　H_2：40%　　CH_4：20%　　CO：20%　　CO_2：20%

(2) 標準状態におけるメタン CH_4 とエタン C_2H_6 の混合気体をつくり，その 1120 L を完全に燃焼させたときに，7.13×10^4 kJ の熱量が発生するようにしたい。この混合気体中のメタンの体積組成を何 % にすればよいか。

67 燃焼熱と生成熱

次に示す各物質の燃焼熱(kJ/mol)の値をもとにして，下の問いに答えよ。ただし，生成する水はすべて液体とする。

　　C(黒鉛)：394　　H_2：286　　エタン C_2H_6：1560　　エチレン C_2H_4：1411

(1) 二酸化炭素の生成熱は何 kJ/mol か。
(2) エタンの生成熱は何 kJ/mol か。
(3) エチレンの生成熱は何 kJ/mol か。
(4) 次の反応の反応熱 x の値を求めよ。

　　$C_2H_4 + H_2 = C_2H_6 + x$ [kJ]

68 黒鉛の不完全燃焼

黒鉛（グラファイト）12.0 g が不完全燃焼して，一酸化炭素 7.00 g と二酸化炭素 33.0 g を生成した。このとき発生した熱量(kJ)として最も適当な数値を，次の①〜⑥のうちから 1 つ選べ。ただし，黒鉛および一酸化炭素の燃焼熱(kJ/mol)は，それぞれ 394 kJ/mol および 283 kJ/mol，原子量は C = 12.0，O = 16.0 とする。

(センター追試)

① 111　② 283　③ 323　④ 394　⑤ 505　⑥ 677

> **ヒント**
> 66 (2) メタンとエタンの物質量を x [mol] と y [mol] とする。
> 67 (反応熱)＝(生成物の生成熱の総和)－(反応物の生成熱の総和) を利用。
> 68 CO の生成熱を求めることから始める。

69 ヘスの法則と中和熱

容器に15℃の水500 mLを入れ，固体の水酸化ナトリウム1.0 molを加え，すばやく溶解させたところ，溶液の温度は図の領域Aの変化を示した。逃げた熱の補正をすると，溶液の温度は35℃まで上昇したことになる。溶液の温度が30℃まで下がったとき，同じ温度の2.0 mol/L 塩酸500 mLをすばやく加えたところ，再び温度が上昇して領域Bの温度変化を示した。逃げた熱の補正をすると，溶液の温度は43℃まで上昇したことになる。図から，

$$HClaq + NaOH(固) \longrightarrow NaClaq + H_2O$$

の反応熱(kJ)として最も適当な数値を，次の(ア)～(オ)のうちから1つ選べ。ただし，固体の水酸化ナトリウムの溶解や中和反応による溶液の体積変化はないものとし，溶液の密度は1.0 g/mL，熱容量は4.2 J/(K·g)とする。

(センター本試)

(ア) 55　(イ) 97　(ウ) 137　(エ) 181　(オ) 223

70 結合エネルギーと反応熱

次の熱化学方程式を利用して，下の問いに答えよ。

$$C(黒鉛) + O_2 = CO_2(気) + 394 \text{ kJ} \quad \cdots\cdots ①$$
$$2C(黒鉛) + 3H_2 = C_2H_6(気) + 84 \text{ kJ} \quad \cdots\cdots ②$$
$$H_2 + \frac{1}{2}O_2 = H_2O(気) + 242 \text{ kJ} \quad \cdots\cdots ③$$
$$C_2H_6(気) = 2C(気) + 6H - 2826 \text{ kJ} \quad \cdots\cdots ④$$
$$H_2 = 2H - 432 \text{ kJ} \quad \cdots\cdots ⑤$$
$$O_2 = 2O - 494 \text{ kJ} \quad \cdots\cdots ⑥$$

(1) 水のO−Hの結合エネルギー(kJ/mol)は，次のうちどれか。

(ア) 461　(イ) 484　(ウ) 925　(エ) 969

(2) エタンC_2H_6のC−Hの結合エネルギーを411 kJ/molとすると，C_2H_6のC−C結合の結合エネルギーは何kJ/molか。

(3) 黒鉛1 mol中の結合をすべて切り，原子に解離するには何kJ/molのエネルギーを必要とするか。また，CO_2のC=Oの結合エネルギーは何kJ/molか。

ヒント
69 NaOHの溶解熱と中和熱を算出し，ヘスの法則から導く。
70 (2) 1 molのC_2H_6の6つのC−H結合を切るのに必要なエネルギーは，411×6 kJ
(3) 前半は，C(黒鉛)=C(気)−Q[kJ]のQの値を求める。

第2章　電池と電気分解

1 酸化数と酸化還元反応

❶ 酸化数
酸化数が増加㋐ ➡ その原子は「酸化された」
酸化数が減少㋑ ➡ その原子は「還元された」

❷ 酸化剤㋒　相手を酸化し，自身は還元される。
還元剤㋓　相手を還元し，自身は酸化される。

2 電池

❶ 電池　酸化還元反応によって放出される化学エネルギーを電気エネルギーに換える装置。放電時，電子が流れ出る電極を負極，㋔ 流れ込む電極を正極㋔ という。

❷ ダニエル電池㋕
(−)Zn│ZnSO₄aq│CuSO₄aq│Cu(+)

❸ 鉛蓄電池㋖　(−)Pb│H₂SO₄aq│PbO₂(+)

$$Pb + PbO_2 + 2H_2SO_4 \underset{充電}{\overset{放電}{\rightleftarrows}} 2PbSO_4 + 2H_2O$$

充電可能な二次電池

❹ マンガン乾電池
(−)Zn│ZnCl₂aq, NH₄Claq│MnO₂·C(+)

❺ アルカリマンガン乾電池
(−)Zn│KOHaq│MnO₂(+)

3 電気分解

❶ 電気分解　電気エネルギーによって，自発的には起こらない酸化還元反応を行わせること。電源の負極・正極につないだ電極をそれぞれ陰極・陽極㋗ という。

❷ 電解生成物㋘　陰極では，電解液中の還元されやすい物質が還元され，陽極では，電極または電解液中の酸化されやすい物質が酸化される。

❸ ファラデーの法則㋙　電子1 mol が流れると{イオン・元素}は還元・酸化されて，このとき生成する元素の物質量は，$\dfrac{1}{価数}$ mol である。

❹ 電気分解の応用
(1) NaOH の製法(イオン交換膜法)㋚
　陽極　$2Cl^- \longrightarrow Cl_2 + 2e^-$
　陰極　$2H_2O + 2e^- \longrightarrow H_2 + 2OH^-$

(2) 銅の電解精錬
　陽極　$Cu(粗銅) \longrightarrow Cu^{2+} + 2e^-$
　陰極　$Cu^{2+} + 2e^- \longrightarrow Cu(純銅)$

(3) 融解塩電解(Na の製法，Al の製法)

これだけはおさえよう

㋐ $S \rightarrow SO_2 (0 \rightarrow +4)$　S は酸化された。
㋑ $CuO \rightarrow Cu (+2 \rightarrow 0)$　Cu は還元された。
㋒ 酸化剤中には，酸化数が減少する原子が含まれる。
㋓ 還元剤中には，酸化数が増加する原子が含まれる。

㋔ 負極では酸化反応，正極では還元反応が起こる。両極を金属とした場合
　イオン化傾向が大きい金属 ➡ 負極
　イオン化傾向が小さい金属 ➡ 正極

㋕ 負極：$Zn \longrightarrow Zn^{2+} + 2e^-$
　正極：$Cu^{2+} + 2e^- \longrightarrow Cu$

㋖ 負極：$Pb + SO_4^{2-} \longrightarrow PbSO_4 + 2e^-$
　正極：$PbO_2 + 4H^+ + SO_4^{2-} + 2e^-$
　　　　　$\longrightarrow PbSO_4 + 2H_2O$
放電すると，両極で PbSO₄ が生成し，両極の質量は増加する。

㋗ 陰極では還元反応が起こり，陽極では酸化反応が起こる。

㋘ 陰極での反応
　$K^+, Ca^{2+}, Na^+, Mg^{2+}, Al^{3+}, H^+$
　　　　➡ H₂ が発生，OH⁻ が生成
　Cu^{2+}, Ag^+ ➡ Cu, Ag が析出
　陽極での反応
　(Pt, C 電極の場合)
　Cl^-, Br^-, I^- ➡ Cl₂, Br₂, I₂ が生成
　NO_3^-, SO_4^{2-}, OH^-
　　　　➡ O₂ が発生，H⁺ が生成
　(Cu 電極の場合)
　　　　➡ Cu²⁺ が生成

㋙ 1 mol の電子で，$O^{2-}(H_2O)$ が酸化される場合　O^{2-} ➡ $O\dfrac{1}{2}$ mol ➡ $O_2 \dfrac{1}{4}$ mol

㋚ 陽イオン交換膜を用いて NaCl 水溶液を電気分解する。

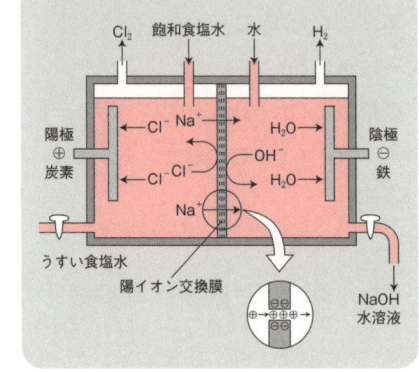

基本問題

解答・解説は別冊 p.25

重要例題16　酸化数の変化（酸化剤・還元剤）

次の化学反応式中の下線を付した物質を，(a)酸化剤，(b)還元剤，(c)酸化剤でも還元剤でもないものに分類せよ。

① $\underline{SO_2} + Cl_2 + 2H_2O \longrightarrow H_2SO_4 + 2HCl$

② $\underline{SO_2} + 2H_2S \longrightarrow 2H_2O + 3S$

③ $\underline{SO_2} + 2NaOH \longrightarrow Na_2SO_3 + H_2O$

④ $\underline{H_2O_2} + 2KI + H_2SO_4 \longrightarrow 2H_2O + I_2 + K_2SO_4$

⑤ $5\underline{H_2O_2} + 2KMnO_4 + 3H_2SO_4 \longrightarrow 2MnSO_4 + K_2SO_4 + 5O_2 + 8H_2O$

考え方 (a)酸化剤は，自身は還元され，その構成原子の酸化数は減少し，(b)還元剤は，自身は酸化され，その構成原子の酸化数は増加する。(c)では，酸化数の変化はない。

① $\underline{S}O_2(+4) \longrightarrow H_2\underline{S}O_4(+6)$：(b)還元剤

② $\underline{S}O_2(+4) \longrightarrow \underline{S}(0)$：(a)酸化剤

③ $\underline{S}O_2(+4) \longrightarrow Na_2\underline{S}O_3(+4)$：(c)酸化剤でも還元剤でもない。

④ $H_2\underline{O}_2(-1) \longrightarrow H_2\underline{O}(-2)$：(a)酸化剤

⑤ $H_2\underline{O}_2(-1) \longrightarrow \underline{O}_2(0)$：(b)還元剤

解答 (a) ②，④　　(b) ①，⑤　　(c) ③

71　酸化数の算出

次の①～⑤の物質中の硫黄原子 S の酸化数を求めよ。

① S　　② H_2S　　③ SO_2　　④ H_2SO_4　　⑤ Na_2SO_3

72　酸化剤と還元剤

硫酸で酸性にした過マンガン酸カリウム水溶液に，過酸化水素水を混合したときの反応

$$2KMnO_4 + 5H_2O_2 + 3H_2SO_4 \longrightarrow 2MnSO_4 + K_2SO_4 + 5O_2 + 8H_2O$$

では，マンガンの酸化数が（ ア ）から（ イ ）に変化している。このように，酸化還元反応は酸化数の変化を伴う化学反応であり，ある元素が酸化されるとき，この元素の酸化数は（ A ）し，還元されると酸化数は（ B ）する。また，上の化学反応式では，過酸化水素は（ C ）として作用しているが，①反応によっては（ D ）としてはたらくこともある。

(1) （ ア ）と（ イ ）に適する酸化数を書け。

(2) （ A ）～（ D ）に適する語句を書け。

(3) 下線部①に関して，硫酸で酸性にした水溶液中での過酸化水素とヨウ化カリウムの反応を化学反応式で示せ。

ヒント　71　化合物を構成する原子の酸化数の総和は，0 とする。

72　H_2O_2 は，相手によって酸化剤にも還元剤にもなる。

重要例題17　ダニエル電池

図はダニエル電池を表している。次の問いに答えよ。
(1) 負極と正極で起こる変化をイオン反応式で示せ。
(2) 亜鉛板が0.654 g減少したとき，銅板の質量は何g変化するか。ただし，原子量はZn＝65.4，Cu＝63.5とする。

考え方　(1) イオン化傾向の大きいZnが負極，小さいCuが正極。
　　　　　負極：$Zn \longrightarrow Zn^{2+} + 2e^-$　　正極：$Cu^{2+} + 2e^- \longrightarrow Cu$
(2) 2 molの電子が流れると，それぞれ1 molのZnとCu^{2+}が反応するので
$$Cu の析出量 = \frac{0.654}{65.4} \times 63.5 = 0.635 [g]$$

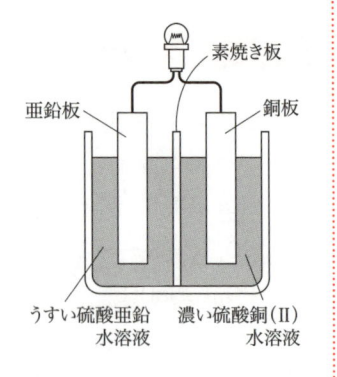

解答　(1) 負極：$Zn \longrightarrow Zn^{2+} + 2e^-$　　正極：$Cu^{2+} + 2e^- \longrightarrow Cu$　　(2) 0.635 g 増加する。

73　電池①

次の(ア)～(エ)の構造をもつ電池は，それぞれ何と呼ばれる電池か。

(ア)　$(-)Zn | ZnSO_4aq ¦ CuSO_4aq | Cu(+)$　　　(イ)　$(-)Pt \cdot H_2 | H_3PO_4aq | O_2 \cdot Pt(+)$

(ウ)　$(-)Zn | ZnCl_2aq, NH_4Claq | MnO_2 \cdot C(+)$　　　(エ)　$(-)Pb | H_2SO_4aq | PbO_2(+)$

74　電池②

次の電池に関する記述①～④の正誤を判定せよ。
① 2種類の金属を電解質水溶液に浸した電池では，イオン化傾向の大きいほうが正極になる。
② 2種類の金属を電解質水溶液に浸した電池では，そのイオン化傾向の差が大きいほど，起電力は大きい。
③ すべての電池の負極は，放電すると，質量が減少する。
④ 電池を放電すると，正極で還元反応，負極で酸化反応が起こる。

75　鉛蓄電池①

次の文中の（　）には適する語句を，〔　〕にはイオン反応式または化学反応式を書け。
　鉛蓄電池は，（ア）を負極，（イ）を正極として希硫酸に浸した電池である。この電池が放電するときには，負極で〔A〕，正極で〔B〕の反応が起こり，全体では〔C〕の反応が起こる。放電すると，電解液の密度は（ウ）する。また，鉛蓄電池は〔C〕の逆反応により充電できる（エ）電池である。

ヒント　73　(−)が負極，(+)が正極。電極の物質と電解質水溶液に注意する。
　　　　　74　各電極では，どのような反応が起こるかを考える。
　　　　　75　放電すると，両極に$PbSO_4$が生成する。

重要例題18　硫酸銅(Ⅱ)の電気分解

白金電極を用いて，硫酸銅(Ⅱ)水溶液を5.0 Aの電流で38分36秒間電気分解した。次の問いに答えよ。ただし，原子量はCu＝63.5，ファラデー定数＝$9.65×10^4$ C/molとする。

(1) 両極での変化をイオン反応式で示せ。
(2) 陰極に析出する金属は何gか。また，陽極で発生する気体は，標準状態で何Lか。

考え方 (1) 陰極で還元反応が起こり，陽極で酸化反応が起こる。
　　　　　陰極：$Cu^{2+} + 2e^- \longrightarrow Cu$　　陽極：$2H_2O \longrightarrow 4H^+ + O_2 + 4e^-$

(2) 流れた電気量は　$5.0 × (38 × 60 + 36) = 11580$ 〔C〕

流れた電子の物質量は　$\dfrac{11580}{9.65×10^4} = 0.120$ 〔mol〕

(1)のイオン反応式より，陰極で析出する銅は　$0.120 × \dfrac{1}{2} × 63.5 = 3.81$ 〔g〕

陽極で発生するO_2は　$0.120 × \dfrac{1}{4} × 22.4 = 0.672$ 〔L〕

解答 (1) 陰極：$Cu^{2+} + 2e^- \longrightarrow Cu$　　陽極：$2H_2O \longrightarrow 4H^+ + O_2 + 4e^-$
(2) 陰極：3.81 g　　陽極：0.672 L　（解答・解説 別解 を参照）

76　電気分解生成物

次の①～⑧の水溶液または融解液を表中の電極で電気分解したときの両極での変化を，イオン反応式で示せ。

水溶液,融解液	① NaOH水溶液	② H_2SO_4水溶液	③ $CuCl_2$水溶液	④ $AgNO_3$水溶液
陰極	白金	白金	炭素	白金
陽極	白金	白金	炭素	白金
水溶液,融解液	⑤ $CuSO_4$水溶液	⑥ NaCl水溶液	⑦ NaCl融解液	⑧ Al_2O_3融解液
陰極	銅	炭素	鉄	炭素
陽極	銅	炭素	炭素	炭素

77　Na_2SO_4の電気分解

白金電極を用いて，硫酸ナトリウム水溶液を6.00 Aの電流で16分5秒間電気分解した。次の問いに答えよ。ただし，ファラデー定数＝$9.65×10^4$ C/molとする。

(1) 流れた電子の物質量は何molか。
(2) 両極での変化をイオン反応式で示せ。
(3) 陰極と陽極で発生する気体は，標準状態でそれぞれ何Lか。

ヒント　76　陰極では還元反応が，陽極では酸化反応が起こる。電極の種類に注意する。
　　　　　77　(3)　流れた電子の物質量と発生する気体の物質量の関係に注目する。

応用問題

78 鉛蓄電池②

鉛蓄電池は，負極活物質に鉛，正極活物質に酸化鉛(IV)，電解液に希硫酸が使われている。放電すると，負極ではPbの酸化数が（ ア ）から（ イ ）へ，正極ではPbの酸化数（ ウ ）から（ エ ）へと変化する反応が起こり，両極の表面に（ A ）が生じて，電解液の硫酸の濃度が次第に（ B ）くなる。充電で外部から電圧をかけて，放電と逆向きの反応を起こすことで，起電力が回復する。放電時・充電時の両極の変化を1つの化学反応式にまとめて表すと，以下のようになる。

$$\text{Pb} + (\ (1)\ ) + 2(\ (2)\ ) \underset{充電}{\overset{放電}{\rightleftharpoons}} 2(\ (3)\ ) + 2(\ (4)\ )$$

(日本女大)

① （ ア ）〜（ エ ）には酸化数を，（ A ）と（ B ）には適する語句を，(1)から(4)には化学式を書け。

② 鉛蓄電池の中に質量パーセント濃度30.0%の硫酸2.00 kgが入っていたとする。この鉛蓄電池を放電し，$1.93×10^4$ Cの電気量が流れたとき，次の問いa, bに答えよ。

原子量：H=1.0, O=16.0, S=32.0　ファラデー定数=$9.65×10^4$ C/mol

a　放電の結果，生成した水の質量は何gか。有効数字3桁で求めよ。
b　放電後の，電解液の硫酸の質量パーセント濃度は何%か。有効数字2桁で求めよ。

79 鉛蓄電池③

図1のように鉛蓄電池を放電したとき，電極A，電極Bの質量の変化量の関係を表す直線として最も適当なものを，図2の①〜⑥のうちから1つ選べ。原子量：O=16, S=32

(センター本試)

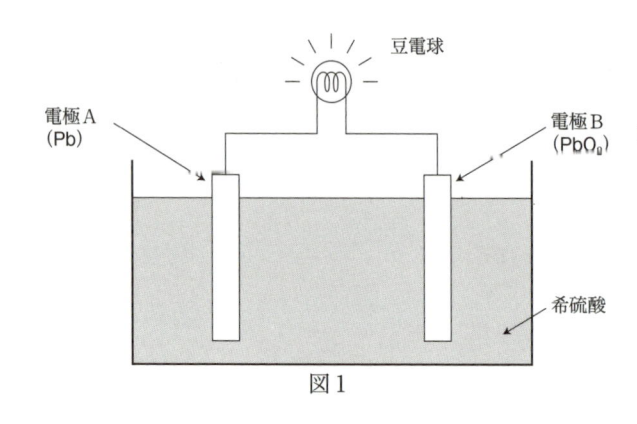

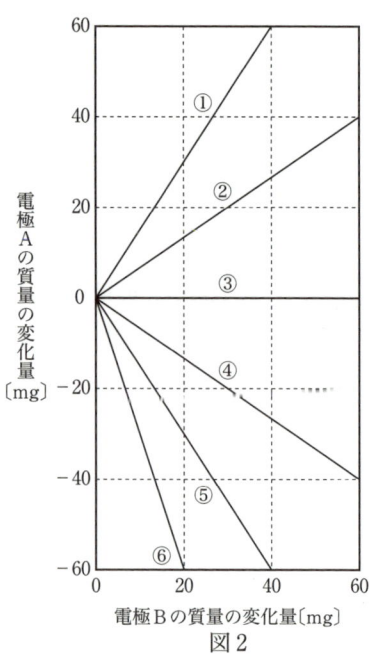

図1

図2

ヒント
78　流れた電子と反応する硫酸と生成する水の物質量の関係に注意する。
79　両極で何から何が生成するか考える。

80 鉛蓄電池による電気分解

鉛蓄電池を電源として，鉛蓄電池の電極AとBを図のように白金電極CおよびDに接続し，塩化銅(Ⅱ)水溶液を電気分解したところ，電極Cに銅が析出した。次の問いに答えよ。　　　　　　　　　　　　　　　　(北大)

(1) 鉛蓄電池の電極Aおよび電極Bに用いられている物質を化学式で書け。

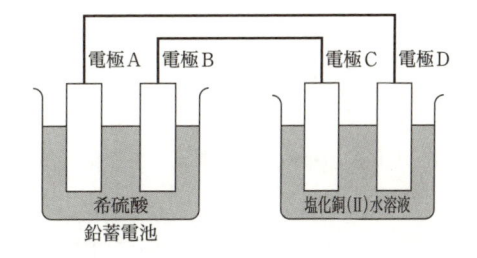

(2) 電気分解の間，電極Aおよび電極Dではどのような反応が起こっているか。電子e^-を用いた反応式で示せ。

(3) 電気分解の結果，0.32 gの銅が電極C上に析出した。このとき鉛蓄電池の電極Bでは，どれだけの質量の増加があるか。有効数字2桁で求めよ。ただし，原子量はO＝16.0，S＝32.0，Cu＝63.5，Pb＝207.2とする。

81 燃料電池

次の文中の（ ア ）と（ イ ）に適する有効数字3桁の数値を書け。

アポロ計画の宇宙船やスペースシャトルでは，水酸化カリウム水溶液を用いたアルカリ形燃料電池が電源として使用された。この燃料電池を，77.2 Aの一定電流で，19日間連続的に運転するためには，（ ア ）Lの液体酸素(密度1.14 g/cm^3)が必要である。また，この燃料電池全体から1日あたりに生じる水(密度1.00 g/cm^3)の体積は，（ イ ）Lであり，この水は宇宙飛行士の飲料などに用いられる。ただし，原子量はH＝1.0，O＝16.0，ファラデー定数＝$9.65×10^4$ C/molとする。　　　(慶大)

82 塩化ナトリウム水溶液の電気分解

図は，水酸化ナトリウムを得るために使用する塩化ナトリウム水溶液の電気分解実験装置を模式的に示したものである。電極の間は，陽イオンだけを通過させる陽イオン交換膜で仕切られている。一定電流を1時間流したところ，陰極側に2.00 gの水酸化ナトリウムが生成した。流した電流は何Aか。次の①〜⑤のうちから1つ選べ。原子量：H＝1.0, O＝16.0, Na＝23.0　ファラデー定数＝$9.65×10^4$ C/mol
　　　　　　　　　　　　　　　　(センター本試)

① 0.804　② 1.34　③ 8.04
④ 13.4　⑤ 80.4

ヒント
80　鉛蓄電池の負極と正極，電解槽の陰極と陽極は，A〜Dのうちどれかを考える。
81　負極：$H_2+2OH^- \longrightarrow 2H_2O+2e^-$　正極：$O_2+2H_2O+4e^- \longrightarrow 4OH^-$
82　陰極側で生じたOH^-と陽極側から移動してくるNa^+とにより，NaOHが生成する。

83 直列接続による電気分解①

図のように，電解槽Ⅰに硝酸銀水溶液，電解槽Ⅱに塩化銅(Ⅱ)水溶液を入れ，白金電極を用いて，電気分解を行った。次の問いに答えよ。

(1) 1.0 Aの電流をt秒間流して電気分解を行ったとき，電極Aにx〔g〕の銀が析出した。銀の原子量をMとして，ファラデー定数F〔C/mol〕を求める式を書け。

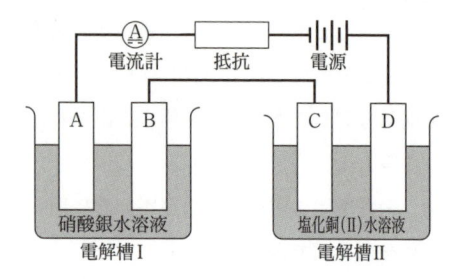

(2) 電極A〜Dで析出する金属および発生する気体の物質量の比を求めよ。

84 直列接続による電気分解②

図1に示す電気分解の装置に一定の電流を通じて，電極A〜Dで生成する物質の体積あるいは質量を測定した。図2と図3は，その結果をグラフに描いたものである。この結果に関する下の問いに答えよ。
原子量：Cu＝64，Ag＝108

(センター本試)

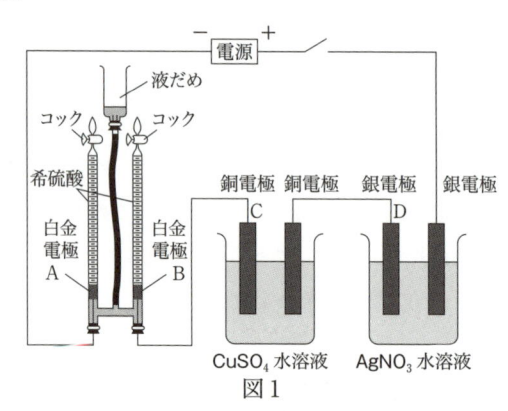

(1) 図2において，実験結果を最も適切に示している直線を①〜⑤のうちから1つ選べ。

(2) 図3において，実験結果を最も適切に示している直線を①〜⑤のうちから1つ選べ。

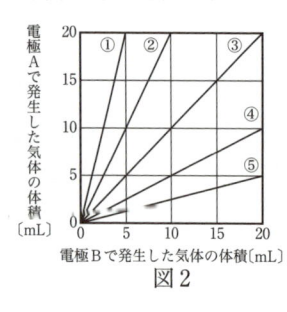

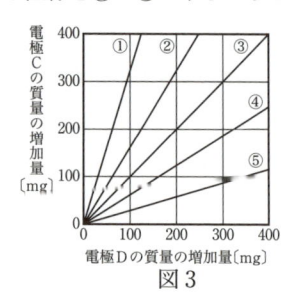

ヒント
83 直列接続なので，電極A，B，C，Dで関与する電子の物質量は等しい。
84 電解装置が直列接続であることに注意する。

85　並列接続による電気分解①

図のように，鉛蓄電池に電解槽Aと電解槽Bを並列に接続して電気分解を行う。電解槽A，Bはいずれも白金電極を用いており，電解槽Aには硫酸銅(II)水溶液が，電解槽Bには硝酸銀水溶液が入っている。鉛蓄電池を3.00 Aの一定の電流で放電させて，鉛蓄電池の正極が1.92 g質量増加したところで放電を止めた。このとき，電解槽Aの陰極では1.14 gの質量増加があった。次の問いに有効数字2桁で答えよ。ただし，原子量はH＝1.0，C＝12.0，O＝16.0，S＝32.0，Cu＝63.5，Ag＝108.0，Pb＝207.0，ファラデー定数＝9.65×10^4 C/molとする。　　（東京農工大　改）

(1) 鉛蓄電池を放電した時間は何秒か。

(2) 放電後の鉛蓄電池の電解液の質量変化は何gか。その増減も含めて答えよ。

(3) この放電により電解槽Bの陽極から発生する気体は，標準状態で何Lか。

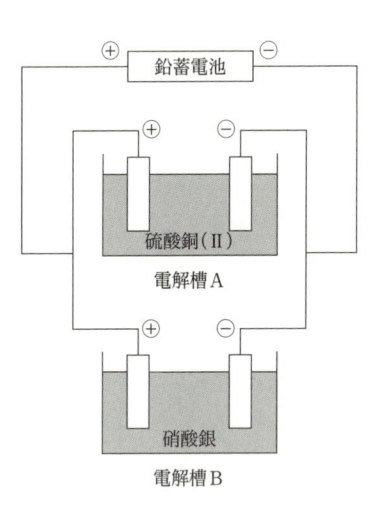

86　並列接続による電気分解②

図のように，3個の電解槽I，II，IIIにそれぞれ硫酸銅(II)水溶液，硝酸銀水溶液，塩化ナトリウム水溶液を入れた。電極(a)は銅板，(b)，(c)，(d)，(f)は白金板，(e)は炭素棒である。また，電極(e)と(f)との間は陽イオン交換膜で仕切られている。図のように電池につないで，0.500 Aの電流を96分30秒流したところ，電解槽IIの(d)に2.16 gの銀が析出した。次の問いに答えよ。ただし，原子量はCu＝63.5，Ag＝108，ファラデー定数＝9.65×10^4 C/molとする。　　（北里大　改）

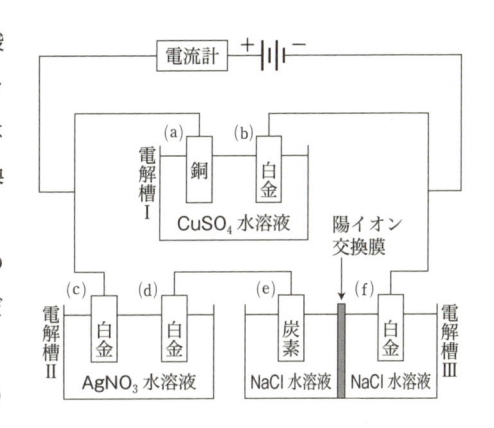

(1) 電流を流したとき，電解槽IIの電極(c)で発生した気体は，標準状態で何Lか。

(2) 電流を流す前と後で，電解槽Iの電極(a)の質量はどう変化したか。その増減も含めて答えよ。

(3) 電流を流した後，電極(f)側の電解液すべて(500 mL)を回収し，これを中和するためには，1.00 mol/Lの塩酸が何mL必要か。

ヒント　85　(3) 鉛蓄電池から流れ出る電子の物質量は，電解槽A，Bを流れた電子の物質量の和。
　　　　　86　電解槽IIとIIIは，直列接続である。また，電解槽Iと(電解槽II・電解槽III)は，並列接続。

実戦問題③

1 次の記述(1)〜(4)を熱化学方程式で表せ。原子量：C = 12.0　　(12点)
(1) メタン CH_4(気)の生成熱は，74.9 kJ/mol である。
(2) 窒素と水素からアンモニア NH_3(気)が 0.40 mol 生成するとき，18.4 kJ の熱量が発生する。
(3) 炭素(黒鉛)6.0 g を完全燃焼させると，197 kJ の熱量が発生する。
(4) H_2O(気)1 mol 中の O−H 結合を，すべて切断するのに 926 kJ 必要である。

2 メタン CH_4 とエタン C_2H_6 の燃焼熱は，それぞれ 890 kJ/mol，1560 kJ/mol である。標準状態で 44.8 L を占めるメタンとエタンの混合気体を完全に燃焼させたところ，2785 kJ の熱が発生した。この混合気体中のメタンの物質量は何 mol か。　　(7点)

3 次の熱化学方程式をもとにして，下の問いに答えよ。　　(16点)

$C(黒鉛) + O_2 = CO_2 + 394 \text{ kJ}$ ……①
$H_2 + \dfrac{1}{2} O_2 = H_2O(液) + 286 \text{ kJ}$ ……②
$2C(黒鉛) + H_2 = C_2H_2 - 230 \text{ kJ}$ ……③
$2C(黒鉛) + 3H_2 = C_2H_6 + 79 \text{ kJ}$ ……④
$C(黒鉛) = C(気) - 705 \text{ kJ}$ ……⑤

(1) 標準状態で 6.72 L を占める水素を完全に燃焼させ水(液体)にすると何 kJ の熱が発生するか。
(2) アセチレン C_2H_2(CH≡CH)と水素からエタン C_2H_6(CH_3-CH_3)を合成するときの反応熱を熱化学方程式で表せ。
(3) アセチレンの燃焼熱は何 kJ/mol か。
(4) H−H および C−H の結合エネルギーを，それぞれ 435 kJ/mol および 414 kJ/mol とすると，アセチレン C_2H_2 分子中の炭素の三重結合の結合エネルギーは何 kJ/mol か。

4 図はダニエル電池の模式図である。次の問いに答えよ。ただし，原子量は Cu = 63.5，Zn = 65.4 とする。　　(10点)
(1) Zn 極および Cu 極での反応を，電子 e^- を含むイオン反応式で示せ。
(2) 電子 1 mol の電気量を取り出したとき，Zn 極および Cu 極での質量の増減は何 g か。増加ならば＋，減少ならば−をつけよ。

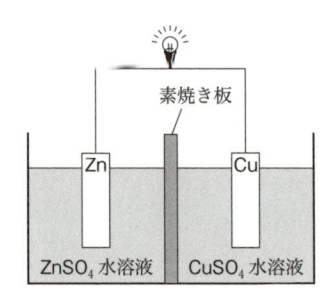

5 鉛蓄電池を放電させたときの，負極および正極の変化をe^-を含むイオン反応式で示せ。また，鉛蓄電池を放電して，$9.65×10^3$ Cの電気量を取り出したとき，負極および正極の質量の変化はそれぞれ何gかを増減を含めて答えよ。ただし，原子量は O=16.0，S=32.0，Pb=207，ファラデー定数=$9.65×10^4$ C/molとする。
（8点）

6 炭素電極を用いて，塩化銅(Ⅱ)水溶液を一定の電流5.00 Aの電流で6分26秒間電気分解した。このとき，析出した銅の質量は何gか。また，発生した塩素の標準状態での体積は何Lか。ただし，原子量は Cu=63.5，ファラデー定数 F=$9.65×10^4$ C/molとする。
（8点）

7 次の電解質水溶液を（　）中に示した電極で電気分解したとき，陰極，陽極で起こる変化をe^-を含むイオン反応式で示せ。
（9点）

　　① Na_2SO_4（白金）　　② NaI（白金）　　③ $Cu(NO_3)_2$（銅）

8 図のように，電解槽Ⅰに硝酸銀水溶液，電解槽Ⅱに硫酸銅(Ⅱ)水溶液を入れ，白金電極を用いて，電気分解を行ったところ，電極Aに銀が0.540 g析出した。次の問いに答えよ。ただし，原子量はCu=63.5，Ag=108とする。
（14点）

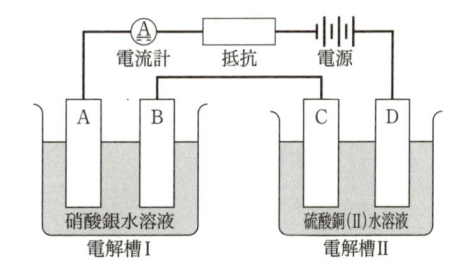

(1) 電極Cで析出する銅は何gか。
(2) 電極Bと電極Dで発生する気体は，それぞれ標準状態で何Lか。

9 図のように，鉛蓄電池に硫酸銅(Ⅱ)水溶液の入った電解槽Aと硝酸銀水溶液の入った電解槽Bを並列に接続して白金電極を用いて電気分解を行った。このとき，電解槽Aおよび電解槽Bの陰極では，それぞれ1.27 gおよび2.16 gの質量増加があった。次の問いに有効数字3桁で答えよ。ただし，原子量はH=1.0，O=16.0，S=32.0，Cu=63.5，Ag=108，Pb=207，ファラデー定数=$9.65×10^4$ C/molとする。
（16点）

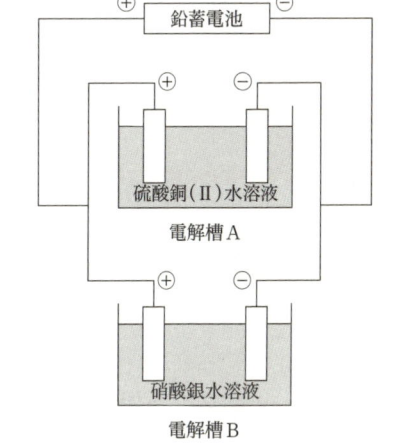

(1) 電解槽Aおよび電解槽Bの陽極で発生する気体は，それぞれ標準状態で何Lか。
(2) 鉛蓄電池の負極と正極の質量の増減はそれぞれ何gか。増加ならば+，減少ならば-をつけよ。

探究活動 対策問題

解答・解説は別冊 p.33

1 次の反応熱に関する実験について、下の問いに答えよ。

実験

① 発泡ポリスチレン製コップに 1.0 mol/L 塩酸 100 mL をとり、液温を測定したあと、固体の水酸化ナトリウム 4.0 g を加え、混合後の時間と液温を記録する。

② 発泡ポリスチレン製コップに水 100 mL をとり、水温を測定したあと、固体の NaOH 4.0 g を加え、混合後の時間と液温を記録する。

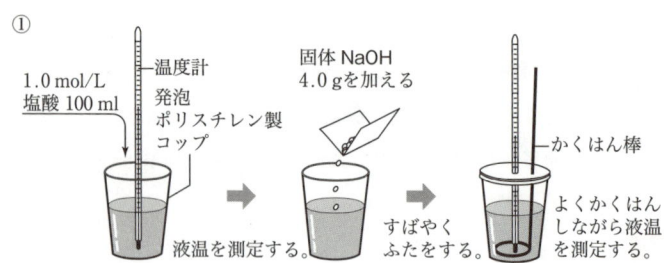

③ 発泡ポリスチレン製コップに 1.0 mol/L 塩酸 50 mL をとり、水温を測定したあと、同じ温度の 1.0 mol/L NaOH 水溶液 50 mL を加え、混合後の時間と液温を記録する。

④ ①〜③の結果を、右図のようにプロットし、上昇温度 Δt を求める。

結果

	水溶液の質量〔g〕	上昇温度〔K〕
①	104	22.5
②	104	9.5
③	100	6.5

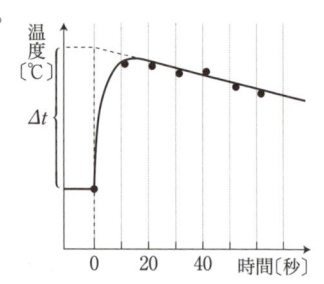

問題

発熱量と上昇温度 Δt には次の関係がある。

　　発熱量〔J〕＝水溶液の質量〔g〕×4.2〔J/(g・K)〕×Δt〔K〕

(1) 実験①の発熱量は何 kJ か。塩酸と固体の NaOH の反応熱 Q_1 は何 kJ/mol か。

答

(2) 実験②の発熱量は何 kJ か。NaOH の溶解熱 Q_2 は何 kJ/mol か。

答

(3) 実験③の発熱量は何 kJ か。塩酸と NaOH 水溶液の中和熱 Q_3 は何 kJ/mol か。

答

(4) Q_1 と Q_2+Q_3 を比較せよ。

答

2 次のダニエル電池に関する実験について，下の問いに答えよ。

実験

① 亜鉛板を紙やすりでみがき，まるめて図のように 50 mL のビーカーに入れ，0.1 mol/L 硫酸亜鉛水溶液を入れる。
② セロハンに 1 mol/L 硫酸銅(Ⅱ)水溶液を入れ，銅板を差し込んで，口を輪ゴムでしばる。
③ ②の銅板と硫酸銅(Ⅱ)水溶液の入ったセロハンの袋を①のビーカーに入れ，ダニエル電池を作る。
④ 電子ブザーや検流計をつなぎ，様子を見る。

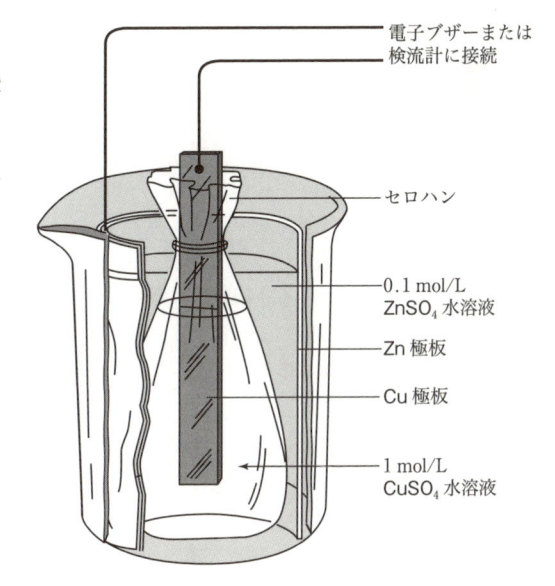

図の注記：
- 電子ブザーまたは検流計に接続
- セロハン
- 0.1 mol/L ZnSO₄ 水溶液
- Zn 極板
- Cu 極板
- 1 mol/L CuSO₄ 水溶液

結果▶ (a) 電子ブザーがなり，検流計の読みより銅極から亜鉛極に電流が流れたことが確認できた。
(b) 金属板から，気体の発生は観察されなかった。

問題

(1) どちらが負極で，どちらが正極かを理由とともに答えよ。
答 _____

(2) 負極と正極で起こる反応を e^- を含むイオン反応式で示せ。
答 負極：_____
答 正極：_____

(3) 全体の反応をイオン反応式で示せ。
答 _____

(4) ④の結果から，セロハンがどのようなはたらきをしたことがわかるか。
答 _____

第3章　反応の速さとしくみ

1 反応の速さ

❶ 反応速度の表し方 ㋐

$$反応速度 = \frac{反応物の濃度の減少量}{反応時間}$$

$$または\quad \frac{生成物の濃度の増加量}{反応時間}$$

化学反応式における各物質の反応速度の比は，化学反応式の係数比と同じである。

❷ 反応速度を変える条件

(1) **反応速度を変える条件**　反応速度に影響を与えるものとして，濃度，温度，触媒などがある。

(2) **反応速度と濃度**　反応物の濃度が大きいほど反応速度が大きい。

反応速度式　$v = k[A]^a[B]^b$

一定温度で反応速度定数 k は，一定である。反応速度 v は，反応物 A，B の濃度 [A]，[B] で決まる。指数部分の a，b は，実験で決まる値である。

(3) 反応速度と温度 ㋑　温度が高いほど反応速度が大きい。温度が高くなると指数関数的に，反応速度定数が大きくなる。

(4) **反応速度と触媒**　反応の前後で変化せず，少量で反応速度を大きくする物質を触媒という。

2 反応のしくみ

❶ 活性化状態と活性化エネルギー ㋒

(1) **活性化状態**　反応が進む過程にある，エネルギーの高い中間状態のこと。

(2) **活性化エネルギー**　活性化状態になるために必要なエネルギー。

❷ 反応速度と活性化エネルギー

(1) **温度と活性化エネルギー**　温度が高くなると，分子などの粒子がもつ運動エネルギーが大きくなり，活性化エネルギー以上のエネルギーをもつ粒子の数が急激に増加する。㋓

(2) 触媒と活性化エネルギー ㋔　触媒は活性化エネルギーを小さくするはたらきがある。このため，反応速度が大きくなる。ただし，反応熱に変化はない。

これだけはおさえよう

㋐ 濃度と反応速度

$$v = \frac{|\Delta[A]|}{\Delta t}$$

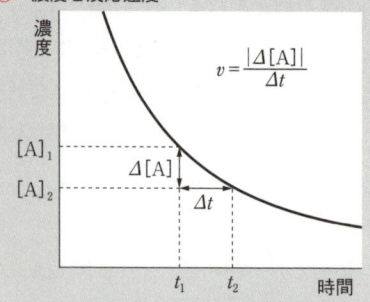

時刻 t_1 から t_2 の間に反応物の濃度が $[A]_1$ から $[A]_2$ に減少したとすると，この間の平均の反応速度 v は，次のように表される。

$$v = \frac{-([A]_2 - [A]_1)}{t_2 - t_1}$$

$$= \frac{|\Delta[A]|}{\Delta t}$$

㋑ 温度が 10 K 上昇するごとに，反応速度が 2〜3 倍になる反応が多い。

㋒ 触媒の有無と反応経路

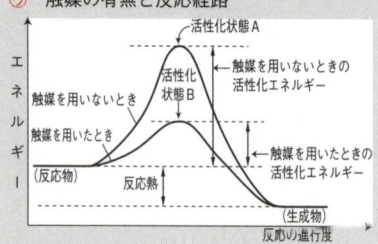

㋓ 温度が高くなると，活性化エネルギー以上のエネルギーをもつ粒子の数が急激に増え，反応速度が急激に増加する。

㋔ 触媒の有無と活性化エネルギー

反応	活性化エネルギー	触媒	触媒を用いたとき
$H_2 + I_2 \rightarrow 2HI$	174 kJ/mol	白金	42 kJ/mol
$N_2 + 3H_2 \rightarrow 2NH_3$	235 kJ/mol	鉄	118 kJ/mol
$2SO_2 + O_2 \rightarrow 2SO_3$	252 kJ/mol	白金	63 kJ/mol
$2H_2O_2 \rightarrow 2H_2O + O_2$	76 kJ/mol	白金	49 kJ/mol
$C_2H_4 + H_2 \rightarrow C_2H_6$	118 kJ/mol	ニッケル	42 kJ/mol

基本問題

解答・解説は別冊 p.34

重要例題19 反応の速さ

気体の水素 H_2 とヨウ素 I_2 から，気体のヨウ化水素 HI が生成する。この反応の反応速度 v は，反応物 H_2 の濃度 $[H_2]$，I_2 の濃度 $[I_2]$ に比例することがわかっている。次の問いに答えよ。

(1) この反応の化学反応式を示せ。
(2) この反応の反応速度 v を，$[H_2]$，$[I_2]$ とこの反応の反応速度定数 k を用いて表せ。
(3) 水素の濃度を 2 倍，ヨウ素の濃度を 3 倍にしたとき，反応速度は何倍になるか。

考え方 (1) 水素 H_2 とヨウ素 I_2 から，ヨウ化水素 HI が生成するので，$H_2 + I_2 \longrightarrow 2HI$
(2) 文中に反応速度 v は，$[H_2]$，$[I_2]$ に比例するとあるので，$v = k[H_2][I_2]$ となる。
(3) $[H_2]_1$，$[I_2]_1$ のときの反応速度を v_1 とすると，$v_1 = k[H_2]_1[I_2]_1$ となる。水素の濃度が 2 倍，ヨウ素の濃度が 3 倍になったときの反応速度 v' は，$v' = k \times 2[H_2]_1 \times 3[I_2]_1 = 6 \times k[H_2]_1[I_2]_1 = 6v_1$ となる。よって，反応速度は 6 倍になったことになる。

解答 (1) $H_2 + I_2 \longrightarrow 2HI$ (2) $v = k[H_2][I_2]$ (3) 6 倍

---

87 反応の速さ

次の文を読んで，下の問いに答えよ。

五酸化二窒素 N_2O_5 は分解すると，次式のように二酸化窒素 NO_2 と酸素 O_2 が生成する。

$$2N_2O_5 \longrightarrow 4NO_2 + O_2$$

五酸化二窒素 2.00 mol を 1.00 L の四塩化炭素に溶かし，一定温度で分解反応させ，時間 t 秒後に発生した酸素の体積を測定した。得られた酸素の体積から五酸化二窒素の濃度 c〔mol/L〕を計算したところ，表のようになった。ただし，生成した二酸化窒素はすべて四塩化炭素に溶解しているものとする。

時間〔s〕	N_2O_5 の濃度〔mol/L〕
0	2.00
100	1.88
200	1.77
400	1.56
800	1.21
1200	0.955
1800	0.654

(1) 二酸化窒素の生成速度 v_A と酸素の生成速度 v_B の比は何対何か。
(2) 反応開始 t_1，t_2 秒後の五酸化二窒素の濃度を c_1，c_2 としたとき，五酸化二窒素の分解反応速度 v を t_1，t_2，c_1，c_2 を用いて表せ。
(3) 反応開始 200〜400 秒後の平均の反応速度 v を求めよ。ただし，数値は有効数字 3 桁で求めよ。
(4) 反応速度 v を反応速度定数 k と五酸化二窒素の濃度 $[N_2O_5]$ を用いて表せ。また，この反応の反応速度定数 k を求めよ。ただし，数値は有効数字 2 桁で求めよ。

ヒント 87 (1) 各物質の反応速度の比は，化学反応式の係数比と同じである。
(2) 平均の反応速度 $v = \dfrac{反応物の濃度の減少量}{反応時間}$
(4) 反応速度 v と濃度 c の関係を調べる。

重要例題20　反応のしくみ

図は，次の反応のエネルギー図である。下の問いに答えよ。

$$A + B \longrightarrow C + D$$

(1) 図中のエネルギー E_1，E_2 をそれぞれ何というか。

(2) 反応の途中のエネルギーが高い不安定な状態Xを何というか。

(3) この反応を触媒を用いて行うと，反応速度が急激に大きくなった。このときの E_1，E_2 について，次の中から正しいものを選べ。

　① E_1 は大きくなった　　② E_1 は小さくなった
　③ E_2 は大きくなった　　④ E_2 は小さくなった

考え方　(1) 反応物A＋Bと活性化状態Xがもつエネルギー差 E_1 を活性化エネルギーという。反応物A＋Bと生成物C＋Dがもつエネルギー差 E_2 を反応熱という。
　(3) 触媒を用いると，活性化エネルギーが小さくなり，反応速度が大きくなる。触媒を用いても，反応熱は変化しない。

解答　(1) E_1：活性化エネルギー　E_2：反応熱　(2) 活性化状態　(3) ②

88　活性化状態と活性化エネルギー

次の問いに答えよ。　　　　　　　　　　　　　　　　　　　　　　　（防衛大　改）

(1) 一般に化学反応の速度定数は，温度が高くなるほど大きくなる。その理由として適切なものを，次の①～⑤から1つ選べ。

　① 大きなエネルギーをもった反応物の粒子の数が増加する。
　② 活性化エネルギーが小さくなる。
　③ 活性化エネルギーが大きくなる。
　④ 反応熱が小さくなる。
　⑤ 反応熱が大きくなる。

(2) 一般に化学反応の速度は，触媒を用いると速くなる。その理由として適切なものを，次の①～⑤から1つ選べ。

　① 反応物の粒子どうしの衝突回数が増加する。
　② 活性化エネルギーが小さくなる。
　③ 活性化エネルギーが大きくなる。
　④ 反応熱が小さくなる。
　⑤ 反応熱が大きくなる。

ヒント　88　(1) 温度が高くなると，粒子のもつエネルギーが大きくなる。
　　　　　　(2) 触媒を用いても，反応熱は変化しない。

応用問題

89 反応速度と温度

次の文を読んで，下の問いに答えよ。　　　　　　　　　　　　　　　（広島市大　改）

ヨウ化水素 HI の分解反応　　$2HI \longrightarrow H_2 + I_2$　　（Ⅰ）式

この反応速度について考える。反応物 HI の時刻 t_1〔s〕における濃度を $[HI]_1$〔mol/L〕として，時刻 t_2〔s〕には $[HI]_2$〔mol/L〕に減少したとする。この間における HI の平均の分解速度 $\bar{v}$〔mol/(L・s)〕は，t_1, t_2, $[HI]_1$, $[HI]_2$ を用いて $\bar{v} = ($ （Ⅱ）式 $)$ で表される。このとき，H_2 の平均の生成速度 $\bar{v'}$〔mol/(L・s)〕は，$\bar{v}$ を用いて $\bar{v'} = ($ （Ⅲ）式 $)$ で表される。

ヨウ化水素 HI の気体を容積一定の密閉容器に入れて高温に保つと，（Ⅰ）式の分解反応が起こる。密閉容器内の HI の濃度 $[HI]$〔mol/L〕を変えて，HI の分解反応の反応速度 v〔mol/(L・s)〕を測定した。(A)その結果（下の表）より，v を反応速度定数 k〔L/(mol・s)〕と $[HI]$ を用いた反応速度式で表せる。また，(B)この反応速度定数 k は 600～630 K で温度が 10 K 上がるごとに 1.8 倍大きくなった。一般に，(C)反応温度が 10 K 上がると，分子どうしの衝突回数の増加は数％にすぎないが，反応の速さは数倍になることが多い。

$[HI]$〔mol/L〕	v〔mol/(L・s)〕
0.100	1.02×10^{-8}
0.200	4.08×10^{-8}
0.300	9.18×10^{-8}

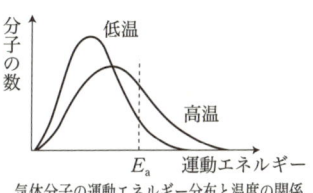

(1) 文中の（Ⅱ），（Ⅲ）式を記せ。

(2) 下線部(A)に関して，反応速度 v とヨウ化水素濃度 $[HI]$ との関係を表す反応速度式を記せ。

(3) 下線部(B)に関して，600 K で $k = 5.4 \times 10^{-6}$ L/(mol・s) であった。630 K における k の値を計算せよ。答の数値は有効数字 2 桁で記せ。

(4) 下線部(C)にあるように，温度上昇による反応速度の増大の程度は，単に衝突回数の増加だけでは説明できないほど大きい。その理由を，図を参考に，反応の活性化エネルギー E_a の観点から記せ。

気体分子の運動エネルギー分布と温度の関係

90 反応速度と濃度

ある化合物 A の分解反応は A $\longrightarrow$ B + C という化学反応式で表される。この反応の速さは A の濃度に比例していることがわかっている。この反応を一定温度で行い，一定時間ごとに A の濃度 $[A]$〔mol/L〕を測定したところ，表のようになった。次の問いに答えよ。ただし，min ＝ 分である。　（青山学院大　改）

反応時間 t〔min〕	0	2	4	6	8
$[A]$〔mol/L〕	6.00	5.40	4.80	4.30	3.80

(1) 化合物 A の反応速度 v を，A の濃度 $[A]$，反応時間 t を用いて表せ。

(2) この反応の反応速度定数を k とすると，この反応の反応速度 v を，$[A]$, k を用いて表せ。

(3) 反応開始後 0 分から 2 分の時間間隔における化合物 A の分解速度と平均濃度を求めよ。

(4) 反応開始後 0 分から 2 分の時間間隔における反応の反応速度定数を求めよ。

(5) 実験結果より，反応速度定数の平均値を求めよ。

(6) 反応開始時の化合物 A の濃度 $[A]$〔mol/L〕を $[A]_0$〔mol/L〕，反応速度定数を k〔/min〕としたとき，t 分後の濃度 $[A]$ は，$[A] = [A]_0 e^{-kt}$ で表される。この式を用いて，化合物 A の濃度が反応開始時の濃度の半分になる時間を求めよ。ただし，$\log_e 2 = 0.693$ とする。

(7) 触媒を用いて反応させると，反応速度が急激に大きくなった。この理由を説明せよ。

第4章　化学平衡

1 化学平衡とその応用

❶ **可逆反応と不可逆反応** 化学反応で，どちらの方向にも進む反応が可逆反応，一方向だけに進む反応が不可逆反応。

❷ **化学平衡** 正反応と逆反応の反応速度が等しくなり，見かけ上反応が停止した状態のこと。

❸ **化学平衡の法則（または質量作用の法則）**㋐
$a\text{A} + b\text{B} \rightleftarrows c\text{C} + d\text{D}$ が平衡状態のとき
$$K = \frac{[\text{C}]^c[\text{D}]^d}{[\text{A}]^a[\text{B}]^b}$$
平衡定数 K は，温度が一定であれば一定の値をとる。

2 化学平衡の移動

❶ **ルシャトリエの原理（平衡移動の原理）** 化学反応が平衡状態にあるとき，濃度・圧力・温度などの条件を変化させると，その変化を和らげる方向に反応が進み，新しい平衡状態になる。
応用例：ハーバー・ボッシュ法㋑

❷ **共通イオン効果** 共通イオンを加えると，そのイオンが減少する方向に平衡が移動する。

3 電解質水溶液の化学平衡

❶ **弱酸の電離**㋒ **と pH** c〔mol/L〕の弱酸（HA）水溶液の電離度 α，電離定数 $K_\text{a} = \dfrac{[\text{H}^+][\text{A}^-]}{[\text{HA}]}$

$$\alpha = \sqrt{\frac{K_\text{a}}{c}},\quad [\text{H}^+] = c\alpha = \sqrt{cK_\text{a}}$$
$$\text{pH} = -\log_{10}[\text{H}^+] = -\log_{10}\sqrt{cK_\text{a}}$$

❷ **水の電離**
$$\text{H}_2\text{O} \rightleftarrows \text{H}^+ + \text{OH}^-$$
水のイオン積 $K_\text{W} = [\text{H}^+][\text{OH}^-] = 1.0 \times 10^{-14}\,(\text{mol/L})^2$

❸ **緩衝液**㋓ pH の変化しにくい溶液。弱酸とその塩または弱塩基とその塩の混合溶液。

❹ **塩の加水分解**㋔ 塩の水溶液でイオンと水が反応して酸性や塩基性を示す反応。

4 溶解度と2価の弱酸の電離

❶ **溶解度積**㋕ $\text{A}_m\text{B}_n(\text{固}) \rightleftarrows m\text{A}^{n+} + n\text{B}^{m-}$
$$K_\text{SP} = [\text{A}^{n+}]^m[\text{B}^{m-}]^n$$

❷ **2価の弱酸の電離** 第1段階，第2段階の電離の平衡定数をそれぞれ K_1, K_2 とすると，2価の弱酸では，$K_1 \gg K_2$ であるので，$[\text{H}^+]$ やpH は K_1 のみで求まる。全体の電離定数 $K = K_1 \times K_2$

これだけはおさえよう

㋐ 混合気体が平衡状態にあるときは，分圧を用いて
$$K_\text{P} = \frac{P_\text{C}{}^c \cdot P_\text{D}{}^d}{P_\text{A}{}^a \cdot P_\text{B}{}^b} \quad (K_\text{P}：圧平衡定数)$$
と表される。

㋑ ハーバー・ボッシュ法
アンモニアの工業的製法。400～600℃，2×10^7～1×10^8 Pa の圧力で四酸化三鉄 Fe_3O_4 を触媒として，窒素と水素からアンモニアを合成。
$\text{N}_2 + 3\text{H}_2 = 2\text{NH}_3 + 92\,\text{kJ}$

㋒ 弱酸の電離

	HA $\rightleftarrows$	H$^+$	+ A$^-$
はじめ	c	0	0
変化量	$-c\alpha$	$+c\alpha$	$+c\alpha$
平衡時	$c(1-\alpha)$	$c\alpha$	$c\alpha$

表より $[\text{H}^+] = c\alpha$
$$K_\text{a} = \frac{(c\alpha)^2}{c(1-\alpha)} = \frac{c\alpha^2}{1-\alpha}$$
$$\fallingdotseq c\alpha^2 \quad (\alpha \ll 1) \quad \alpha = \sqrt{\frac{K_\text{a}}{c}}$$

㋓ 緩衝液の pH の求め方
酢酸と酢酸ナトリウム（弱酸とその塩）の混合溶液の場合
酢酸の電離定数 K_a
混合溶液中の酢酸の濃度 $= c_\text{a}$
混合溶液中の酢酸ナトリウムの濃度 $= c_\text{s}$
$$[\text{H}^+] = \frac{c_\text{a}}{c_\text{s}} K_\text{a}$$
$$\text{pH} = -\log_{10}[\text{H}^+] = -\log_{10}\frac{c_\text{a}}{c_\text{s}} K_\text{a}$$

㋔ 酢酸ナトリウムの加水分解
酢酸ナトリウムの濃度 x〔mol/L〕
$$[\text{H}^+] = \sqrt{\frac{K_\text{a} \cdot K_\text{w}}{x}}$$
$$\text{pH} = -\log_{10}\sqrt{\frac{K_\text{a} \cdot K_\text{w}}{x}}$$

㋕ 混合したイオンの濃度の積 $> K_\text{SP}$
➡ 沈殿

基本問題

重要例題21　化学平衡

次の文を読んで，(　)に適する語句を書け。

水素 H_2 とヨウ素 I_2 を密閉容器に入れ高温に保つと，反応してヨウ化水素 HI が生成する。

$$H_2 + I_2 \rightleftarrows 2HI$$

このとき，右向きの HI が生成する反応を(ア)反応，左向きの HI が分解する反応を(イ)反応といい，(ア)反応と(イ)反応の両方が起こる反応を(ウ)反応という。また，(ア)反応の反応速度と(イ)反応の反応速度が等しくなると，見かけ上反応が停止した状態となる。このような状態を(エ)の状態という。

考え方　どちらにも進む反応を可逆反応，燃焼のように一方にしか進まない反応を不可逆反応という。正反応と逆反応の反応速度が等しくなったとき，見かけ上反応が停止したようになる。この状態を平衡状態という。

解答　ア　正　イ　逆　ウ　可逆　エ　化学平衡

91　化学平衡①

次の文を読んで，下の問いに答えよ。

1 L の容器に水素 0.100 mol とヨウ素 0.100 mol を入れて 500℃ に保つと，次のような反応が起こり，平衡に達して，0.154 mol のヨウ化水素が生成した。　　$H_2 + I_2 \rightleftarrows 2HI$

(1) 水素の濃度 $[H_2]$，ヨウ素の濃度 $[I_2]$，ヨウ化水素の濃度 $[HI]$ を用いて平衡定数を表せ。

(2) このときの平衡定数を求めよ。

92　ルシャトリエの原理（平衡移動の原理）

二酸化硫黄と酸素の反応は $2SO_2 + O_2 = 2SO_3(気) + Q$ kJ $(Q>0)$ のような発熱反応であることが知られている。この反応が平衡状態にあるとき，次の(1)～(5)の各条件変化に対して平衡はどちらの方向に移動するか，「右」，「左」，または「移動しない」で答えよ。

(1) 温度・圧力を一定に保ちながら触媒を加える。　　(2) 圧力を一定に保ちながら温度を上げる。

(3) 温度を一定に保ちながら圧縮により加圧する。

(4) 温度・体積を一定に保ちながら酸素(気体)を加える。

(5) 温度・体積を一定に保ちながらアルゴン(気体)を加える。

93　アンモニアの合成①

アンモニアの工業的製法は，高温・高圧のもとで水素と窒素を鉄触媒下で反応させる。このときの反応式は　$3H_2 + N_2 \rightleftarrows 2NH_3$　である。アンモニアの生成反応は発熱反応である。次の文の中から正しいものをすべて選び，番号で答えよ。

(1) 温度を高くすると，平衡は右に移動し，アンモニアの生成量は増加する。

(2) 水素を加えても平衡は移動せず，アンモニアの生成量は変化しない。

(3) 圧力を上げると，平衡は右に移動し，アンモニアの生成量が増加する。

(4) 触媒下で反応させると，正反応，逆反応ともに反応速度が増加する。

(5) 触媒下で反応させると，平衡が右に移動し，アンモニアの生成量が増加する。

重要例題22　弱酸の電離

次の文を読んで，下の問いに答えよ。

弱酸である酢酸 CH_3COOH を水に溶かすと，一部が電離して酢酸イオン CH_3COO^- と水素イオン H^+ になり，次式のように平衡状態になる。

$$CH_3COOH \rightleftarrows CH_3COO^- + H^+$$

(1) 酢酸の濃度を $[CH_3COOH]$，酢酸イオンの濃度を $[CH_3COO^-]$，水素イオン濃度を $[H^+]$ としたとき，酸の電離定数 K_a をこれらを用いて表せ。

(2) 酢酸の濃度を c〔mol/L〕，電離度を α としたとき，水素イオン濃度を c と α を用いて表せ。

考え方　(1) 化学平衡の法則（質量作用の法則）より
$$K_a = \frac{[CH_3COO^-][H^+]}{[CH_3COOH]}$$
(2) 表より，平衡時の水素イオン濃度は，$c\alpha$ である。

	CH_3COOH	$\rightleftarrows$	CH_3COO^-	$+$	H^+
電離前	c		0		0
変化量	$-c\alpha$		$+c\alpha$		$+c\alpha$
平衡時	$c(1-\alpha)$		$c\alpha$		$c\alpha$

解答　(1) $K_a = \dfrac{[CH_3COO^-][H^+]}{[CH_3COOH]}$　(2) $c\alpha$

94　弱酸の電離①

次の文を読んで，下の問いに答えよ。

弱酸である HA は，水溶液中でその一部が電離して①のように電離平衡の状態に達している。

$$HA \rightleftarrows H^+ + A^- \quad \cdots\cdots ①$$

このとき，電離定数 K_a は，②のように表される。　　$K_a = (\quad ア \quad)$〔mol/L〕　……②

ここで，この弱酸 HA の濃度を c〔mol/L〕，電離度を α とすると，②は c と α を用いて，③のように表される。　　$K_a = (\quad イ \quad)$〔mol/L〕　……③

ここで HA は弱酸なので，電離度は非常に小さく $1-\alpha \fallingdotseq 1$ と近似できる。よって，電離度 α と水素イオン濃度 $[H^+]$ は，c と K_a を用いて④，⑤のように表せる。

$$\alpha = (\quad ウ \quad) \quad \cdots\cdots ④$$

$$[H^+] = (\quad エ \quad) \quad \cdots\cdots ⑤$$

(1) 文中の（　）に適する式を書け。

(2) 25℃ で，0.10 mol/L の酢酸水溶液がある。電離度を 0.016 としたときの，K_a，$[H^+]$，pH を求めよ。ただし，$\log_{10}1.6 = 0.2$ とする。

95　緩衝液

酢酸と酢酸ナトリウムの混合水溶液では，次のような電離が起こっている。

酢酸は電離して右のような平衡状態になっている。　　$CH_3COOH \rightleftarrows (\quad a \quad) + (\quad b \quad)$

一方，酢酸ナトリウムは次のように完全に電離している。　　$CH_3COONa \longrightarrow (\quad a \quad) + (\quad c \quad)$

この混合水溶液に少量の酸や塩基を加えても pH はほぼ一定である。このような水溶液を（　d　）という。これについて，次の問いに答えよ。

(1) 文中の（　a　）～（　c　）には適する化学式を，（　d　）には適する語句を書け。

(2) この混合水溶液に少量の酸を加えても，pH はほぼ一定であることを説明せよ。

重要例題23 　塩の加水分解

次の文中の（ a ）には適するイオン式を，（ b ）と（ c ）には適する語句を書け。

酢酸ナトリウム CH_3COONa は，水に溶かすと①のように完全に電離し，生じた酢酸イオンは②のように水と反応する。

$$CH_3COONa \longrightarrow CH_3COO^- + Na^+ \quad \cdots\cdots ①$$
$$CH_3COO^- + H_2O \rightleftarrows CH_3COOH + (\ a\ ) \quad \cdots\cdots ②$$

酢酸イオン CH_3COO^- は水と反応し，(a)が生じるため，(b)性を示す。この反応を(c)という。

考え方 弱酸と強塩基からなる塩は塩基性を示す。これは，塩が電離して生じた弱酸由来の陰イオンが水と反応して水酸化物イオンが生じるからである。

$$CH_3COO^- + H_2O \rightleftarrows CH_3COOH + OH^-$$

解答 a OH^- b 塩基 c 塩の加水分解

96　塩の加水分解①

酢酸ナトリウムを水に溶かすと，次式のように完全に電離する。

$$CH_3COONa \longrightarrow CH_3COO^- + Na^+$$

このとき生じた酢酸イオンが加水分解を起こすため，酢酸ナトリウム水溶液は弱塩基性を示す。

(1) 加水分解の反応式を示せ。
(2) (1)のときの，加水分解定数 K_h を化学式を用いて表せ。
(3) 加水分解定数 K_h を酢酸の電離定数 K_a，水のイオン積 K_w を用いて表せ。

97　溶解度積①

物質には溶解度があり，これを超えると溶解成分のイオンと不溶成分の間に平衡が成立する。不溶性とされる化合物でも実際にはまったく溶解しないのではなく，ごくわずかに溶解している。例えば，$AgCl$ は水を加えると，次のようにほんの一部が溶解する。

$$AgCl \rightleftarrows (\ a\ ) + (\ b\ )$$

この溶解平衡については，溶解度積（K_{SP}）と呼ばれる平衡定数が定義される。次の問いに答えよ。

(1) 文中の（　）に適するイオン式を書け。
(2) $AgCl$ の溶解度積 K_{SP} の式を表せ。
(3) 水 100 g に $AgCl$ は 0.19 mg 溶ける。この温度における $AgCl$ の溶解度積を求めよ。ただし，原子量は $Cl = 35.5$，$Ag = 108$ とする。

ヒント　96　酢酸ナトリウムの水溶液は，加水分解するために弱塩基性を示す。
　　　　　97　(2) イオン a と b のモル濃度は何 mol/L か。

応用問題

解答・解説は別冊 p.37

98　化学平衡②

N_2O_4 が NO_2 に変化する気体反応は，$N_2O_4 \rightleftarrows 2NO_2$ で表される可逆反応である。容積 10 L の容器に N_2O_4 を 0.5 mol 入れて平衡状態に達するまで一定温度に保ったとき，平衡状態における NO_2 の濃度はいくらか。ただし，この温度において，平衡定数は $K = \dfrac{[NO_2]^2}{[N_2O_4]} = 0.4$ mol/L とし，$\sqrt{3} = 1.73$ とする。

(東京都市大　改)

99　アンモニアの合成②

次の文を読んで，下の問いに答えよ。

窒素 0.35 mol と水素 1.30 mol を反応容器 (容積 0.50 L) に入れ触媒を加えたあと，ある温度 T に保ったところ，アンモニアが生成し平衡状態に達した。このとき容器内はすべて気体であった。触媒を除いて反応を止め，(a)生成したアンモニアを 0.50 mol/L の硫酸 500 mL にすべて吸収させた。この溶液 20.0 mL を 0.40 mol/L の水酸化ナトリウム水溶液で滴定し，30.0 mL 加えたところで中和点に達した。ただし，触媒の体積およびアンモニアの吸収による硫酸の体積変化は無視できるものとする。また，溶解しているアンモニアは，すべてアンモニウムイオンとして存在し，中和滴定の際にも遊離しないものとする。

(青山学院大)

(1) 下線部(a)の硫酸にアンモニアを吸収させたときに起こる反応の反応式を示せ。

(2) 反応容器内に生成したアンモニアの物質量を求め，有効数字 2 桁で記せ。

(3) この温度 T における窒素と水素からアンモニアを生成する反応

$$N_2 + 3H_2 \rightleftarrows 2NH_3$$

の平衡定数 K を窒素，水素，アンモニアの濃度 $[N_2]$，$[H_2]$，$[NH_3]$ を用いて表せ。

(4) この反応の平衡定数 K を求め，有効数字 2 桁で記せ。単位も記すこと。

100　弱酸の電離②

次の文を読んで，下の問いに答えよ。

(甲南大)

酢酸 CH_3COOH を純水に溶かすと，①のような電離平衡が成り立つ。

$$CH_3COOH \rightleftarrows CH_3COO^- + H^+ \quad \cdots\cdots ①$$

酢酸を純水に溶かした水溶液中の CH_3COOH のモル濃度を $[CH_3COOH]$，CH_3COO^- のモル濃度を $[CH_3COO^-]$，そして H^+ のモル濃度を $[H^+]$ とすると，酢酸の電離定数 K_a は，$[CH_3COOH]$，$[CH_3COO^-]$，$[H^+]$ を用いて，②のように表される。　$K_a = (\quad a \quad) \quad \cdots\cdots ②$

K_a は温度が一定であれば一定値となり，例えば，25℃で $K_a = 2.6 \times 10^{-5}$ mol/L である。

いま，酢酸水溶液中で成り立っている電離平衡が①のみであると考えると，酢酸を溶かして C [mol/L] とした酢酸水溶液中の $[CH_3COO^-]$，$[H^+]$ は，C と酢酸水溶液中の酢酸の電離度 α を用いて③のように表される。　$[CH_3COO^-] = [H^+] = (\quad b \quad) \quad \cdots\cdots ③$

また，$[CH_3COOH]$ は，C と α を用いて④のように表される。

$$[CH_3COOH] = (\quad c \quad) \quad \cdots\cdots ④$$

したがって，②～④より，電離定数 K_a は C と α を用いて⑤のように表される。

$K_a = ($　d　$)$　……⑤

　ここで，電離度 α が1よりもはるかに小さいと見なせるとき，④は$[CH_3COOH] \fallingdotseq C$ と近似できる。したがって，この場合の電離度 α は C と K_a を用いて，⑥のように表すことができる。

$\alpha = ($　e　$)$　……⑥

　(ア)⑥は，酢酸の濃度 C が大きくなるほど，電離度 α は小さくなることを示している。また，⑥と③より，酢酸水溶液の$[H^+]$は，C と K_a を用いて⑦のように表すことができるため，(イ)水溶液の$[H^+]$から酢酸の濃度 C を求めることができる。

$[H^+] = ($　f　$)$　……⑦

　一方で，(ウ)酢酸の濃度 C が小さくなり，電離度 α が1に対して無視できなくなると，$[CH_3COOH] \fallingdotseq C$ の近似は成り立たなくなる。

(1) 文中の(　a　)〜(　f　)に最も適する式を書け。
(2) 下線部(ア)について，酢酸の電離度 α が⑥で表されるとき，酢酸のモル濃度 C〔mol/L〕を2倍にすると，電離度 α の値は何倍になるか。有効数字2桁で求め，数値を記せ。ただし，$\sqrt{2} = 1.41$ とする。
(3) 下線部(イ)について，純水に酢酸を溶かした水溶液の25℃における水素イオン濃度$[H^+]$は，$[H^+] = 1.3 \times 10^{-3}$ mol/L であった。この酢酸水溶液のモル濃度(mol/L)を有効数字2桁で求め，数値を記せ。ただし，電離定数 K_a は，文中の値を用いること。
(4) 下線部(ウ)について，25℃における電離度 α が0.50である酢酸水溶液中の水素イオンのモル濃度(mol/L)を有効数字2桁で求め，数値を記せ。ただし，水溶液中では，①の電離平衡のみが成り立っているものとし，電離定数 K_a は，文中の値を用いること。

101　弱酸の電離③

酢酸の電離について，次の問いに答えよ。
(1) 酢酸の濃度を c〔mol/L〕，酢酸の電離定数 K_a とするとき，これらを用いて電離度 α と水素イオン濃度を表せ。
(2) 酢酸の濃度が0.10 mol/Lのとき，電離度と水素イオン濃度を求めよ。ただし，電離定数 $K_a = 2.8 \times 10^{-5}$ mol/L，$\sqrt{2.8} = 1.7$ とする。

102　緩衝液のpH

　0.20 mol/Lの酢酸水溶液40.0 mLに，0.10 mol/Lの水酸化ナトリウム水溶液を60.0 mL加えた。次の問いに答えよ。
(1) 酢酸と水酸化ナトリウムの反応を，化学反応式で示せ。
(2) 溶液中の酢酸の濃度と酢酸イオンの濃度を求めよ。
(3) この溶液のpHを求めよ。ただし，酢酸の電離定数 $K_a = 2.8 \times 10^{-5}$ mol/L とし，$\log_{10} 3 = 0.48$，$\log_{10} 2.8 = 0.44$ とする。

103　緩衝液の調製

　酢酸水溶液と酢酸ナトリウムを混合することによって，pH＝5の緩衝液を調製したい。酢酸水溶液と酢酸ナトリウム水溶液の濃度比を何対何にしたらよいか。ただし，酢酸の電離定数 $K_a = 2.8 \times 10^{-5}$ mol/L とする。

104　塩の加水分解②

酢酸ナトリウムの水溶液について，次の問いに答えよ。

(1) 酢酸ナトリウムの水溶液は弱塩基性を示す。この理由を説明せよ。

(2) 0.10 mol/L の酢酸ナトリウム水溶液の pH を求めよ。ただし，酢酸の電離定数 $K_a = 2.8 \times 10^{-5}$ mol/L，水のイオン積 $K_w = 1.0 \times 10^{-14}$ (mol/L)^2，$\log_{10} 2.8 = 0.45$ とする。

105　総合問題

次の文を読んで，下の問いに答えよ。　　　　　　　　　　　　（金沢大　改）

アンモニアを水に溶かすと，次のように電離して平衡状態に達する。

$$NH_3 + H_2O \rightleftarrows NH_4^+ + OH^- \quad \cdots\cdots ①$$

平衡状態での各成分のモル濃度を[NH_3]，[H_2O]，[NH_4^+]，[OH^-]と表すと，この電離平衡の電離定数は

$$K = \frac{[NH_4^+][OH^-]}{[NH_3][H_2O]} \quad \cdots\cdots ②$$

と表される。また，アンモニアの電離定数 K_b は（　ア　）となる。ここで，アンモニアの初濃度を c [mol/L]，電離度 α として，K_b を表すと（　イ　）となる。アンモニアは弱塩基なので，α の値が1に比べて非常に小さい。よって，K_b は c と α を用いて（　ウ　）と表される。（ウ）より，①の平衡状態における水酸化物イオンの濃度[OH^-]は，c と K_b を用いて（　エ　）と表される。また，水のイオン積 K_w を用いると，①の平衡状態における水素イオン濃度[H^+]は（　オ　）と表される。

一方，塩化水素とアンモニアの中和で生じる塩化アンモニウムを水で溶かすと，次のように電離する。

$$NH_4Cl \longrightarrow NH_4^+ + Cl^- \quad \cdots\cdots ③$$

電離した NH_4^+ の一部は水と反応して，次のような平衡状態に達し，その結果，水溶液は（　A　）を示す。

$$NH_4^+ + H_2O \rightleftarrows (　カ　) + (　キ　) \quad \cdots\cdots ④$$

④の平衡において，$K_h = \dfrac{[(　カ　)][(　キ　)]}{[NH_4^+]}$ を加水分解定数という。

[（　キ　）]の代わりに[H^+]で表すと，(a)K_h は K_b と K_w を用いて表すことができる。(b)アンモニアと塩化アンモニウムの混合溶液は，緩衝液として用いられる。

(1) （　ア　）～（　キ　）に適する式または化学式を書け。

(2) （　A　）に適する語句を次の〔　〕の中から1つ選べ。

〔強酸性，弱酸性，中性，弱塩基性，強塩基性〕

(3) アンモニアは水溶液中では，①の電離平衡が成り立っている。この水溶液に水酸化ナトリウム水溶液を加えたとき，平衡は左右どちらに移動するか，または移動しないかを，理由とともに45字以内で答えよ。

(4) 下線部(a)に関して，K_h を K_b と K_w を用いて表せ。

(5) 下線部(b)に関して，0.20 mol/L のアンモニア水 100 mL と 0.20 mol/L の塩化アンモニウム水溶液 300 mL を混合した。この混合水溶液の pH を有効数字2桁で求めよ。ただし，アンモニアの電離定数 $K_b = 1.8 \times 10^{-5}$ mol/L，水のイオン積 $K_w = 1.0 \times 10^{-14}$ (mol/L)^2，$\log_{10} 2 = 0.30$，$\log_{10} 3 = 0.48$ とする。

106 溶解度積②

硫酸バリウム $BaSO_4$ は室温で，水 100 mL に 2.33×10^{-4} g 溶解する。次の問いに答えよ。ただし，原子量は $O = 16$，$S = 32$，$Ba = 137$ とする。

(1) 硫酸バリウムの溶解度積 K_{SP} を，バリウムイオンの濃度 $[Ba^{2+}]$ と硫酸イオンの濃度 $[SO_4^{2-}]$ を用いて表せ。

(2) 硫酸バリウムの溶解度積 K_{SP} はいくらか。

(3) 0.0500 mol/L の硫酸 1 L に硫酸バリウムは最大何 g まで溶けるか。

107 溶解度積③

塩化銀 AgCl は水に難溶性の塩であり，飽和水溶液中では溶解平衡の状態にある。このとき温度が一定であれば，溶解度積 K_{SP} は一定である。$K_{SP} = 1.0 \times 10^{-10}$ $(mol/L)^2$ として，次の問いに答えよ。

（東京薬大　改）

(1) 塩化銀 AgCl の溶解度積 K_{SP} を，銀イオンの濃度 $[Ag^+]$ と塩化物イオンの濃度 $[Cl^-]$ を用いて表せ。

(2) 0.10 mol/L 塩化ナトリウム水溶液 50 mL に，0.10 mol/L 硝酸銀水溶液 50 mL を加えてよく混ぜた。この溶液中の銀イオンのモル濃度はいくらか。

108 2価の酸

硫化水素は2価の弱酸である。これについて，次の問いに答えよ。ただし，硫化水素の1段階と2段階の電離定数をそれぞれ $K_1 = 1.0 \times 10^{-7}$ mol/L，$K_2 = 1.2 \times 10^{-14}$ mol/L とする。

(1) 硫化水素は2段階で電離する。これを化学反応式で示せ。

(2) 0.10 mol/L の硫化水素水 H_2S の pH はいくらか。

(3) (2)のとき，硫化物イオンの濃度はいくらか。

109 硫化物の沈殿

硫化水素は水溶液中で2段階に電離し，その電離定数 (K_1, K_2) は次のとおりである。　（弘前大　改）

$$H_2S \rightleftarrows H^+ + HS^- \quad K_1 = \frac{[H^+][HS^-]}{[H_2S]} = 1.0 \times 10^{-7} \text{ mol/L}$$

$$HS^- \rightleftarrows H^+ + S^{2-} \quad K_2 = \frac{[H^+][S^{2-}]}{[HS^-]} = 1.0 \times 10^{-14} \text{ mol/L}$$

それぞれ Zn^{2+} を 1.0×10^{-3} mol/L，Cd^{2+} を 1.0×10^{-3} mol/L，Fe^{2+} を 1.0×10^{-2} mol/L，Ni^{2+} を 1.0×10^{-4} mol/L 含む4種類の水溶液がある。いずれの水溶液も pH は 1.0 である。これらの水溶液に硫化水素ガスを通して飽和させた。次の問いに答えよ。

(1) 水溶液中の硫化物イオン S^{2-} の濃度を求めよ。計算の過程を示し，答えは有効数字2桁で答えよ。ただし，硫化水素を飽和させた水溶液における硫化水素の濃度は，水溶液の pH に関係なく 0.10 mol/L とする。

(2) 沈殿を生じるすべての硫化物の化学式を書け。なお，ZnS，CdS，FeS，NiS の溶解度積は，それぞれ次のとおりとする。

ZnS：$5.0 \times 10^{-26} (mol/L)^2$　　CdS：$1.0 \times 10^{-28} (mol/L)^2$

FeS：$1.0 \times 10^{-19} (mol/L)^2$　　NiS：$1.0 \times 10^{-24} (mol/L)^2$

実戦問題④

1 次の文を読んで，下の問いに答えよ。　　　　　　　　　　　　　　　　（大阪市大）(60点)

物質Aと物質Bから物質Cが生成する化学反応がある。この反応が進行し，Cの濃度が増加していくと，生成したCがAとBになる逆向きの反応が起こり始め，時間が経つと平衡状態になる。

(1) AとBからCが生成する化学反応において，ある温度でAとBの初期濃度を変えて，反応初期のCの生成速度を求める実験1，2，3を行った。結果を右の表に示す。

	Aの初期濃度〔mol/L〕	Bの初期濃度〔mol/L〕	Cの生成速度〔mol/(L·s)〕
実験1	0.30	1.00	1.8×10^{-2}
実験2	0.30	0.50	9.0×10^{-3}
実験3	0.60	0.50	3.6×10^{-2}

反応初期では，Cの濃度は小さいため逆向きの反応は無視できるものとする。Cの生成速度 v は，Aのモル濃度を[A]，Bのモル濃度を[B]，反応速度定数を k とすると，$v = k[A]^x[B]^y$ と表すことができる。

(i) 実験1，2，3の結果をもとに，x と y に当てはまる適切な値を求めよ。

(ii) 反応速度定数 k を有効数字2桁で求め，単位とともに記せ。

(iii) Aの初期濃度を 0.20 mol/L，Bの初期濃度を 0.50 mol/L としたとき，反応初期のCの生成速度を有効数字2桁で答えよ。

(2) 次の(ア)〜(オ)の説明について，誤りを含むものをすべて選び，記号で答えよ。

(ア) 温度が上昇すると活性化エネルギーが大きくなる。

(イ) 触媒を加えると，反応の活性化エネルギーが変化する。

(ウ) 温度が10℃上昇すると反応速度が2倍になる反応では，温度が40℃上昇すると反応速度は8倍になる。

(エ) 触媒を加えると平衡定数が小さくなる。

(オ) ある反応が平衡状態にあるとき，これを冷却すると発熱反応の向きに平衡が移動する。

(3) AとBからCが生成する反応は，化学反応式 $xA + yB \longrightarrow C$ で表される。この反応の活性化エネルギーを 125 kJ/mol とする。生成したCがAとBになる逆向きの反応の活性化エネルギーを 184 kJ/mol とする。AとBからCが生成する反応は，発熱反応か，吸熱反応かを答えよ。また，Cが1 mol 生成する場合の反応熱を求めよ。ただし，AとBからCが生成する反応は，その逆向きの反応と同じ活性化状態を経るものとする。

(4) 気体のみが関係する反応の化学平衡の場合にも，溶液の場合と同様に，気体混合物中の各気体のモル濃度を用いて，平衡定数を表すことができる。水素とヨウ素の混合気体を容器に入れて一定温度に保つと，ヨウ化水素が生成し，時間が経つと平衡状態に達する。この可逆反応の化学反応式と，その化学反応式に対応する平衡定数 K を表す式を示せ。この反応では，水素，ヨウ素，ヨウ化水素はいずれも気体である。

2 弱酸，弱塩基の水溶液について，次の問いに答えよ。　　　　　　　　　（東京理大　改）**(40点)**

(1) 電解質が溶けていない純水でも，25℃において，わずかではあるが電気を流す性質があることから，水自身が互いに酸・塩基になって次のような解離平衡が成立していると考えられる。

$$2H_2O \rightleftarrows H_3O^+ + OH^-$$

この平衡反応の平衡定数を考える。H_3O^+ や OH^- の濃度は H_2O に比べて大変希薄なので，$[H_2O]$ を定数と見なし，H_3O^+ を H^+ と略記すると，次の式で表される定数 K_w を定義できる。

$$K_w = [H^+][OH^-]$$

この定数を水のイオン積という。25℃において，この値は $1.0 \times 10^{-14} (mol/L)^2$ となることを用いて，純水の25℃における pH の値のうち，正しいものを解答群の中から1つ選べ。

〔解答群〕1　1.0　　2　2.0　　3　3.0　　4　4.0　　5　5.0　　6　6.0　　7　7.0
　　　　　8　8.0　　9　9.0

(2) 次に水溶液中の酸(HA)の解離平衡とpHの関係について考える。HAの水溶液中での解離平衡は次式で表される。

$$HA + H_2O \rightleftarrows H_3O^+ + A^-$$

さらに H_2O を省略して，次のように書くことも多い。

$$HA \rightleftarrows H^+ + A^-$$

このとき，この平衡反応の平衡定数 K_a は，次のように記述される。

$$K_a = \frac{[H^+][A^-]}{[HA]}$$

通常 $-\log_{10} K_a$ を pK_a と表し，酸解離定数と呼び，酸の強さを表す指標とする。すなわち pK_a の値の小さいものほど，水溶液中での水素イオン濃度が高いので，強い酸であることを示す。このとき，水溶液の pH を pK_a を用いて表した場合の式について，最も適切なものを解答群の中から選べ。

〔解答群〕1　$pH = -pK_a + \log_{10}[A^-]$　　2　$pH = pK_a + \log_{10}[A^-]$　　3　$pH = -pK_a + \log_{10}[HA]$
　　　　　4　$pH = pK_a + \log_{10}[HA]$　　5　$pH = -pK_a + \log_{10}\frac{[HA]}{[A^-]}$　　6　$pH = pK_a + \log_{10}\frac{[HA]}{[A^-]}$
　　　　　7　$pH = -pK_a + \log_{10}\frac{[A^-]}{[HA]}$　　8　$pH = pK_a + \log_{10}\frac{[A^-]}{[HA]}$

(3) 弱酸の濃度を C 〔mol/L〕，平衡状態における電離度を α ($0 \leq \alpha \leq 1$) としたとき，平衡定数 K_a を濃度と電離度を用いて表した最も適切な式を解答群の中から選べ。

〔解答群〕1　$C\alpha$　　2　$C(1-\alpha)$　　3　$C(1-\alpha)^2$　　4　$\frac{C^2\alpha}{1-\alpha}$　　5　$\frac{C\alpha}{1-\alpha}$
　　　　　6　$\frac{C\alpha^2}{1-\alpha}$　　7　$\frac{1-\alpha}{C^2\alpha}$　　8　$\frac{1-\alpha}{C\alpha}$　　9　$\frac{1-\alpha}{C\alpha^2}$

(4) 弱酸であるので α が十分小さいものと仮定し $1-\alpha \fallingdotseq 1$ と近似したとき，pH と pK_a，弱酸の濃度 C 〔mol/L〕との間の関係式で，最も適切なものを解答群の中から選べ。

〔解答群〕1　$pH = -pK_a + \log_{10}C$　　2　$pH = pK_a - \log_{10}C$
　　　　　3　$pH = -\frac{1}{2}(pK_a + \log_{10}C)$　　4　$pH = \frac{1}{2}(pK_a - \log_{10}C)$　　5　$pH = -pK_a + 2\log_{10}C$
　　　　　6　$pH = pK_a + 2\log_{10}C$　　7　$pH = -pK_a + \frac{1}{2}\log_{10}C$　　8　$pH = pK_a - \frac{1}{2}\log_{10}C$

第3部　無機物質

第1章　非金属元素とその化合物

1　周期表㋐　…別冊 p.72 を参照。

❶ 周期律　元素を原子番号順に並べると，周期的に性質の似た元素が現れる。これを元素の周期律という。この周期律に基づいて元素を分類した表が周期表である。

❷ 族㋑，**周期**㋒　周期表の縦の列を族といい，横の行を周期という。

2　ハロゲン（17 族）とその化合物

❶ ハロゲン（単体：F_2，Cl_2，Br_2，I_2）㋓，㋔
性質　反応性に富み，1価の陰イオンになりやすい。また，酸化力が強い。$F_2 > Cl_2 > Br_2 > I_2$

❷ ハロゲン化水素（HF，HCl，HBr，HI）㋕
性質　刺激臭がある気体で，水に溶け酸性を示す。㋖

3　硫黄の化合物

❶ 二酸化硫黄 SO_2㋗
性質　無色で刺激臭がある有毒な気体。水に溶けて弱酸性を示す。還元作用があり，漂白に用いられる。

❷ 硫酸 H_2SO_4
(1) 工業的製法　接触法
(2) 性質　濃硫酸：脱水作用，不揮発性。
　　　　　熱濃硫酸：酸化作用。
　　　　　希硫酸：強い酸性。鉄や亜鉛などの金属と反応して H_2 を発生。

❸ 硫化水素 H_2S㋘
性質　無色で腐卵臭がある有毒な気体。還元性があり，水溶液は弱酸性である。

4　窒素の化合物

❶ アンモニア NH_3㋙
(1) 工業的製法　ハーバー・ボッシュ法
(2) 性質　無色で刺激臭がある気体。水によく溶けて，弱塩基性を示す。濃塩酸を近づけると白煙（NH_4Cl）が生成。

❷ 硝酸 HNO_3
(1) 工業的製法　オストワルト法㋚
(2) 性質　酸化力が強く，㋛強酸である。

これだけはおさえよう

㋐　1869 年にロシアのメンデレーエフは，元素を原子量の順に並べることによって周期律を発見し，周期表の基礎をつくった。

㋑　典型元素では，価電子（最外殻の電子）の数が同じ元素が並ぶ。

㋒　価電子の電子殻が同じ元素が並ぶ。

㋓

分子 性質	F_2	Cl_2	Br_2	I_2
常温の状態	気体 淡黄色	気体 黄緑色	液体 赤褐色	固体 黒紫色
沸点〔℃〕	−188	−34.6	58.8	184
融点〔℃〕	−220	−101.0	−7.2	114
反応性（酸化力）	大 ←			小

㋔　塩素 Cl_2 の実験室的製法
塩化物を酸化する。酸化剤として，酸化マンガン（Ⅳ）を使用し，加熱する。
$4HCl + MnO_2 \longrightarrow MnCl_2 + 2H_2O + Cl_2\uparrow$

㋕　塩化水素 HCl の実験室的製法
塩化ナトリウムに濃硫酸を加えて加熱する。
$NaCl + H_2SO_4 \longrightarrow NaHSO_4 + HCl\uparrow$

㋖　塩酸 HCl，臭化水素酸 HBr，ヨウ化水素酸 HI は強酸であるが，フッ化水素酸 HF は水素結合をするため弱酸である。

㋗　二酸化硫黄 SO_2 の実験室的製法
亜硫酸水素ナトリウムや亜硫酸ナトリウムに希硫酸を加える。
$2NaHSO_3 + H_2SO_4 \longrightarrow Na_2SO_4 + 2H_2O + 2SO_2\uparrow$

㋘　硫化水素 H_2S の実験室的製法
硫化鉄（Ⅱ）に希硫酸を加える。
$FeS + H_2SO_4 \longrightarrow FeSO_4 + H_2S\uparrow$

㋙　アンモニア NH_3 の実験室的製法
固体の塩化アンモニウムと固体の水酸化カルシウムの混合物を加熱する。
$2NH_4Cl + Ca(OH)_2 \longrightarrow CaCl_2 + 2NH_3\uparrow + 2H_2O$

㋚　$4NH_3 + 5O_2 \longrightarrow 4NO + 6H_2O$
$2NO + O_2 \longrightarrow 2NO_2$
$3NO_2 + H_2O \longrightarrow 2HNO_3 + NO$

㋛　Cu や Ag を酸化して溶かす。
希硝酸　$3Cu + 8HNO_3$
　$\longrightarrow 3Cu(NO_3)_2 + 4H_2O + 2NO\uparrow$
濃硝酸　$Cu + 4HNO_3$
　$\longrightarrow Cu(NO_3)_2 + 2H_2O + 2NO_2\uparrow$

基本問題

解答・解説は別冊 p.42

重要例題24 水素の製法

次の文を読んで，(　)に適する語句を書け。

亜鉛と希硫酸を反応させると気体の(　ア　)が発生する。この気体は，水に溶けにくいので(　イ　)によって捕集する。

考え方 塩酸や硫酸などの酸は，鉄や亜鉛など，水素よりもイオン化傾向が大きい金属と反応すると水素 H_2 を発生する。発生した気体の捕集方法は，気体の性質によって使い分ける。水に溶けにくい気体は水上置換，水に溶けやすく空気より密度が大きい気体は下方置換，水に溶けやすく空気より密度が小さい気体は上方置換で捕集する。

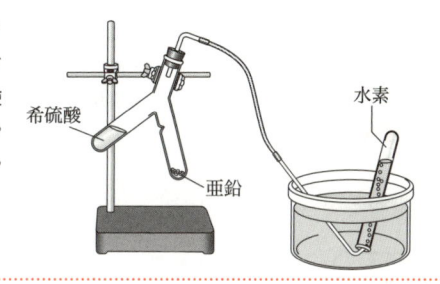

解答 ア：水素　イ：水上置換

110　水素の性質①

次の水素に関する記述のうち正しいものを選び，記号で答えよ。

(ア)　水素は，銅に塩酸を反応させると発生する。
(イ)　水素を水に溶かすと，酸性を示す。
(ウ)　水素原子の価電子の数は1である。
(エ)　水素に点火すると，青白い炎で燃焼し，過酸化水素が生成する。
(オ)　水を電気分解すると，水素と二酸化炭素が生成する。

111　水素の性質②

次の文を読んで，下の問いに答えよ。

　(a)マグネシウムと希塩酸を反応させると，(　ア　)が発生する。この気体を燃焼させると，(　イ　)が生じる。

(1)　文中の(　)に適する語句を書け。
(2)　下線(a)の反応を化学反応式で示せ。

112　希ガスの性質

次の希ガスに関する記述のうち正しいものを選び，記号で答えよ。

(ア)　希ガスは，常温・常圧で無色で刺激臭のある気体である。
(イ)　希ガスは，単原子分子である。
(ウ)　希ガスは分子どうしの相互作用が強く，沸点・融点が高い。
(エ)　希ガスは反応性が高く，燃焼させると酸化物が生成する。
(オ)　希ガスの価電子の数は，ヘリウムを除いてすべて7である。

> **ヒント**
> 110　水素イオン H^+ が酸性を示す。
> 111　水素よりもイオン化傾向が大きい金属は酸と反応し，水素が発生する。
> 112　希ガス型の電子配置は安定である。

第1章　非金属元素とその化合物　77

> **重要例題25** ハロゲンの性質
>
> 次の文中の( )に適する語句または数値を書け。
> 　ハロゲンとは，周期表の(ア)族の元素のことをいう。これらの原子の最外殻電子の数は(イ)個である。この族の原子は，電子を(ウ)個受け取り，(エ)と同じ電子配置をもつ(オ)価の陰イオンになりやすい。また，ハロゲンの単体は(カ)結合からなる二原子分子で，その反応性は，原子番号が大きいほど(キ)い。
>
> **考え方** ハロゲンは，最外殻に7個の電子をもつ。ハロゲン原子は，1個の電子を受け取ると希ガス型の電子配置となって安定し，1価の陰イオンになりやすい。ハロゲンの単体は二原子分子であり，原子は互いに電子を1個ずつ出し合い，共有結合している。
>
> **解答** ア 17　イ 7　ウ 1　エ 希ガス　オ 1　カ 共有(単)　キ 小さ

113　ハロゲンの性質

次のハロゲンの性質に関する記述のうち正しいものを選び，記号で答えよ。
　(ア)　フッ素は反応性が低いが，水に溶けると強酸となる。
　(イ)　臭素は常温では赤褐色の気体で，水によく溶け，強い酸化力を示す。
　(ウ)　塩素は常温では淡黄色の気体で，ハロゲンの中で最も反応性に富み，水にも非常によく溶け，強い酸として作用するが，酸化力をもたない。
　(エ)　ヨウ素は常温で黒紫色の光沢をもった固体で，塩素と比べると反応性が低い。
　(オ)　塩素は無色・無臭の気体で，化合力が強く，水にもかなり溶け，強い酸として作用するが，酸化力に乏しい。

114　ハロゲン化合物の性質

次の問いに答えよ。
(1)　フッ化水素酸がガラスを溶かしたときの変化を化学反応式で示せ。
(2)　塩化ナトリウムに濃硫酸を加えて加熱したときの変化を化学反応式で示せ。
(3)　ホタル石(主成分はフッ化カルシウム)に濃硫酸を加えて加熱したときの変化を化学反応式で示せ。
(4)　塩化水素とアンモニアを混合して，白煙を生じたときの変化を化学反応式で示せ。

> **ヒント**　113　塩素は常温では黄緑色の気体で，刺激臭がある。
> 　　　　　　114　フッ化水素酸は弱酸であるが，ガラスと反応する。

> **重要例題26** 硫酸の性質
>
> 濃硫酸の性質として正しいものを，次の①～⑤からすべて選べ。
> ① 揮発性の酸である。
> ② 水に溶かすと，発熱する。
> ③ スクロースに滴下すると，黒色に変化する。
> ④ 水に溶かして希硫酸にすると，弱酸になる。
> ⑤ 熱濃硫酸は銅と反応して，二酸化窒素が発生する。
>
> **考え方** ① 濃硫酸は，沸点が高く不揮発性の酸である。
> ② 濃硫酸の水への溶解熱は大きく，多量の熱を発生する。このため，希硫酸をつくるときは，水の中へ濃硫酸を少しずつ加える。
> ③ 濃硫酸には脱水作用があり，HとOを2:1の割合で奪う性質がある。このため，スクロース$C_{12}H_{22}O_{11}$に濃硫酸を滴下すると，炭素が生成して黒色になる。
> ④ 濃硫酸を水でうすめてつくった希硫酸は強酸である。
> ⑤ 熱濃硫酸と銅が反応すると，気体の二酸化硫黄が発生する。
>
> **解答** ②，③

115 二酸化硫黄の性質

次の文のうち，二酸化硫黄に関するものを選び，記号で答えよ。
(ア) 酸化数+4の硫黄の酸化物で，強い刺激臭をもち，有毒な気体で水に溶けやすい。
(イ) 淡黄色の刺激臭をもつ気体で，液化しにくく，強い酸化作用をもつ。
(ウ) 亜硫酸塩に塩酸や希硫酸を加えて発生させた気体で，水に溶けて弱酸性を示す。
(エ) 過マンガン酸カリウムの硫酸酸性溶液に二酸化硫黄を通すと赤紫色になる。
(オ) 銅片に濃硫酸を加えて加熱すると，無色の刺激臭をもつ気体が発生し，水によく溶け，還元性を示す。
(カ) 無色，無毒の芳香をもつ気体で，水に溶けやすく，強い酸性を示す。

116 硫酸の性質

次の文中の〔　〕に適する語句または化学式を書け。

純粋な硫酸は〔 (ア) 〕色で粘性が大きく密度が大きい〔 (イ) 〕体である。水を吸収しやすく脱水・〔 (ウ) 〕剤として作用する一方，水と混ざると多量の熱を〔 (エ) 〕する。

〔 (オ) 〕を熱すると $H_2SO_4 \longrightarrow H_2O + SO_2 + (O)$ のように分解するので〔 (カ) 〕作用がある。そのため，イオン化傾向が水素より小さい〔 (キ) 〕，Agなどの金属は〔 (ク) 〕には溶けないが，〔 (オ) 〕とともに加熱すると次式の反応で溶ける。

〔 (キ) 〕+ $2H_2SO_4 \longrightarrow CuSO_4 + SO_2\uparrow + 2H_2O$

一方，〔 (ク) 〕は，ふつう〔 (オ) 〕を6倍以上にうすめたものをさし，熱しても〔 (オ) 〕のような〔 (カ) 〕作用を示さないが，強い酸として作用する。

> **ヒント** 116 濃硫酸と希硫酸は同じ硫酸でも，性質が異なる。

> **重要例題27** アンモニアの性質

次の記述のうち，アンモニアの性質として不適当なものを選び，記号で答えよ。
- (ア) 刺激臭のある気体である。
- (イ) 水に非常によく溶けて塩基性を示す。
- (ウ) 常温では液化しにくいが，水素結合をするので，低温，高圧では液化する。
- (エ) アンモニアの検出には，ネスラー試薬を加えると黄褐色を呈することを用いる。
- (オ) 湿った赤色リトマス紙を青変する。

考え方
- (ア) アンモニアは刺激臭のある気体である。
- (イ) 水に溶けやすい気体である。水に溶けると弱塩基性を示す。
- (ウ) アンモニアは加圧すると容易に液化する。
- (エ) アンモニア水にネスラー試薬を加えると，黄褐色～赤褐色の沈殿を生じる。
- (オ) アンモニアは水に溶けると弱塩基性になるので，水で湿らせた赤色リトマス紙を青くする。

解答 (ウ)

---

117 アンモニアの製法と性質

次の文中の(a)～(c)には適する数値を，(ア)，(ウ)には適する化学式を，(イ)には適する語句を書け。

実験室でアンモニアをつくるために，図のような装置を組み立てた。試験管に塩化アンモニウムと水酸化カルシウムの混合物を入れ，加熱した。この反応は，次式で示される。

$$(a) NH_4Cl + Ca(OH)_2 \longrightarrow CaCl_2 + (b) NH_3 + (c)(ア)$$

アンモニアの検出には，(イ)のついたガラス棒をアンモニアに近づけると(ウ)の白煙を生じることを用いる。

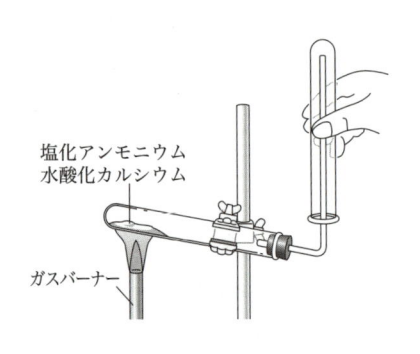

---

118 窒素酸化物の性質

次の文は窒素酸化物について記述したものである。〔　〕には適する語句を，（　）には化学反応式を書け。

- (ア) 一酸化窒素は実験室的には，〔 a 〕に銅片を入れ，次のような反応（ b ）でつくることができる。
- (イ) 一酸化窒素は工業的には，硝酸製造の中間段階として，触媒の存在下で〔 c 〕を酸化して，次のような反応（ d ）でつくる。この硝酸の工業的製法は〔 e 〕法と呼ばれる。
- (ウ) 一酸化窒素は常温で空気に触れさせると，次のような反応（ f ）で二酸化窒素になる。
- (エ) 二酸化窒素は水によく溶ける〔 g 〕色の気体で，水に溶けて次のような反応（ h ）で強酸の硝酸を生じる。
- (オ) 二酸化窒素は実験室的には，〔 i 〕に銅片を入れ，次のような反応（ j ）でつくられる。

ヒント
117 アンモニアは水に溶けやすく，空気よりも軽い気体である。
118 硝酸には酸化力があり，イオン化傾向が水素よりも小さい銅とも反応する。

> **重要例題28** 炭素の単体，酸化物
>
> 炭素の単体についての説明として正しいものを，次の①～④から選べ。
> ① ダイヤモンド，フラーレンは炭素の同位体である。
> ② 黒鉛は層状にはがれる性質がある。
> ③ 黒鉛を燃焼させると二酸化炭素が発生するが，ダイヤモンドは燃焼しても二酸化炭素は発生しない。
> ④ 黒鉛，ダイヤモンドともに熱や電気を通しやすい。
>
> **考え方** ① ダイヤモンド，黒鉛，フラーレン，カーボンナノチューブは炭素の同素体である。
> ② 黒鉛は正六角形型の平面網目構造をつくっている。この巨大な平面状分子は，弱い分子間力で積み重なっているので，力を加えると各層がずれてはがれる性質がある。
> ③ 黒鉛，ダイヤモンドともに燃焼させると二酸化炭素が発生する。
> ④ ダイヤモンドは電気を通しにくい。
>
> **解答** ②

119 二酸化炭素の発生と炭酸塩の性質

①石灰石に塩酸を反応させると，二酸化炭素が発生する。この②二酸化炭素を石灰水に通じると，石灰水が白く濁った。さらに，③二酸化炭素をこの濁った石灰水に通じ続けると，白い濁りが消えた。

(1) 石灰水はある物質の飽和水溶液である。この物質の化学式を書け。
(2) 下線部①の反応を化学反応式で示せ。
(3) 下線部②の反応を化学反応式で示せ。
(4) 下線部③の反応を化学反応式で示せ。

120 一酸化炭素の製法と性質

ギ酸 HCOOH と濃硫酸を混ぜて加熱したところ，気体が発生した。この実験に関して，次の問いに答えよ。

(1) この実験で発生した気体の化学式を書け。
(2) この反応を化学反応式で示せ。
(3) この気体の性質として適するものを，次の①～⑥からすべて選べ。
① 無色・無臭である。
② 有毒である。
③ 石灰水を白く濁らせる。
④ 水に溶けやすく，空気より重たい気体なので下方置換で捕集する。
⑤ 燃焼させると，黄色の炎をあげる。
⑥ 高温で還元性が強い。

> **ヒント** 119 二酸化炭素の検出に石灰水を用いる。
> 120 濃硫酸には脱水作用がある。有機物が不完全燃焼したときに一酸化炭素が生じる。

応用問題

解答・解説は別冊 p.43

121 塩素の製法

次の実験装置を用いて，濃塩酸と酸化マンガン(IV)から塩素ガス(乾燥)を生成した。次の問に答えよ。

(1) 丸底フラスコAでの反応を化学反応式で示せ。
(2) (1)の反応中のマンガンの酸化数の変化を示せ。
(3) 洗気びんB，Cに入る液体名と作用目的を書け。
(4) 塩素ガスの捕集法は次のどれか。
 (ア) 上方置換
 (イ) 下方置換
 (ウ) 水上置換

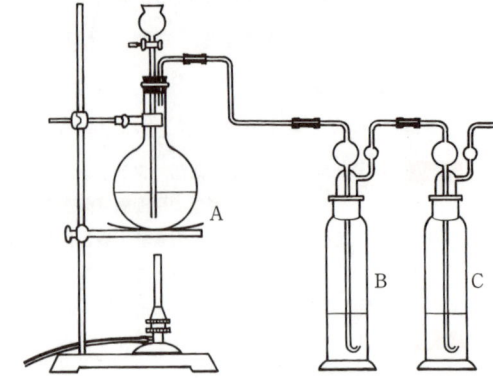

122 ヨウ素の性質

（名古屋工大）

次の文を読んで，下の問いに答えよ。

市販のヨウ素は不純物として塩素，臭素，水分などを含んでいることがある。これを精製するために次の実験を行った。市販のヨウ素を約10gとり，少量のヨウ化カリウムと酸化カルシウムを加えて，乳ばちでよく混合した。この混合物を右図に示すようにビーカーに入れ，ビーカーの上に冷水を入れた丸底フラスコを置いて小さい炎で加熱した。塩素，臭素はヨウ化カリウムと反応してそれぞれ（ ア ）と（ イ ）になり，（ ウ ）を遊離する。酸化カルシウムは水分と反応して（ エ ）になる。ヨウ素は，〔 オ 〕。

(1) （ ア ）〜（ エ ）に適する化学式を書け。
(2) この実験で観察される現象に基づき，〔 オ 〕に適当な文を書け。

123 硫酸の工業的製法

硫酸は，工業的に次のような製法でつくられる。
① 硫黄を燃焼させて二酸化硫黄にする。
② この二酸化硫黄を空気酸化して三酸化硫黄にする。
③ この三酸化硫黄を濃硫酸に吸収させて発煙硫酸にする。
④ この発煙硫酸を希硫酸でうすめて濃硫酸にする。

(1) このような硫酸の工業的製法を何というか。
(2) ②の工程では，触媒が必要である。この触媒の化学式を書け。
(3) ②の工程の反応を化学反応式で示せ。
(4) ③の工程では，三酸化硫黄が水に溶ける反応が起こっている。この反応を化学反応式で示せ。

> **ヒント** 121 (1) 酸化剤＋ハロゲン化物→塩＋水＋ハロゲンの単体 (3) 未反応の HCl が Cl_2 に混じって出てくる。 (4) 塩素は，水に溶けやすく，空気より重い黄緑色の気体である。

124 アンモニアの工業的製法

次の文を読んで，下の問いに答えよ。

アンモニアは工業的には，四酸化三鉄を主成分とする触媒の存在下で水素と窒素を反応させて得られる。この製法を（ ア ）法という。この反応は，次の熱化学反応式で表される。

$N_2 + 3H_2 = 2NH_3 + 92 \text{ kJ}$

生成したアンモニアは，硝酸や尿素などの原料となる。

(1) （ ア ）に適する語句を書け。
(2) この反応で，アンモニアの生成量が増加するものをすべて選べ。
  ① 容器の体積を小さくする。
  ② 容器の体積を大きくする。
  ③ 窒素を加える。
  ④ 水素を減らす。
  ⑤ 容器の体積を一定のまま，アルゴンガスを加える。

125 硝酸の工業的製法

次の文を読んで，下の問いに答えよ。

硝酸は工業的には，アンモニアを酸化して得られる。この方法を（ ア ）法といい，次のような工程で得られる。

  ① アンモニアと過剰の空気の混合物を，約600℃の高温で（ イ ）網に通し，アンモニアを酸化して一酸化窒素にする。
  ② 一酸化窒素と酸素を含む混合気体を冷却すると，自動酸化されて二酸化窒素になる。
  ③ 二酸化窒素を温水に吸収させると硝酸が生成する。

(1) （ ア ）に適する語句を書け。
(2) （ イ ）に，触媒の物質名を書け。
(3) ①の反応を化学反応式で示せ。
(4) ②の反応を化学反応式で示せ。
(5) ③の反応を化学反応式で示せ。
(6) ①～③をまとめて1つの化学反応式で示せ。

126 気体の製法

次の操作は実験室でよく用いられる気体の製法を述べたものである。記述に誤りのあるものを選び，記号で答えよ。

  (ア) 濃塩酸に酸化マンガン(Ⅳ)を加えて加熱すると，塩素が発生する。
  (イ) 希硝酸に銅を加えて加熱すると，一酸化窒素が発生する。
  (ウ) 塩素酸カリウムに酸化マンガン(Ⅳ)を加えて加熱すると，酸素が発生する。
  (エ) 塩化アンモニウムに水酸化カルシウムを加えて加熱すると，アンモニアが発生する。
  (オ) 濃硝酸に銅片を加えると，二酸化窒素が発生する。

第1章 非金属元素とその化合物 83

第2章　金属元素とその化合物

1 アルカリ金属とその化合物

❶ アルカリ金属(Li, Na, K, Rb, Cs, Fr)の性質 ㋐

(1) 単体の性質　低融点・低密度。㋑やわらかい銀白色の金属。イオン化傾向が大きく、還元力が強い(酸化されやすい)。室温で水と激しく反応し、気体の H_2 を発生する。この水溶液は強塩基性を示す。㋒炎色反応を呈する。石油中に保存。

(2) 水酸化物　NaOH など。水に可溶で強塩基性。潮解性をもち、CO_2 をよく吸収する。㋓NaCl 水溶液の電気分解によって生成する(イオン交換膜法)。

❷ 化合物　炭酸ナトリウム Na_2CO_3 など。アンモニアソーダ法(ソルベー法)によって生成。㋔ $Na_2CO_3 \cdot 10H_2O$ の結晶は風解性で、水に溶けると加水分解して塩基性を示す。㋕炭酸より強い酸と反応して CO_2 を発生する。㋖

2 アルカリ土類金属とその化合物

❶ アルカリ土類金属(Ca, Sr, Ba, Ra)の性質 ㋗

(1) 単体の性質　銀白色の金属。密度はアルカリ金属よりやや大きく、沸点・融点は高い。室温で水と反応して H_2 を発生し、その水溶液は強塩基性を示す。アルカリ金属と同じく特有の炎色反応を呈する。㋘

(2) 水酸化物　水に可溶で強塩基性。

❷ 炭酸カルシウム $CaCO_3$　石灰石、大理石の主成分。水に難溶。熱分解して CO_2 を発生する。㋙炭酸より強い酸と反応して CO_2 を発生する。㋚CO_2 を含む水に溶ける。㋛

3 両性元素(Al, Zn, Sn, Pb)の性質

❶ 単体　金属性、非金属性の両方の性質を示す。酸・強塩基と反応して H_2 を発生する。㋜

❷ 化合物　酸化物・水酸化物ともに両性を示し、酸・強塩基のいずれとも反応する。

4 遷移元素

❶ 族　3〜11族

❷ 原子　最外殻電子は2または1個で、内殻が完全には埋まっていない。

❸ 性質　金属元素で、密度は一般に大きい。㋝イオンや化合物は有色のものが多く、㋞錯イオンをつくりやすい。酸化数が複数ある。㋟

これだけはおさえよう

㋐　1族の元素は、価電子が1個。1価の陽イオンになりやすい。1族の水素 H 以外の元素をアルカリ金属という。

㋑　融点・密度・炎色反応

性質＼元素	Li	Na	K	Rb	Cs
融点[℃]	181	98	64	39	28
密度[g/cm³]	0.53	0.97	0.86	1.53	1.87
炎色反応	赤	黄	赤紫	深赤	青紫

㋒　$2Na + 2H_2O \longrightarrow 2NaOH + H_2\uparrow$
㋓　$2NaOH + CO_2 \longrightarrow Na_2CO_3 + H_2O$
㋔　アンモニアソーダ法(ソルベー法)
飽和食塩水に NH_3 を十分に溶かし、これに CO_2 を吹き込むと、$NaHCO_3$ の沈殿が生じる。この沈殿を焼くと Na_2CO_3 が生じる。

$NaCl + H_2O + NH_3 + CO_2$
　　$\longrightarrow NaHCO_3\downarrow + NH_4Cl$
$2NaHCO_3 \longrightarrow Na_2CO_3 + H_2O + CO_2$

㋕　$CO_3^{2-} + H_2O \longrightarrow HCO_3^- + OH^-$
㋖　$Na_2CO_3 + 2HCl \longrightarrow 2NaCl + H_2O + CO_2\uparrow$

㋗　2族の元素は、価電子が2個。2価の陽イオンになりやすい。2族の元素のうち、Be と Mg 以外の元素をアルカリ土類金属という。Be と Mg の単体は冷水と反応せず、また、化合物は炎色反応を示さない。

㋘　融点・密度・炎色反応

性質＼元素	Be	Mg	Ca	Sr	Ba
融点[℃]	1280	649	839	769	729
密度[g/cm³]	1.85	1.74	1.55	2.54	3.59
炎色反応	無	無	橙赤	深紅	黄緑

㋙　$CaCO_3 \longrightarrow CaO + CO_2\uparrow$
㋚　$CaCO_3 + 2HCl \longrightarrow CaCl_2 + H_2O + CO_2\uparrow$
㋛　$CaCO_3 + H_2O + CO_2 \longrightarrow Ca(HCO_3)_2$
㋜　$2Al + 6HCl \longrightarrow 2AlCl_3 + 3H_2\uparrow$
　　$2Al + 2NaOH + 6H_2O$
　　　　$\longrightarrow 2Na[Al(OH)_4] + 3H_2\uparrow$

㋝　Sc 以外は重金属。
㋞　K_2CrO_4(黄色)、$K_2Cr_2O_7$(赤橙色)、MnO_2(黒色)、$KMnO_4$(赤紫色)
㋟　Fe：+3, +2
　　Cr：+6, +3, +2
　　Mn：+7, +4, +2

基本問題

解答・解説は別冊 p.44

重要例題29 アルカリ金属の性質

次の文を読んで，下の問いに答えよ。

ナトリウム，カリウムはいずれも〔 ア 〕金属と呼ばれ，周期表の〔 イ 〕族に属する元素である。一般に，これらの単体の密度は〔 ウ 〕く，やわらかい。化学的に活発であり，ナトリウムは空気中で直ちに〔 エ 〕され Na_2O になる。また，ナトリウムは水と激しく反応して〔 オ 〕を発生して溶け，〔 カ 〕性の強い〔 キ 〕水溶液になる。

(1) 文中の〔 〕に適する語句を書け。
(2) 下線をつけた反応を化学反応式で示せ。
(3) この金属ナトリウムを保存するには次の中のどれが適しているか。記号で答えよ。
　　(a) エタノール　(b) 石油　(c) 水　(d) グリセリン

考え方 (1) アルカリ金属の単体は，反応しやすい物質である。
(2) 室温で水と反応し，文字どおり水溶液をアルカリ性(塩基性)にする。
(3) 水以外の物質でも水酸基(−OH)をもつ物質と反応してしまう。

解答 (1) (ア) アルカリ　(イ) 1　(ウ) 小さ　(エ) 酸化　(オ) 水素　(カ) 塩基(アルカリ)
(キ) 水酸化ナトリウム
(2) $2Na + 2H_2O \longrightarrow 2NaOH + H_2\uparrow$　　(3) (b)

---

127 アルカリ金属の性質

次のアルカリ金属についての記述のうち正しくないものをすべて選び，記号で答えよ。

(ア) 密度が大きく，比較的硬い。
(イ) 水と激しく反応して水素を発生し，その水溶液は強塩基(アルカリ)性を示す。
(ウ) 空気中ですぐ酸化されるので必ず水中で保存する。
(エ) 価電子がいずれも1個で，イオン化エネルギーが小さいので，1価の陽イオンとなりやすい。
(オ) 水酸化物は一般に強塩基(アルカリ)性で，いずれも炎色反応を呈する。

128 炭酸ナトリウムの生成

次の(1)，(2)の反応を化学反応式で示し，(3)の問いに答えよ。

(1) 塩化ナトリウム飽和水溶液にアンモニアを十分溶かし，これに二酸化炭素を通す。
(2) (1)で生じた沈殿を乾燥させ，焼くと炭酸ナトリウムが得られる。
(3) (1)，(2)による炭酸ナトリウムの製法を何というか。

ヒント　127 アルカリ金属は室温で水と反応する。
128 塩化ナトリウム飽和水溶液に，アンモニアを溶かして塩基性にし，その後二酸化炭素を溶かすと，溶解度が小さい炭酸水素ナトリウムが沈殿し，塩化アンモニウムは電離して存在している。

> **重要例題30** アルカリ土類金属
>
> 次の文の〔　〕に適する語句，数値または化学式を書け。
>
> 　2族に属する元素のうち，Ca, Sr,〔　(ア)　〕などの元素はいずれも最外殻に〔　(イ)　〕個の価電子をもち，〔　(ウ)　〕価の〔　(エ)　〕イオンになりやすい。これらの金属元素を〔　(オ)　〕金属という。
>
> 　化学的にはアルカリ金属に次いで活発で，空気中で酸素と反応して〔　(カ)　〕物をつくり，また酸と反応して〔　(キ)　〕を発生して溶ける。アルカリ金属同様，水とも反応して水素を発生して溶け，水溶液は強い〔　(ク)　〕性を呈する。例えば，カルシウムは，常温で水と次式のように反応して〔　(ケ)　〕となる。
>
> $$Ca + 2H_2O \longrightarrow 〔　(コ)　〕 + H_2\uparrow$$
>
> **考え方** 2族の元素は価電子が2個あり，2価の陽イオンになりやすい性質がある。Be, Mg 以外の2族の元素はアルカリ土類金属という。アルカリ土類金属は，室温で水と反応し水素を発生する。
>
> **解答** (ア) Ba(または Ra)　(イ) 2　(ウ) 2　(エ) 陽　(オ) アルカリ土類　(カ) 酸化　(キ) 水素　(ク) 塩基　(ケ) 水酸化カルシウム　(コ) $Ca(OH)_2$

129　アルカリ土類金属の化合物

次の文のうち，アルカリ土類金属塩の性質を表しているものをすべて選び，記号で答えよ。

(ア) 塩化物は水に溶けやすいが，硝酸塩は難溶である。
(イ) 硝酸塩は水に溶けやすいが，硫酸塩は難溶である。
(ウ) 炭酸塩は水に溶けやすいので，鍾乳洞が各地にできる。
(エ) アルカリ土類金属塩の水溶液は炎色反応を示さない。
(オ) 石灰石を強熱すると分解して CaO と CO_2 を生じる。

130　アルカリ土類金属の性質

次の文を読んで，下の問いに答えよ。　　　　　　　　　　　　　　　　　　　　（群馬大 改）

カルシウム Ca，ストロンチウム Sr，バリウム Ba などは周期表の同じ族の元素で，性質が互いによく似ており，アルカリ土類金属元素と呼ばれる。アルカリ土類金属は水溶液の電気分解では得られないので，工業的には水酸化物や塩化物の〔　(ア)　〕でつくられる。アルカリ土類金属元素の酸化物は〔　(イ)　〕酸化物であり，水と反応して〔　(ウ)　〕となる。また，〔　(エ)　〕と反応して塩をつくる。これらの固体は〔　(オ)　〕結合でできているので〔　(オ)　〕結晶と呼ばれる。(A)アルカリ土類金属元素の水酸化物の水溶液に二酸化炭素を通じると，これらの炭酸塩は水に溶けにくいので沈殿する。(B)さらに二酸化炭素を通じると，再び溶解する。この溶液を熱すると，再び炭酸塩の沈殿ができる。アルカリ土類金属の炭酸塩は，加熱すると二酸化炭素を放出して分解し，酸化物となる。この反応は原子番号の〔　(カ)　〕元素の炭酸塩ほど起こりにくい。

(1) 〔　(ア)　〕〜〔　(カ)　〕に適する語句を書け。ただし，〔　(イ)　〕については，適する語句を{酸性，塩基性，中性，両性}の中より選べ。

(2) Ca を例として，下線部(A)および(B)を反応式で示せ。

> **ヒント**　129　石灰石の主成分は炭酸カルシウムである。
> 　　　　　130　イオン化傾向が大きな金属の単体は，塩の水溶液の電気分解では得られないので，融解塩電解を利用。

重要例題31　典型元素の金属

次の元素，Al, Ba, Ca, K, Mg, Na, Sn について，問いに答えよ。
(1) 常温の水とは反応せず，沸騰水で水素を発生するものはどれか。
(2) 水および酸素と激しく反応し，炎色反応が黄色であるのはどれか。
(3) 希酸および塩基性水溶液のどちらにも溶けて水素を発生させるものはどれか。
(4) 塩化物は水に溶けるが，硫酸塩は水に難溶であるものはどれか。

考え方 (1) 常温の水と反応する金属は，アルカリ金属とアルカリ土類金属である。沸騰水と反応して，水素を発生するのは Mg である。Al は高温の水蒸気と反応する。
(2) アルカリ金属である Na は，水や酸素と激しく反応し，炎色反応は黄色を呈する。
(3) 酸・塩基ともに反応するのは両性元素である。
(4) 硫酸塩で水に難溶なのは，アルカリ土類金属の硫酸塩 $BaSO_4$ と $CaSO_4$ である。

解答 (1) Mg　(2) Na　(3) Al, Sn　(4) Ba, Ca

131　金属元素の性質①

次の記述が正しい場合は正しいと書き，誤りのある場合は理由を書け。
(ア) 遷移元素の単体は，すべて金属である。
(イ) すべての金属は金属結合をもち，常温では光沢のある固体である。
(ウ) イオン化傾向が水素より小さい金属は，酸には溶けない。
(エ) アルカリ金属とアルカリ土類金属の炭酸塩は，試験管で加熱すると二酸化炭素を放出して分解する。
(オ) 銅と亜鉛を接触させて希塩酸中に入れたら，亜鉛が銅の表面に析出した。

132　両性元素

次の文中の〔　〕について，(ア)～(エ)，(カ)～(ク)にはその物質の化学式を，(オ)には適する語句を書け。

アルミニウムに塩酸を作用させると，〔　(ア)　〕を発生して，アルミニウムは溶ける。この溶液に水酸化ナトリウム水溶液を少しずつ加えていくと，乳白色ゲル状の沈殿〔　(イ)　〕が生成する。この沈殿に再び塩酸を加えると，沈殿は溶け，〔　(ウ)　〕の溶液を生じる。また，〔　(イ)　〕に水酸化ナトリウムを加えても溶けて，〔　(エ)　〕の溶液ができる。このように，酸にも強塩基にも反応して化合物をつくる元素を〔　(オ)　〕といい，アルミニウムのほかに〔　(カ)　〕，〔　(キ)　〕，〔　(ク)　〕などもこの仲間である。

ヒント　131　(オ) ボルタ電池の原理を考える。
132　両性元素は Al, Zn, Sn, Pb である。

> **重要例題32** 遷移元素の性質

次の記述のうち，遷移元素に当てはまらないものはどれか。
(ア) 典型元素と同じように，同周期の元素では原子番号が増すと価電子の数も増す。
(イ) すべて金属で，密度の大きいものが多い。
(ウ) 最外殻電子が2個のものが多いので，最高酸化数は+2である。
(エ) 錯イオンになりにくい。
(オ) 触媒作用をする元素が多い。
(カ) 有色イオンが多い。

考え方 (ア) 原子番号の増加で，内側の電子殻の電子が増し，価電子の数は変化しない。 (ウ) 遷移元素の最外殻の電子数は2個または1個であるが，内殻が埋まっていないために，複数の酸化数をとる。 (エ) 遷移元素は錯イオンをつくる。

解答 (ア), (ウ), (エ)

133 鉄の製錬

鉄の製錬に関する下の文を読んで，( )に適する語句を書け。

溶鉱炉に赤鉄鉱 Fe_2O_3 や磁鉄鉱 Fe_3O_4，コークス C，石灰石 $CaCO_3$ を入れ，下から熱風を入れ加熱すると，コークスから生じた一酸化炭素の(ア)作用によって鉄が得られる。

$$C + O_2 \longrightarrow CO_2 \qquad CO_2 + C \longrightarrow 2CO$$
$$Fe_2O_3 + 3CO \longrightarrow 2Fe + 3CO_2 \qquad Fe_3O_4 + 4CO \longrightarrow 3Fe + 4CO_2$$

溶鉱炉から得られた鉄を(イ)といい，約4%の炭素などの不純物を含む。鉱石に含まれる SiO_2 などの不純物は，石灰石と反応し(ウ)として排出される。(イ)を転炉に入れて(エ)を吹き込み，炭素含量を2%以下に減らし，不純物を除いた鉄を(オ)という。

134 遷移金属の性質

次の文中の( )には適する語句を，〔 〕には化学式を書け。

銀，アルミニウム，銅，亜鉛，カルシウム，カリウムの6種の硝酸塩を含む混合水溶液に塩酸を滴下したら(ア)色の沈殿〔 A 〕を生じた。この沈殿をろ過して集め，日光に当てると紫色になり，最後には(イ)色に変わった。これは光によって分解されて小さな結晶〔 B 〕が析出したからである。〔 A 〕の沈殿を除いたろ液に硫化水素を通じると，(ウ)色の沈殿〔 C 〕が生じた。〔 C 〕の沈殿をろ過して集め，この沈殿を硝酸に溶かしてから，アンモニア水を十分に加えたら，イオン〔 D 〕を生じ(エ)色になった。沈殿〔 C 〕を除いたろ液を煮沸して硫化水素を追い出した後，過剰のアンモニア水を加えたら(オ)色のゲル状の沈殿〔 E 〕を生じた。この沈殿〔 E 〕をろ過し，ろ液に硫化水素を通じると白色の沈殿〔 F 〕を生じた。〔 F 〕の沈殿をろ過し，ろ液を酢酸で弱酸性にしてから硫化水素を追い出し，硫化水素を除いたろ液をアンモニア水で塩基性にしてから，炭酸アンモニウム水溶液を加えたら，白色の沈殿〔 G 〕を生じた。〔 G 〕をろ過して除き，ろ液の炎色反応を見たところ(カ)色の炎色反応を示し，〔 H 〕の存在が確認された。

ヒント 133 酸化鉄を還元すると鉄が得られる。
134 塩化物が水に溶けにくいのは，Ag^+，Pb^{2+} である。

> **重要例題33** 金属イオンの性質
>
> Ag⁺, Pb²⁺, Cu²⁺ の3つのイオンについて正しい記述を選び,記号で答えよ。
> (ア) 色のあるイオンは Cu^{2+} だけである。
> (イ) Cl^- によって,いずれも塩化物として沈殿する。
> (ウ) SO_4^{2-} によって,硫酸塩として沈殿するものはない。
> (エ) S^{2-} によって,硫化物として沈殿するものは Cu^{2+} だけである。
> (オ) 塩基性で沈殿したものに,過剰の NH_3 水を加えても変化しない。
>
> **考え方** (ア) Cu^{2+} の水溶液は青色である。
> (イ) Ag, Pb の塩化物は水に難溶であるが,Cu の塩化物は水に可溶である。
> (ウ) $PbSO_4$ は水に難溶である。
> (エ) Ag, Pb, Cu ともに硫化物は水に難溶である。
> (オ) Ag_2O, $Cu(OH)_2$ は,過剰のアンモニア水で $[Ag(NH_3)_2]^+$, $[Cu(NH_3)_4]^{2+}$ となって溶ける。
>
> **解答** (ア)

135 金属イオンの分離①

3種類のイオンを含む溶液(ア)〜(オ)がある。それぞれの溶液の中から下線部分のイオンだけを分離したい。1種類の試薬を加えるか,または気体を通じて分離を実現するにはどのような操作をすればよいか。

(ア) <u>Ag⁺</u>, Al³⁺, Cu²⁺   (イ) <u>Ag⁺</u>, Pb²⁺, Zn²⁺   (ウ) Cu²⁺, <u>Ba²⁺</u>, Fe³⁺
(エ) <u>Ca²⁺</u>, Na⁺, K⁺   (オ) Zn²⁺, Ag⁺, <u>Fe³⁺</u>

136 金属元素の性質②

(ア) Fe, (イ) Zn, (ウ) Ag, (エ) Ba, (オ) Al に関する次の問いに答えよ。　　　　　　(札幌医大 改)

(1) これらの金属元素(ア)〜(オ)のうち,遷移元素を2つ選んで記号で答えよ。
(2) これら5種の金属(ア)〜(オ)のイオン(ただし(ア)は鉄(Ⅲ)イオン)を含む水溶液から,次に示す試薬(1〜4)を用いて,各金属をそれぞれの化合物あるいはイオンとして分別分離するには,右図に示す操作によるのが最良の方法であった。

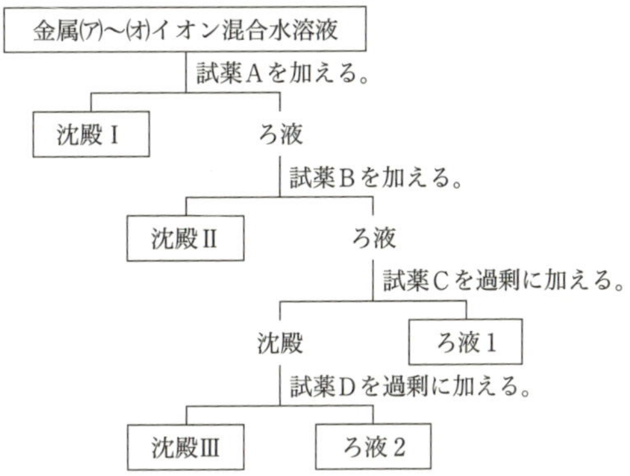

(a) 操作中で使用した試薬 A, B, C, D はそれぞれどの試薬か。記号で答えよ。
　1. 希硫酸
　2. 希塩酸
　3. 希水酸化ナトリウム水溶液
　4. 希アンモニア水

(b) 沈殿Ⅰ,沈殿Ⅱ,沈殿Ⅲ,ろ液1,ろ液2に分別分離された各金属の,化合物あるいはイオンを化学式で書け。

ヒント **135** (ウ),(エ) アルカリ土類金属の炭酸塩と硫酸塩は水に難溶である。
136 (ア)〜(オ)のうちで塩酸を加えて沈殿するのは(ウ)の Ag である。

応用問題

解答・解説は別冊 p.45

137　アンモニアソーダ法

図は，アンモニアソーダ法によって炭酸ナトリウムと塩化カルシウムを製造する過程を示したものである。図に関する記述として誤りを含むものを，下の①〜⑤のうちから1つ選べ。ただし，発生する化合物Aと化合物Bは，すべて回収され，再利用されるものとする。　　　　　　　　　　　　　　　　　　　　（センター本試）

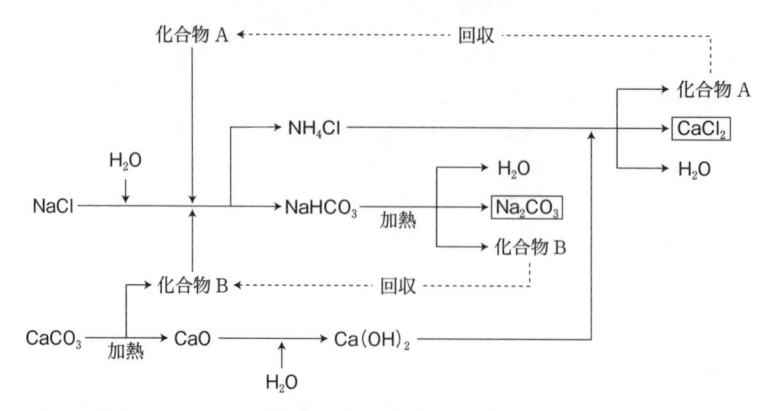

① 化合物Aは水によく溶け，水溶液は塩基性を示す。
② 化合物Bを $Ca(OH)_2$ 水溶液（石灰水）に通じると白濁する。
③ NaCl飽和水溶液に化合物Aと化合物Bを加えると，$NaHCO_3$ が沈殿する。
④ 図の製造過程において化合物Aと NH_4Cl の物質量の合計は変化しない。
⑤ 図の製造過程において必要な $CaCO_3$ と NaCl の物質量は等しい。

138　銅の電解精錬

図は，粗銅から純銅を得るための電解精錬を模式的に示したものである。次の文中の ア 〜 ウ に適する語句の組み合わせとして最も適当なものを，下の①〜⑥のうちから1つ選べ。

（センター追試）

硫酸酸性の硫酸銅(Ⅱ)水溶液中で粗銅を陽極として電気分解することにより，粗銅中の銅は銅(Ⅱ)イオンとなって溶け出し，陰極には純銅が析出する。銅よりもイオン化傾向が ア 金属はイオンとなって溶液中に溶け出し，イオン化傾向が イ 金属は粗銅の下に陽極泥として沈殿する。

ここで，不純物として銀のみを含む粗銅を陽極として電気分解を行った場合，溶液中の銅(Ⅱ)イオンの物質量は ウ 。

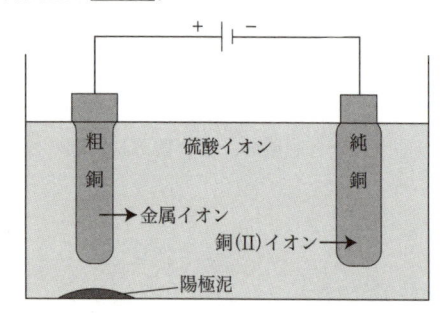

	ア	イ	ウ
①	大きい	小さい	増加する
②	大きい	小さい	変化しない
③	大きい	小さい	減少する
④	小さい	大きい	増加する
⑤	小さい	大きい	変化しない
⑥	小さい	大きい	減少する

139 金属イオンの分離②

Ba^{2+}，Pb^{2+}，Zn^{2+}を含む硝酸酸性水溶液から，図の操作1～3によって各イオンを分離し，特定した。これらの金属イオンに関連する記述として誤りを含むものを，下の①～④のうちから1つ選べ。

(センター本試)

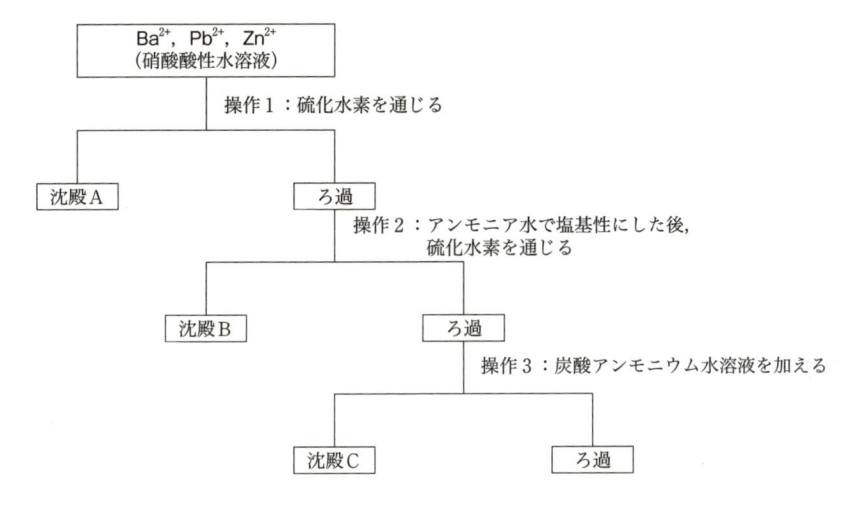

```
        Ba²⁺, Pb²⁺, Zn²⁺
         (硝酸酸性水溶液)
              │
       操作1：硫化水素を通じる
        ┌─────┴─────┐
      沈殿A        ろ過
                    │
              操作2：アンモニア水で塩基性にした後，
                    硫化水素を通じる
                 ┌─────┴─────┐
               沈殿B        ろ過
                             │
                      操作3：炭酸アンモニウム水溶液を加える
                          ┌─────┴─────┐
                        沈殿C        ろ過
```

① 沈殿Aを生じる金属イオンは，クロム酸イオンと反応して黄色沈殿を生じる。
② 沈殿Bを生じる金属イオンは，塩化物イオンと反応して白色沈殿を生じる。
③ 沈殿Cを生じる金属イオンは，硫酸イオンと反応して白色沈殿を生じる。
④ 沈殿Cを生じる金属イオンは，炎色反応を示す。

140 化合物の性質

次の文は4種類の化合物(A), (B), (C), (D)について述べたものである。下の問いに答えよ。

(ア) (A)の水溶液にアンモニア水を加えていくと，はじめ褐色の沈殿を生じたが，さらに過剰に加えると，①沈殿は溶けて無色の溶液となった。
　また，(A)の水溶液にKCNの水溶液を加えていくと，はじめ白色の沈殿を生じたが，過剰に加えると，再び②沈殿は溶けて無色の溶液となった。

(イ) (B)の水溶液にアンモニア水を加えていくと，青白色の沈殿を生じたが，過剰に加えると，③沈殿は溶けて深青色の溶液となった。

(ウ) (C)の水溶液に希塩酸，希硫酸を加えると，ともに白色沈殿を生じた。④(C)の水溶液にクロム酸カリウム水溶液を加えると，黄色沈殿を生じた。

(エ) (D)の水溶液は橙赤色の炎色反応を示し，CO_2を吹き込むと，白色沈殿を生じた。しかし，⑤さらにCO_2を通し続けると，沈殿は消失した。

(1) 下線①で生じたイオンを化学式で書け。
(2) 下線②で生じたイオンを化学式で書け。
(3) 下線③で生じたイオンを化学式で書け。
(4) 下線④をイオン反応式で示せ。
(5) 下線⑤を化学反応式で示せ。

実戦問題⑤

解答・解説は別冊 p.45

1 図は，アンモニアの発生装置および上方置換による捕集装置を示している。これらの装置を用いた実験に関する下の問いに答えよ。

（センター本試）（各10点　計20点）

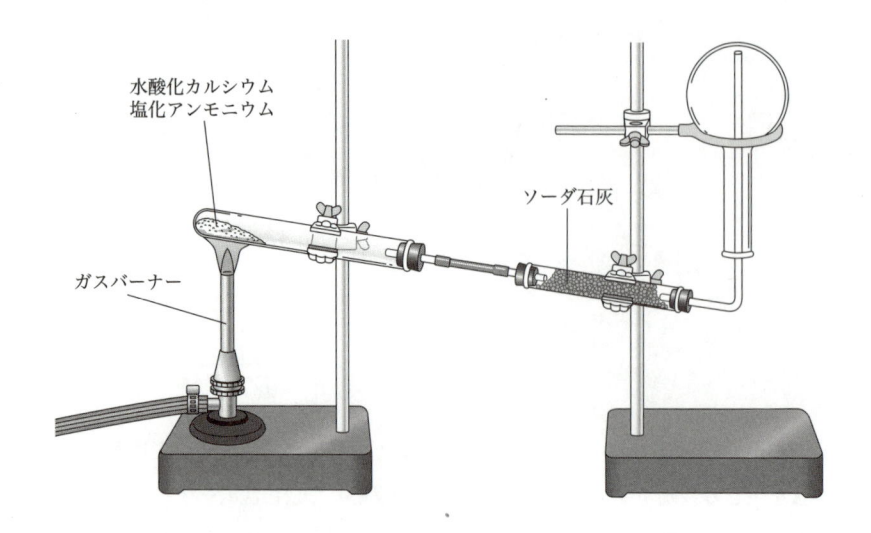

（図：アンモニア発生装置。試験管に水酸化カルシウムと塩化アンモニウム、ガスバーナーで加熱、ソーダ石灰を通して丸底フラスコで捕集）

(1) この実験に関する記述として誤りを含むものを，次の①〜⑤のうちから1つ選べ。

① アンモニアを集めた丸底フラスコ内に，湿らせた赤色リトマス紙を入れると，リトマス紙は青色になった。

② アンモニアを集めた丸底フラスコの口に，濃塩酸をつけたガラス棒を近づけると，白煙が生じた。

③ 水酸化カルシウムの代わりに硫酸カルシウムを用いると，アンモニアがより激しく発生した。

④ ソーダ石灰は，発生した気体から水分を除くために用いている。

⑤ アンモニア発生の反応が終了した後，試験管内には固体が残った。

(2) 8本の試験管に水酸化カルシウムを 0.010 mol ずつ入れた。次に，それぞれの試験管に 0.0025 mol から 0.0200 mol まで 0.0025 mol さざみの物質量の塩化アンモニウムを加えた。この8本の試験管を1本ずつ順に図の発生装置の試験管と取り替えて加熱した。アンモニア発生の反応が終了した後，発生したアンモニアの物質量をそれぞれ調べた。発生したアンモニアと加えた塩化アンモニウムの物質量の関係を示すグラフとして最も適当なものを，次の①〜⑥のうちから1つ選べ。

① [グラフ：塩化アンモニウムの物質量〔mol〕 vs アンモニアの物質量〔mol〕、0.005で頭打ち]
② [グラフ：直線的に0.01まで上昇]
③ [グラフ：0.01で頭打ち]
④ [グラフ：直線的に0.02まで上昇]
⑤ [グラフ：0.02で頭打ち]
⑥ [グラフ：直線的に0.04まで上昇]

2

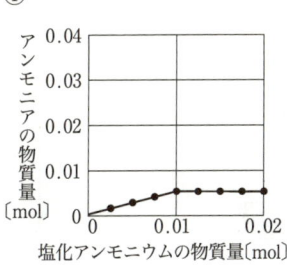

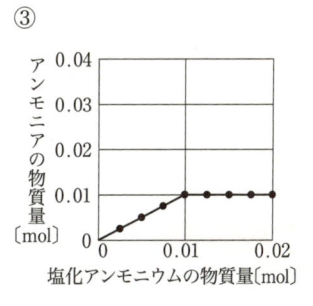

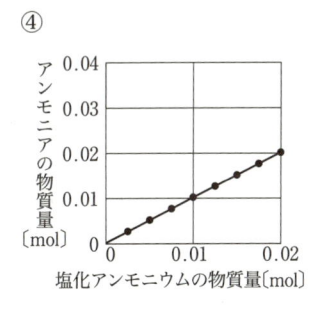

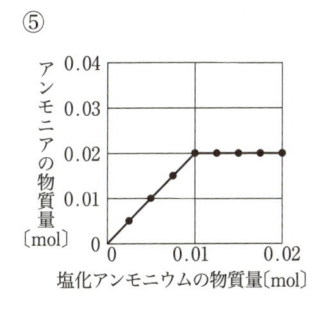

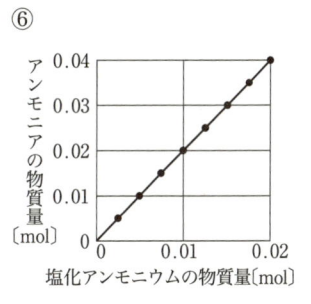

次のアルミニウムと亜鉛の実験に関する下の問いに答えよ。 **（各10点　計80点）**

〔実験〕① アルミニウムの小片(約1 cm×1 cm)を1枚ずつA，Bの2本の試験管に入れ，Aには塩酸，Bには水酸化ナトリウム水溶液を加え，変化の様子を観察する。

② 気体が発生するので，それぞれ別の試験管に捕集し，火をつけて観察する。

③ ②の反応が終了したAの試験管に希水酸化ナトリウム水溶液を少し加えて変化を観察し，さらに過剰に加えて変化を観察する。

④ 同じく②の反応が終了したBの試験管には，純水を約3 mL加えよく振り混ぜる。さらに，希塩酸を少しずつ加えては振り混ぜ，変化を観察する。

⑤ 硝酸亜鉛水溶液を試験管2本に少量とり，両方に希水酸化ナトリウム溶液を加え沈殿をつくる。その後，1本には希塩酸を少しずつ加え，もう1本には希水酸化ナトリウム溶液を加えてよく振る。

〔結果〕① ともに気体が発生した。　② ともにポンという音を立てて燃えた。

③ 最初は白い沈殿が現れ，さらに過剰に加えるとその沈殿は消えてしまった。

④ 純水を加えると最初は白い沈殿が現れ，希塩酸を加えるとその沈殿は消えていった。

⑤ 白い沈殿が現れ，希塩酸を加えるとその沈殿は消えた。同じく希水酸化ナトリウム溶液を過剰に加えてもその沈殿は消えた。

(1) ①の試験管AとBでの化学反応式を示せ。

(2) ③で沈殿が現れたときの化学反応式を示せ。

(3) ③で過剰に希水酸化ナトリウム水溶液を加えたときの化学反応式を示せ。

(4) ④で現れた白い沈殿は何か。化学式で書け。

(5) ④で過剰に希塩酸を加えたときの化学反応式を示せ。

(6) ⑤で現れた白い沈殿は何か。化学式で書け。

(7) これらの結果からアルミニウムと亜鉛はどのような元素であるといえるか。

探究活動 対策問題

1 次のハロゲンの実験に関する下の問いに答えよ。

実験

① 集気びんの中でさらし粉に濃塩酸を加えて塩素を発生させ，赤熱させた銅線を入れて反応を見る（ドラフト内での作業）。

② ①と同じく塩素を発生させ，水でぬらした花びらや青色リトマス紙など色のついた物を入れ，変化を観察する。

③ 次の塩素，臭素，ヨウ素の化学変化を調べる。
(A) Cl_2水を $0.1\,mol/L$ KBr 水溶液に加える。
(B) Cl_2水を $0.1\,mol/L$ KI 水溶液に加え，さらに 1%デンプン水溶液を加える。
(C) Br_2水を $0.1\,mol/L$ KI 水溶液に加え，さらに 1%デンプン水溶液を加える。

結果
① 褐色の煙を上げ，激しく反応した。
② 花びらや青のリトマス紙の色が消えた。
③ (A) 赤褐色になった。
　 (B) 紫色になった。
　 (C) 紫色になった。

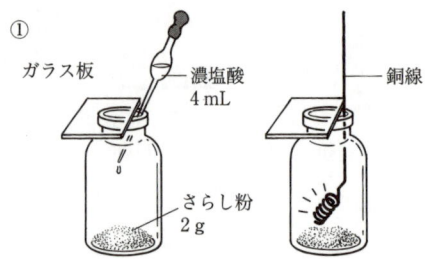

問題

(1) ①でさらし粉 $CaCl(ClO)\cdot H_2O$ に濃塩酸を加え，塩素が生じる化学反応式を示せ。

答

(2) ①の銅線との反応で，褐色の煙は $CuCl_2$ である。このときの変化を化学反応式で示せ。

答

(3) ②で，花びらや青リトマス紙の色が消えたのは塩素のどのようなはたらきによるか。

答

(4) ③の下線部の化学変化を化学反応式で示せ。
(A) 答
(B) 答
(C) 答

(5) ③の結果より，Cl_2, Br_2, I_2 の反応性の大小を＞の記号を用いて示せ。

答　　　＞　　　＞

2 次の陽イオンの実験に関する下の問いに答えよ。

実験

① 硝酸銀，硝酸鉛(Ⅱ)の各水溶液に希塩酸を加え，塩化物の沈殿を析出させる。
② 硝酸鉛(Ⅱ)，硝酸バリウムの各水溶液に，硫酸ナトリウム水溶液を加え，硫酸塩の沈殿を析出させる。
③ 硝酸バリウム，硝酸カルシウムの各水溶液に，炭酸ナトリウム水溶液を加え，炭酸塩の沈殿を析出させる。
④ 硝酸銀，硝酸銅(Ⅱ)，硝酸亜鉛の各水溶液に，アンモニア水を少量ずつ加えて沈殿を生成させたのち，これを過剰のアンモニア水に溶解させる。
⑤ 硝酸アルミニウム，硝酸亜鉛，硝酸鉄(Ⅲ)の各水溶液に水酸化ナトリウム水溶液を少量ずつ加えて水酸化物を沈殿させた後，これらが過剰の水酸化ナトリウム水溶液に溶解するかどうか調べる。

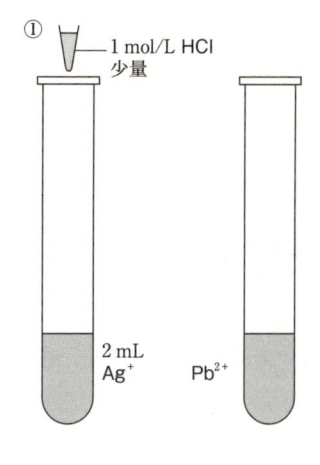

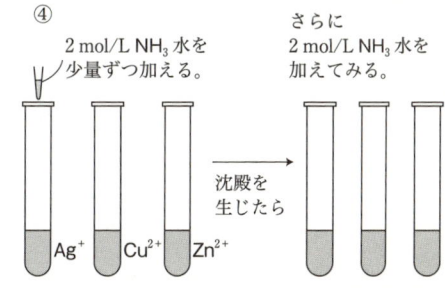

問題

(1) ①〜⑤で析出した沈殿の化学式と色をまとめよ。

実験	析出した沈殿の化学式(色)	
①		
②		
③		
④		
⑤		

(2) ④，⑤では，溶解した場合にはそのイオンの化学式と色を，溶解しない場合には沈殿の化学式と色を書け。

実験	溶解後のイオンの化学式(色)		
④			
⑤			

第4部 有機化合物

第1章 有機化合物の特徴・分類と化学式

これだけはおさえよう

1 有機化合物の特徴
(1) 炭素を含む化合物を<u>有機化合物</u>㋐という。
(2) 構成元素の数は少ないが、その種類は多い。
(3) 分子からなり、一般に、沸点・融点が低く、反応速度も遅い。
(4) 多くは、可燃性で、<u>水に難溶</u>㋑。

2 有機化合物の分類
(1) 炭化水素(炭素骨格)の分類
<u>アルカン</u>㋒,<u>アルケン</u>㋓,<u>アルキン</u>㋔,<u>シクロアルカン</u>㋕ など
(2) 官能基による分類
① <u>−OH基</u>㋖ アルコール フェノール類
② <u>−CHO基</u>㋗ アルデヒド
③ <u>−COOH基</u>㋘ カルボン酸

3 有機化合物の命名
(1)
```
    4    3    2    1   ←炭素番号
  CH₃−CH₂−CH−CH₃  ――――主鎖 ブタン
              |
             CH₃ ←メチル基
```
2-メチルブタン

(2)
```
    4    3    2    1   ←炭素番号
  CH₃−CH₂−CH−CH₃  ――――主鎖 ブタン
              |
             OH ←ヒドロキシ基→～ノール㋛
```
2-ブタノール

4 有機化合物の化学式の決定
(1) C, H, Oからなる有機化合物の元素分析と組成式の決定

原子数比

$$C:H:O = \underline{\frac{Cの質量}{12} : \frac{Hの質量}{1.0} : \frac{Oの質量}{16}}㋜$$

$= x : y : z$

のとき、組成式は $C_xH_yO_z$

(2) 分子式の決定
組成式の式量×n=分子量(←分子量測定)
⇨ (組成式)$_n$=分子式

(3) 示性式・構造式の決定
<u>化学的、物理的性質により決定する。</u>㋝

㋐ CO, CO_2, KCN および $CaCO_3$ などの炭酸塩などは、無機化合物として扱う。

㋑ エタノール、アセトンなど低分子量の極性物質は水にもよく溶ける。

㋒ 一般式 C_nH_{2n+2}
㋓ 一般式 C_nH_{2n}
㋔ 一般式 C_nH_{2n-2}
㋕ 一般式 C_nH_{2n}

㋖ ヒドロキシ基 ⎰ アルコール:中性,親水性
         ⎱ フェノール類:酸性,親水性
㋗ アルデヒド基 還元性,親水性
㋘ カルボキシ基 酸性,親水性

㋙ 最長の炭素鎖の端から、置換基などが結合する炭素の番号が小さくなるようにふる。
㋚ 最長の炭素鎖。命名の母体となる。

㋛ アルコールの命名。主鎖の炭化水素の語尾(～e)をオール(～ol)に変える。

㋜ 試料の質量を m_0, CO_2 の質量を m_1, H_2O の質量を m_2 とすると

Cの質量=$m_1 \times \dfrac{C}{CO_2} = m_1 \times \dfrac{12}{44}$

Hの質量=$m_2 \times \dfrac{2H}{H_2O} = m_2 \times \dfrac{2.0}{18}$

Oの質量=m_0-(Cの質量+Hの質量)

㋝ アルコールとエーテルの場合
アルコール:Naと反応し水素を発生。沸点は高い。
エーテル:Naと反応しない。沸点は低い。
アルコール、エーテルともに $C_nH_{2n+2}O$ で示せるが、性質が異なっている。

基本問題

解答・解説は別冊 p.46

重要例題34　化学式の決定

炭素，水素，酸素だけからなる有機化合物 184 mg を完全燃焼させ，CO_2 352 mg，H_2O 216 mg を得た。この化合物は，標準状態で密度 2.05 g/L の気体である。次の問いに答えよ。ただし，原子量は H＝1.0，C＝12，O＝16 とする。

(1) この化合物の組成式を書け。　　(2) この化合物の分子式を書け。
(3) この化合物の示性式を書け。

考え方　(1) 化合物中の C, H, O の各質量は，CO_2＝44，H_2O＝18 より

$$C = 352 \times \frac{12}{44} = 96 \text{[mg]} \quad H = 216 \times \frac{2.0}{18} = 24 \text{[mg]} \quad O = 184 - (96+24) = 64 \text{[mg]}$$

原子数比は　$C : H : O = \frac{96}{12} : \frac{24}{1.0} : \frac{64}{16} = 8 : 24 : 4 = 2 : 6 : 1$　よって，組成式は　C_2H_6O

(2) 分子量は　$2.05 \times 22.4 \fallingdotseq 45.9$　　分子式は，$(C_2H_6O)_n$ で表され（n は正の整数），
$(C_2H_6O)_n = 45.9$　　$n=1$　　よって，分子式は　C_2H_6O

(3) C_2H_6O には，CH_3CH_2OH，CH_3OCH_3 の異性体が存在する。標準状態で気体は，CH_3OCH_3

解答　(1) C_2H_6O　　(2) C_2H_6O　　(3) CH_3OCH_3

141　元素分析①

炭素，水素，酸素だけからなる有機化合物 45 mg を完全燃焼させたところ，二酸化炭素が 66 mg，水が 27 mg 生じた。この化合物中の炭素，水素，酸素はそれぞれ何 mg ずつ含まれるか。ただし，原子量は H＝1.0，C＝12，O＝16 とする。

142　組成式・分子式・構造式の決定

炭素，水素，酸素だけからなる有機化合物 45 mg を元素分析したところ，炭素，水素，酸素がそれぞれ 18 mg，3.0 mg，24 mg ずつ含まれていた。また，この化合物の分子量を測定したところ，分子量は 60 であった。次の問いに答えよ。ただし，原子量は H＝1.0，C＝12，O＝16 とする。

(1) この化合物の組成式を書け。　　(2) この化合物の分子式を書け。
(3) この化合物には，カルボキシ基が含まれるとして，構造式を書け。

143　アルカン・アルケン・アルキン

次の⑦～㋕は，アルカン・アルケン・アルキンのいずれかである。それぞれに分類せよ。
　⑦ CH_4　　④ C_2H_4　　⑨ C_2H_2　　㋓ C_3H_8　　㋔ C_3H_4　　㋕ C_5H_{10}

ヒント　142 (3) カルボキシ基は －COOH
　　　　　143 アルカンの一般式は C_nH_{2n+2}　アルケン，アルキンはアルカンより水素が少ない。

応用問題

144 元素分析②

炭素,水素,酸素だけからなる有機化合物 59 mg を,次の実験装置に入れて完全燃焼させたところ,塩化カルシウム管の質量が 27 mg,ソーダ石灰管の質量が 88 mg 増加した。また,分子量測定をしたところ,この有機化合物の分子量は 118 であった。下の問いに答えよ。ただし,原子量は H = 1.0,C = 12,O = 16 とする。

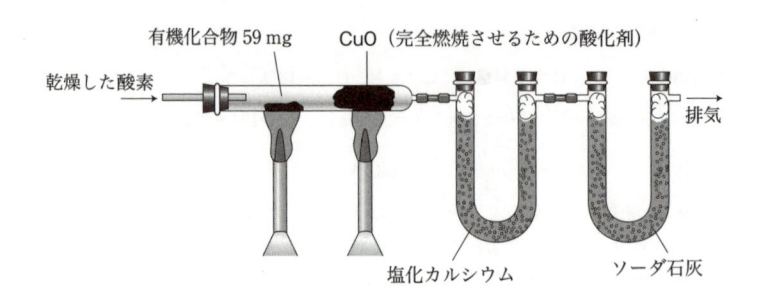

(1) 生成した二酸化炭素と水はそれぞれ何 mg か。
(2) この有機化合物 59 mg に含まれる炭素,水素,酸素はそれぞれ何 mg か。
(3) この有機化合物の組成式を書け。
(4) この有機化合物の分子式を書け。
(5) 反応生成物を図のように,塩化カルシウム管,ソーダ石灰管の順に通す。その理由を書け。

145 炭化水素の燃焼①

次の文を読んで,下の問いに答えよ。ただし,原子量は H = 1.0,C = 12 とする。

気体の炭化水素を完全に燃焼したところ,生成した二酸化炭素と水の物質量比は 1 : 1 であった。また,この炭化水素の分子量測定をしたところ,分子量は 56 であった。

(1) この炭化水素の組成式を書け。
(2) この炭化水素の分子式を書け。
(3) この炭化水素は,分子式から考えると,2 種類の炭化水素のグループ(同族体)のいずれかに属する。このこの炭化水素のグループ名を書け。

> ヒント 144 (1), (5) 塩化カルシウムとソーダ石灰は,どんな物質を吸収するかを考える。
> (3) C, H, O の原子数比を求める。
> 145 (1) この炭化水素を C_mH_n とおき,m と n の関係を求める。

146 炭化水素の燃焼②

ある気体の炭化水素 20 mL と酸素 250 mL との混合気体に点火し，炭化水素を完全燃焼させた。そのあと，反応生成物の水と二酸化炭素を取り除き，同じ条件で残った気体の体積を測定したところ，190 mL であった。この気体は次のどれか。

　㋐　C_2H_6　　㋑　C_3H_8　　㋒　C_2H_4　　㋓　C_2H_2

147 有機化合物の特徴

次の記述のうち，有機化合物に当てはまるものをすべて選び，記号で答えよ。

㋐　非電解質のものが多く，水に溶けるものは少ない。
㋑　化学結合は，共有結合が基本で，一般に反応速度は速い。
㋒　分子性物質であるので，一般に沸点・融点は低い。
㋓　化合物の種類が多いのは，成分元素の種類が多いからである。
㋔　非電解質のものが多く，水によく溶ける。
㋕　炭素骨格が多様であるので，多くの場合，異性体がある。
㋖　一般に反応は複雑で，副生成物を生じることがある。

148 化学式と化合物名

次の㋐～㋞について，化学式は化合物名に，化合物名は化学式に直せ。

㋐　$CH_3-CH_2-CH_2-CH_3$

㋑　$CH_3-\underset{\underset{CH_3}{|}}{CH}-CH_2-CH_3$

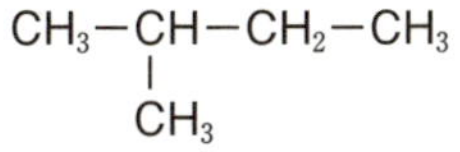

㋒　$CH_3-\underset{\underset{CH_3}{|}}{\overset{\overset{CH_3}{|}}{C}}-CH_3$

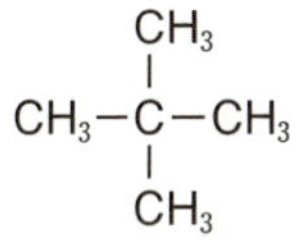

㋓　$CH_2=CH-CH_2-CH_3$

㋔　$CH_3-CH=CH-CH_3$

㋕　$CH_2=\underset{\underset{CH_3}{|}}{C}-CH_3$

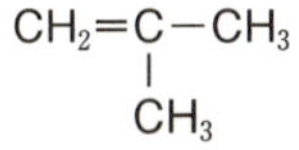

㋖　$CH≡C-CH_3$

㋗　$CH_3-CH_2-CH_2-CH_2-OH$

㋘　$CH_3-CH_2-\underset{\underset{OH}{|}}{CH}-CH_3$

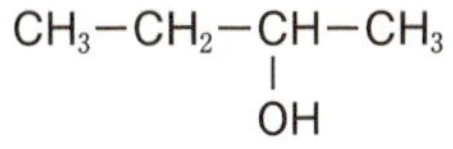

㋙　プロパン　　㋚　2-メチルプロパン　　㋛　2,3-ジメチルブタン
㋜　1-プロパノール　　㋝　2-プロパノール

ヒント
146　炭化水素を C_mH_n とし，燃焼の化学反応式を書き，反応する C_mH_n と O_2 の体積比から m と n の関係を求める。この関係から該当する炭化水素を選ぶ。
147　有機化合物中の化学結合の多くは，共有結合である。共有結合の特徴から考える。
148　置換基の位置の表し方は，主鎖の炭素番号で表す。番号のふり方は，置換基が結合する炭素の炭素番号が最小になるようにする。アルコールは，炭化水素の語尾（～e）を～オール（～ol）にして命名する。

第2章　脂肪族炭化水素

1 脂肪族(鎖式)炭化水素

❶ 炭化水素からの，2個の水素原子の減少㋐は，
(1) 1個の二重結合の形成，
(2) 1個の飽和の環構造の形成　をもたらす。

❷ 三重結合1個の形成で，4個の水素原子が減少㋑。

2 アルカン alkane C_nH_{2n+2}㋒

❶ 製法　$CH_3COONa + NaOH$㋓ $\longrightarrow Na_2CO_3 + CH_4\uparrow$

❷ 構造　(1) 炭素-炭素間がすべて単結合の鎖式飽和炭化水素。
(2) メタンの正四面体構造が連なった立体構造㋔。
(3) $n=4$以上で構造異性体が存在㋕。

❸ 性質　(1) 無極性分子で，水に溶けにくい。
(2) 化学的に安定である。ただし，塩素との混合気体に光を照射すると置換反応を起こす。

3 アルケン alkene C_nH_{2n}㋖

❶ 製法　$C_2H_5OH \xrightarrow{}㋗ CH_2=CH_2\uparrow + H_2O$

❷ 構造　(1) 炭素-炭素間に1個の二重結合をもつ鎖式飽和炭化水素。
(2) 二重結合を中心とする計6個の原子は，同一平面上に存在する㋘。
(3) 二重結合はその結合軸を軸として回転できない㋙ため，$n=4$以上で幾何異性体㋚(シス-トランス異性体)が存在する。

❸ 性質　反応性に富み，種々の反応㋛をする。
(1) 付加反応　$CH_2=CH_2 + HCl \longrightarrow CH_3CH_2Cl$
　$CH_2=CH_2 + Br_2 \longrightarrow CH_2BrCH_2Br$
(2) 付加重合　$nCH_2=CH_2 \longrightarrow [CH_2CH_2]_n$

4 アルキン alkyne C_nH_{2n-2}㋜

❶ 製法　$CaC_2 + 2H_2O$㋝ $\longrightarrow Ca(OH)_2 + C_2H_2\uparrow$

❷ 構造　(1) 炭素-炭素間に1個の三重結合をもつ鎖式不飽和炭化水素。
(2) 三重結合を中心とする4個の原子は，一直線上に並ぶ㋞。

❸ 性質　反応性に富み，種々の反応をする。
(1) 付加反応㋟　$CH≡CH + HCl \longrightarrow CH_2=CHCl$
　$CH≡CH + H_2O \longrightarrow [CH_2=CH(OH)] \longrightarrow CH_3CHO$
(2) 付加重合　$3C_2H_2 \longrightarrow C_6H_6$(ベンゼン)

5 脂環式炭化水素

(1) シクロアルカンの性質は，アルカンに類似。
(2) シクロアルケンの性質は，アルケンに類似。

これだけはおさえよう

㋐ C_6H_{14}(アルカン)から$-2H$したC_6H_{12}は，
(1) 二重結合の形成
↓
$CH_2=CHCH_2CH_2CH_3$
(2) 環構造の形成 →（シクロヘキサン構造）

㋑ 二重結合2個もありうる。
㋒ C_nH_{2n+2}で示されるものはすべてアルカン。
㋓ CH_3COONaと$NaOH$を加熱する。
㋔ エタン（0.11 nm，0.15 nm）

㋕
Cの数	4	5	6	7	8	…	13	14
構造異性体の数	2	3	5	9	18	…	802	1858

㋖ C_nH_{2n}：シクロアルカンも同じ一般式。
㋗ 濃硫酸を加えて160〜170℃で加熱する。
㋘,㋙ エチレン（0.13 nm，116°）回転できない

㋚ シス形／トランス形

㋛
CH_2BrCH_2Br　　　CH_3-CH_3
1,2-ジブロモエタン Br₂付加　H₂付加　エタン
　　　$CH_2=CH_2$(エチレン)
HCl付加　　　付加重合
CH_3-CH_2Cl　　　$[CH_2-CH_2]_n$
クロロエタン　　　ポリエチレン

㋜ 二重結合の検出：Br₂の赤褐色→無色
㋝ C_nH_{2n-2}にはアルキン以外のものもある。
　　カーバイドCaC_2にH_2Oを加える。
㋞ アセチレン（0.15 nm，0.12 nm）

㋟
$CH_2=CHOCOCH_3$　　　$CH_2=CH_2$
酢酸ビニル　　　　　　エチレン
　CH_3COOH付加　　H_2付加
　　　　$CH≡CH$
　HCl付加　アセチレン　H_2O付加
$CH_2=CHCl$　　　CH_3CHO
塩化ビニル　　　アセトアルデヒド

㋠ 一般式　C_nH_{2n}…アルケンと同じ。
㋡ 一般式　C_nH_{2n-2}…アルキンと同じ。

基本問題

解答・解説は別冊 p.48

重要例題35 炭化水素の立体構造と一般式

脂肪族炭化水素の構造に関する次の記述㋐〜㋕の下線を付した①〜④の炭化水素の同族体の一般式を書け。また，㋐〜㋕のうち正しいものを1つ選べ。

㋐ ①メタンのすべての水素原子は，同一平面上に存在する。
㋑ ②プロペン（プロピレン）のすべての水素原子は，同一平面上に存在する。
㋒ プロパンの3つの炭素原子は，一直線上に並んでいる。
㋓ ③プロピン（メチルアセチレン）の3つの炭素原子は，一直線上に並んでいる。
㋔ ④シクロヘキサンのすべての炭素原子は，同一平面上に存在する。
㋕ アセチレンやエチレンの炭素原子間の距離は，エタンより長い。

考え方
① メタンはアルカン：C_nH_{2n+2}　② プロペンはアルケン：C_nH_{2n}
③ プロピンはアルキン：C_nH_{2n-2}　④ シクロヘキサンはシクロアルカン：C_nH_{2n}

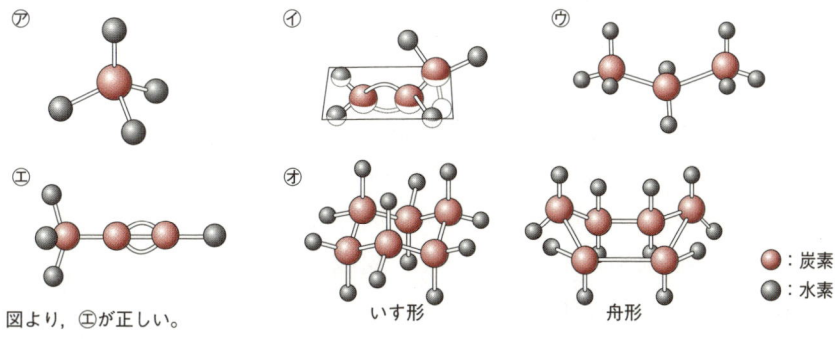

図より，㋓が正しい。
㋕ 炭素原子間の距離：単結合（エタン）＞二重結合（エチレン）＞三重結合（アセチレン）

解答 ① C_nH_{2n+2}　② C_nH_{2n}　③ C_nH_{2n-2}　④ C_nH_{2n}　㋓

---

149 炭化水素の構造

(1) 次の炭化水素を，炭素原子間の結合距離の長い順に並べよ。
　㋐ エタン　㋑ エチレン　㋒ アセチレン

(2) 次の炭化水素のうち，すべての炭素原子がつねに同一平面上にあるものを選べ。
　㋐ シクロヘキサン　㋑ プロパン　㋒ 1-ブテン　㋓ 2-ブテン

150 組成式・分子式・構造式の決定

次の(1)〜(4)の記述に相当する炭化水素の一般式を例にならって書け。（例）C_nH_{2n+2}

(1) 枝分かれのある炭素鎖をもつ鎖式飽和炭化水素
(2) 二重結合を1個もつ枝分かれのある炭素鎖の鎖式炭化水素
(3) 三重結合を1個もつ枝分かれのある炭素鎖の鎖式炭化水素
(4) 環構造を1個もつ飽和炭化水素

ヒント
149 (1) 炭素間の結合の種類を考える。(2) 二重結合に注目。
150 アルカン C_nH_{2n+2} を基準とし，水素が何個減少するかを考える。

> **重要例題36** 炭化水素の構造異性体
>
> 分子式 C_5H_{12} で表される化合物の構造異性体の構造式をすべて書け。
>
> **考え方** 以下，水素を省略して炭素骨格だけで示す。最も長い直鎖の炭素鎖(主鎖)が C_5(炭素原子が5個の鎖)から始め，C_4，C_3 と炭素数を減らして考える。主鎖が C_5 のときは，① C－C－C－C－C の1種類。次に，主鎖が C_4 のときは，② C－C－C－C の1種類。主鎖が C_3 のときは，③ C－C－C の1種類である。C_2 は
> 　　　　　　　　　　　　　　　　　　　　C　　　　　　　　　　　　　　　C
> 存在しない。
>
> **解答** $CH_3CH_2CH_2CH_2CH_3$　　　$CH_3CH_2CHCH_3$　　　$CH_3\underset{CH_3}{\overset{CH_3}{CCH_3}}$
> 　　　　　　　　　　　　　　　　　　　　　　　CH_3

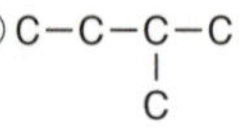

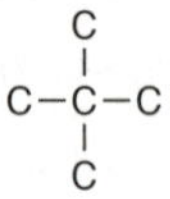

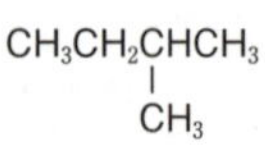

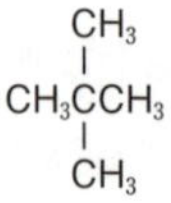

151 C_6H_{14} の構造異性体

炭化水素 C_6H_{14} に関する次の記述⑦～㋕から，正しいものをすべて選べ。

⑦ $CH_3-CH_2-CH_2-CH_2-CH_2-CH_3$ と $CH_3-CH_2-CH_2-CH_2-\underset{CH_3}{CH_2}$ とは，構造異性体の関係にある。

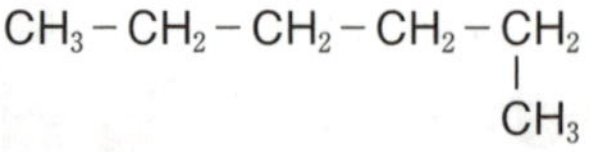

④ 主鎖の炭素数が5の C_6H_{14} には，2種類の異性体がある。

⑤ 主鎖の炭素数が5の C_6H_{14} には，3種類の異性体がある。

㋔ 主鎖の炭素数が4の C_6H_{14} には，2種類の異性体がある。

㋕ 主鎖の炭素数が4の C_6H_{14} には，3種類の異性体がある。

㋖ 主鎖の炭素数が3の C_6H_{14} は，存在しない。

152 幾何異性体

次のアルケン⑦～㋓のうち，幾何異性体(シス-トランス異性体)が存在するものをすべて選べ。

⑦ $\underset{H}{\overset{H_3C}{>}}C=C\underset{H}{\overset{CH_3}{<}}$　　④ $\underset{H}{\overset{H_3C}{>}}C=C\underset{CH_3}{\overset{CH_3}{<}}$　　⑤ $\underset{H_3C}{\overset{H_3C}{>}}C=C\underset{H}{\overset{CH_3}{<}}$　　㋓ $\underset{H_3C}{\overset{H_3C}{>}}C=C\underset{CH_3}{\overset{CH_3}{<}}$

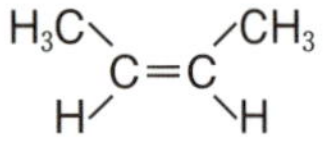

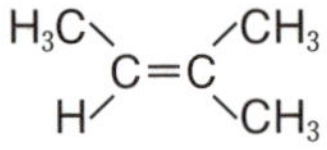

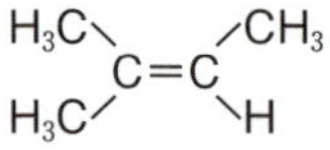

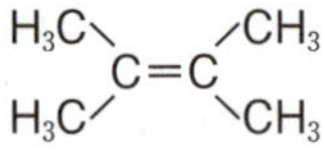

153 構造異性体と幾何異性体①

次の分子式で示される化合物の異性体の構造式をすべて書け。ただし，(　)中の数値は異性体の数である。

① C_4H_{10} (2)　　② C_3H_7Cl (2)　　③ 分子式 C_4H_8 のアルケン(4)

ヒント　**151** 主鎖を水平に書き，その主鎖に対し異性体を考える。
　　　　　152 二重結合と $-CH_3$ 基の立体的位置関係に注目する。
　　　　　153 ②Clの位置に注意する。③主鎖は C_4 と C_3 がある。二重結合の位置に注意する。

重要例題37 炭化水素の反応系統図

図は，エチレンとアセチレンを中心とする反応系統図である。

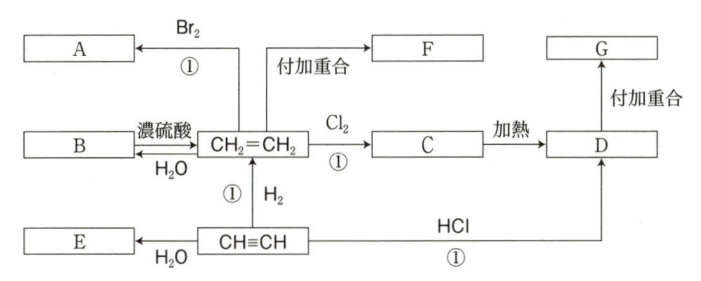

```
        Br₂
  A ←───── 
       ①        付加重合    F              G
                                           ↑
                                         付加重合
       濃硫酸        Cl₂          加熱
  B ⇌─────  CH₂=CH₂ ─────→ C ─────→ D
       H₂O           ①
                ① ↑ H₂                HCl
                                       ①
  E ←──── CH≡CH ──────────────────────
      H₂O
```

A～Eの化合物の示性式と名称，FとGの名称を書け。また，①の反応名を書け。

考え方 エチレンやアセチレンは，不飽和結合をもち，付加反応を起こす。$CH_2=CH_2$ や $CH_2=CHCl$ は，適当な条件下で付加重合を起こし，高分子化合物になる。$CH≡CH$ に水が付加すると不安定なビニルアルコール $CH_2=CHOH$ を経て，アセトアルデヒド CH_3CHO になる。

解答 A：CH_2BrCH_2Br，1,2-ジブロモエタン　　B：CH_3CH_2OH，エタノール
C：CH_2ClCH_2Cl，1,2-ジクロロエタン　　D：$CH_2=CHCl$，塩化ビニル
E：CH_3CHO，アセトアルデヒド　　F：ポリエチレン　　G：ポリ塩化ビニル
① 付加反応

154　エチレンの性質・反応

エチレンに関する記述として正しいものを，次の㋐～㋕のうちから１つ選べ。　（センター追試）

㋐ メタノールと濃硫酸との混合物を加熱すると生成する。
㋑ 水に溶けやすく，引火性がない。
㋒ 付加重合してポリエステルになる。
㋓ 塩素を付加させると，1,1-ジクロロエタンが生成する。
㋔ 水を付加させると，エチレングリコールが生成する。
㋕ 臭素水に通じると，臭素水の色が消える。

155　アセチレン

次の文の〔　〕に適する物質名，反応名，化学反応式を書け。
アセチレンは，カーバイドに水を加えると，次の化学反応式にしたがって，発生する。

〔　　　　　（ア）　　　　　〕

アセチレンは反応性に富む化合物で，いろいろな化学反応を行う。例えば，アセチレンに塩素を加えると不飽和結合に塩素が結合して，〔（イ）〕や〔（ウ）〕のような化合物を生成する。アセチレンに触媒を用いて水を〔（エ）〕反応させると，〔（オ）〕を生じる。

ヒント　154　エチレンは付加反応や付加重合を起こす。
　　　　　155　アセチレンと水が反応すると，不安定なビニルアルコールを経て，アセトアルデヒドになる。

応用問題

解答・解説は別冊 p.49

156 構造異性体と幾何異性体②
炭化水素 C_4H_8 の異性体の構造式をすべて書け。

157 構造異性体と幾何異性体③
次の分子式で示される化合物の異性体(構造異性体と幾何異性体)の構造式をすべて書け。ただし，( )中の数値は異性体の数である。
① C_4H_9Cl (4)　② $C_3H_6Cl_2$ (4)　③ $C_2H_2Cl_2$ (3)
④ 二重結合をもつ C_3H_5Cl (4)

158 置換体の数
アルカンと塩素の混合物に，光を照射すると，水素原子が塩素原子で置換される。この反応で生成するモノクロロ置換体(一塩素化物)の構造異性体の数を調べ，アルカンを互いに識別する方法がある。

次の炭素数5のアルカン(a)〜(c)からそれぞれ何種類のモノクロロ置換体の構造異性体が得られるか。その組み合わせとして正しいものを右の表の㋐〜㋔から1つ選べ。

(a) $CH_3CH_2CH_2CH_2CH_3$
(b) $C(CH_3)_4$
(c) $CH_3CH(CH_3)CH_2CH_3$

	(a)	(b)	(c)
㋐	3	4	1
㋑	1	3	4
㋒	4	3	1
㋓	4	1	3
㋔	3	1	4

159 炭化水素の分子と一般式
次の問いに答えよ。
(1) n 個の炭素からなり，二重結合を2個もっている鎖式不飽和炭化水素の一般式を書け。
(2) n 個の炭素からなり，環構造と二重結合を1個ずつもつ炭化水素の一般式を書け。
(3) C_6H_8 の分子式をもつ鎖式炭化水素が三重結合をもたないものとすれば，二重結合を何個もっているか。
(4) β-カロテンは，分子式 $C_{40}H_{56}$ で表され，長い炭素鎖の両端にそれぞれ1つの環構造をもち，三重結合をもたない不飽和炭化水素である。この炭化水素のもつ二重結合は何個か。

> **ヒント**
> 156 C_4H_8 にはアルケンとシクロアルカンがある。幾何異性体にも留意する。
> 157，158 母体の炭化水素を考え，そのH原子をCl原子で置換したときの異性体を考える。
> 159 β-カロテンの水素原子は，対応するアルカンより26個少ない。二重結合の数を n とする。

160 オゾン分解

アルケンを適当な条件下でオゾンを作用させて分解すると，次式に示すように，アルデヒドまたはケトンが得られる。この反応はオゾン分解と呼ばれる。

$$\begin{array}{c}R^1\\R^2\end{array}C=C\begin{array}{c}R^3\\R^4\end{array} \xrightarrow{\text{オゾン分解}} \begin{array}{c}R^1\\R^2\end{array}C=O \ + \ O=C\begin{array}{c}R^3\\R^4\end{array}$$

（R^1, R^2, R^3, R^4：アルキル基または水素原子）

分子式 $C_{10}H_{20}$ のアルケンをオゾン分解したところ，ただ1種類のケトンが得られた。次の問いに答えよ。

(1) このアルケンとして可能な構造式は何種類あるか。
(2) 可能な構造式のうち幾何異性体は何組あるか。

161 炭化水素の反応

同じ炭素数からなる3種の脂肪族炭化水素A，BおよびCを基本とする次の反応経路について，下の問いに答えよ。

（広島大　改）

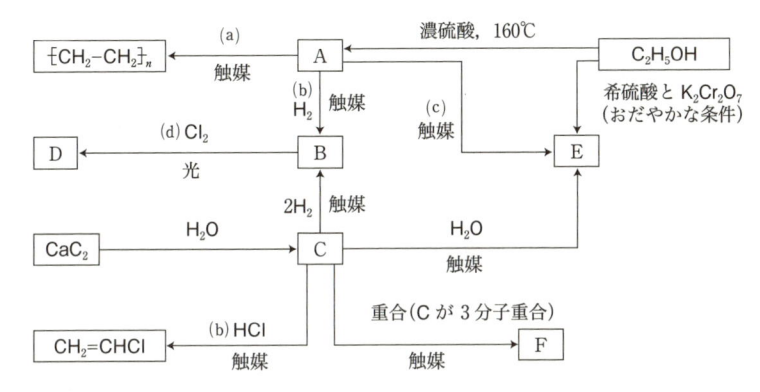

(1) A，D，EおよびFの構造式を書け。ただし，Dは塩素原子1個を含むものとする。
(2) CからEの経路では，中間に不安定な化合物ができる。この化合物の名称と構造式を書け。
(3) (a)〜(d)のうちから，(ア)重合反応，(イ)付加反応，(ウ)酸化反応，および，(エ)置換反応に相当する反応を1つずつ選び，その記号を答えよ。

ヒント 160 ただ1種類のケトンを生成するので，このアルケンは左右対称。
161 (3)の(c)　CからEで，Eが判明するので，AとEを比較する。

162 炭化水素の燃焼

次の条件A〜Cを満たす炭化水素がある。この炭化水素 1.0 mol を完全燃焼させたとき，消費される酸素は何 mol か。最も適当な数値を，下の①〜⑥のうちから1つ選べ。　　　　　　　　　　（センター本試）

A　1つの環からなる脂環式炭化水素である。
B　二重結合を2つもち，残りはすべて単結合である。
C　水素原子の数は炭素原子の数より4個多い。

① 3.0　② 5.5　③ 6.0　④ 8.5　⑤ 11　⑥ 14

163 アルケンの付加反応

5.60 g のアルケン C_nH_{2n} に臭素を完全に反応させ，37.6 g の化合物を得た。このアルケンの炭素数 n はいくつか。ただし，原子量は H = 1.0, C = 12, Br = 80 とする。

164 炭化水素の構造と異性体

あるアルケンAに臭素を反応させたところ，もとのアルケンAの約3.3倍の分子量をもつ生成物が得られた。また，このアルケンAに水素を反応させると，アルカンBが生成した。　　　（センター本試）

(1), (2)の問いに当てはまる数を，次の(ア)〜(キ)のうちから1つずつ選べ。ただし，同じものを繰り返し選んでもよい。ただし，原子量は H = 1.0, C = 12, Br = 80 とする。

(ア) 1　(イ) 2　(ウ) 3　(エ) 4　(オ) 5　(カ) 6　(キ) 7

(1) アルケンAの分子式における炭素数は何個か。
(2) アルカンBに対して可能な構造式は何個あるか。

165 不飽和炭化水素の推定

不飽和炭化水素に関する次のA〜Cの条件を満たすものを，下の⑦〜㊣から1つ選べ。

A　分子を構成するすべての炭素原子が1つの平面上にある。
B　白金を用いて水素化すると，枝分かれをした炭素鎖をもつ飽和炭化水素を与える。
C　1.0 mol/L の臭素の四塩化炭素（テトラクロロメタン）溶液 10 mL に，この炭化水素を加えていくと，0.56 g を加えたところで溶液の赤褐色が消失した。

㋐　$CH_3CH=CH_2$　　㋑　$CH_2=C(CH_3)_2$　　㋒　$CH_2=CHCH_2CH_3$
㋓　$CH_3CH=CHCH_3$　　㋔　$(CH_3)_2C=CHCH_3$

ヒント
162　この炭化水素は，1つの環構造と2つの二重結合をもち，アルカンに比べて6個水素が少ない。
163　生成物は $C_nH_{2n}Br_2$。
164　アルカンの中には，アルケンの水素付加（還元）によって，生成しないものもある。
165　AとBで炭素骨格を決め，Cで炭素数を決める。

166 一般式 C_nH_{2n} と C_nH_{2n-2} の鎖式炭化水素

次の文を読んで，下の問いに答えよ。

一般式 C_nH_{2n} と C_nH_{2n-2} で表される鎖式炭化水素の中で，炭素数が最も少ない同族体は，$n=2$ の化合物であり，それぞれ（ ア ），（ イ ）と呼ばれる。

（ア）はかすかな甘い香りをもつ（ ウ ）色の気体で，光とすすを出して燃える。臭素とは付加反応し〔…〕臭素水に通じると，（ エ ）色から無色に変わる。さらに〔…〕（ ）が製造される。

〔…〕それぞれ（ カ ），（ キ ），（ ク ）

〔…〕と，C_nH_{2n} には（ A ）種の異性体〔…〕もつ異性体のほかに，互いに離れ〔…〕のほかに1個の（ ケ ）結合をもつ

〔…〕気体がある。この混合気体全体を水〔…〕はじめの混合気体をアンモニア性〔…〕の質量を求めよ。ただし，原子量は〔…〕$C=12$，$O=16$ とする。

〔…〕A，BおよびCに白金を触媒として〔…〕化合物Dを生じた。分子量測定の結果，〔…〕二酸化炭素 17.6 g と水 7.2 g が生〔…〕からは化合物Eを，BとCからは同一〔…〕

〔…〕れる構造の名称を書け。

(3) A，B，Cの構造式を書け。ただし，BとCは，構造式を1：1に特定する必要はない。
(4) b の化学反応式を示せ。
(5) D，E，Fの構造式を書け。

> **ヒント** 166 (2) 炭素数の多い主鎖から始め，二重結合，三重結合は主鎖に入れる。
> 167 エチレンとアセチレンへのそれぞれ水素 1 mol と 2 mol の付加より，アセチレンの物質量を求める。
> 168 数値データから，分子式を決める。A，B，Cが同一の化合物Dになることに注目。

第3章 酸素を含む脂肪族化合物

これだけはおさえよう

1 アルコール㋐ ROH

❶ 分類 (1) OH の数　1価，2価アルコール
(2) 結合の違い㋑　第一，二，三級アルコール

❷ 性質 (1) 中性で，低級㋒なものは水に溶けやすい。
(2) 金属 Na と反応㋓して，水素を発生する。
(3) 酸化されると㋔，第一級アルコールはアルデヒドを経てカルボン酸へ，第二級アルコールはケトンになる。第三級アルコールは酸化されにくい。

2 エーテル　R¹OR²

❶ 性質　アルコールと構造異性体の関係。アルコールと比べ，沸点が低く，水に溶けにくく，Na と反応しない。

❷ 製法 (1) アルコールの脱水縮合反応㋕で生成。
(2) R¹ONa と R²I の縮合㋖ によって生成。

3 アルデヒド RCHO㋗ とケトン R¹COR²

❶ アルデヒド (1) 低級なものは水に溶けやすい。
(2) 還元性をもち，銀鏡反応㋘ やフェーリング液を還元㋙ する（自身はカルボン酸になる）。

❷ ケトン (1) 低級なものは水に溶けやすい。
(2) 還元性はなく，酸化されにくい。
(3) アセトンは，ヨードホルム反応㋚ が陽性。

4 カルボン酸　RCOOH㋛

性質 (1) 弱酸性㋜で，低級なものは水に可溶。
(2) 脱水縮合反応で，エステル（-COO-），酸無水物（-CO-O-CO-），アミド（-NHCO-）になる。

光学異性体㋝　4種の異なった原子または原子団が結合した炭素原子を不斉炭素原子といい，不斉炭素原子をもつ化合物に存在する立体異性体。互いに実像と鏡像の関係にある。

5 エステル R¹COOR² と油脂

❶ エステル (1) カルボン酸とアルコールの脱水縮合反応（エステル化）㋞ によって生成する。
(2) 酸または塩基で加水分解される。塩基による加水分解をけん化という。

❷ 油脂　3価アルコールのグリセリンと高級（炭素数が多い）脂肪酸のエステル。NaOH や KOH などの強塩基によるけん化㋟で，セッケンを生じる。

㋐ OH 基をもつ脂肪族化合物。

㋑ $R-CH_2-OH$　　$\begin{matrix}R^1\\|\\CH-OH\\|\\R^2\end{matrix}$　　$\begin{matrix}R^1\\|\\R^2-C-OH\\|\\R^3\end{matrix}$
　　第一級　　　　第二級　　　　第三級

㋒ 炭素数が少ない化合物。

㋓ $2ROH + 2Na \longrightarrow 2RONa + H_2\uparrow$

㋔ $R-CH_2-OH \xrightarrow{-2H} R-C\begin{matrix}H\\\\O\end{matrix}$ （アルデヒド）
（第一級アルコール）

$\begin{matrix}R^1\\|\\CH-OH\\|\\R^2\end{matrix} \xrightarrow{-2H} \begin{matrix}R^1\\\\C=O\\\\R^2\end{matrix}$ （ケトン）
（第二級アルコール）

㋕ $2C_2H_5OH \xrightarrow{130℃} C_2H_5OC_2H_5 + H_2O$

㋖ $R^1ONa + R^2I \longrightarrow R^1OR^2 + NaI$

㋗ アルデヒド $R-C\begin{matrix}H\\\\O\end{matrix}$　ケトン $\begin{matrix}R^1\\\\C=O\\\\R^2\end{matrix}$

㋘ アンモニア性硝酸銀溶液 ➡ 銀の析出

㋙ フェーリング液 ➡ Cu_2O の赤色沈殿

㋚ $CH_3CH(OH)-$ や，CH_3CO- をもつ化合物の検出反応で，これらに塩基性条件下でヨウ素を作用させると特異臭のする黄色沈殿のヨードホルム CHI_3 を生じる。

㋛ カルボン酸　$R-C\begin{matrix}OH\\\\O\end{matrix}$

㋜ 酸性は炭酸より強く，炭酸塩を分解し，CO_2 が発生する。

㋝ 光学異性体：乳酸 $CH_3{}^*CH(OH)COOH$

（不斉炭素原子，鏡の図）

㋞ カルボン酸と構造異性体の関係にある。

$R^1-C\begin{matrix}OH\\\\O\end{matrix} + H OR^2$ （エステル）
$\longrightarrow R^1-C-O-R^2 + H_2O$
　　　　　　‖
　　　　　　O

㋟ $\begin{matrix}CH_2OCOR^1\\CHOCOR^2\\CH_2OCOR^3\end{matrix}\underset{3NaOH}{\overset{けん化}{\longrightarrow}}\begin{matrix}CH_2OH\\CHOH\\CH_2OH\end{matrix} + \begin{matrix}R^1-COONa\\R^2-COONa\\R^3-COONa\end{matrix}$
（油脂）　　（グリセリン）（セッケン）

基本問題

解答・解説は別冊 p.53

重要例題38　アルコールの反応と異性体

分子式 C_3H_8O の化合物Aに関する次の(a)〜(c)の記述を読んで，下の問いに答えよ。　　（群馬大）

(a)　Aは金属ナトリウムと反応して，気体を発生する。
(b)　Aは酸化すると，ケトンBが生成する。
(c)　Aを濃硫酸とともに加熱すると，Cが得られる。Cはすみやかに臭素と反応する。

(1)　化合物A，BおよびCの構造式を書け。
(2)　Aと金属ナトリウムの反応式を示せ。

考え方　(1)　Aは，分子式から，飽和アルコールか飽和エーテルが考えられる。(a)よりアルコールで，また，(b)でケトンを生成するので第二級アルコールであることがわかる。よって，A，Bの構造式は

A：$CH_3-\underset{\underset{OH}{|}}{CH}-CH_3$　　B：$CH_3-\underset{\underset{O}{\|}}{C}-CH_3$

Cは，エーテルかアルケンが考えられるが，(c)の臭素との反応から，アルケンである。

C：$CH_2=CH-CH_3$

(2)　Aはアルコールで，金属ナトリウムと反応して水素を発生する。

解答　(1)　A：$CH_3-\underset{\underset{OH}{|}}{CH}-CH_3$　　B：$CH_3-\underset{\underset{O}{\|}}{C}-CH_3$　　C：$CH_2=CH-CH_3$

(2)　$2CH_3CH(OH)CH_3 + 2Na \longrightarrow 2CH_3CH(ONa)CH_3 + H_2\uparrow$

169　アルコールの関連化合物

下図は，エタノールとその関連化合物の反応を示している。空欄A〜Dに該当する有機化合物の名称と構造式を書け。また，(ア)と(イ)に適する反応名を書け。　　（富山県大）

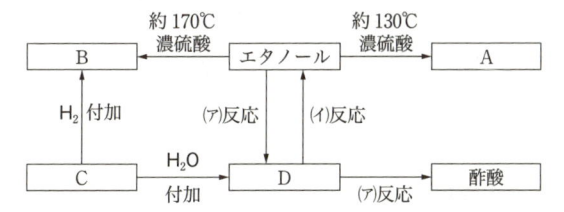

```
              約170℃              約130℃
              濃硫酸               濃硫酸
    ┌───┐           ┌─────┐           ┌───┐
    │ B │ ←──────── │エタノール│ ────────→ │ A │
    └───┘           └─────┘           └───┘
      ↑               ↑ ↓
      │H₂付加        (ア)反応 (イ)反応
      │               ↓ ↑
    ┌───┐   H₂O     ┌───┐   (ア)反応   ┌─────┐
    │ C │ ───────→ │ D │ ──────────→ │ 酢酸 │
    └───┘   付加    └───┘             └─────┘
```

170　アルコールの分類

示性式 C_4H_9OH で表される鎖式（脂肪族）アルコールのうち，次の(ア)〜(ウ)に該当する化合物の構造式をすべて書け。

(ア)　第一級アルコール　　(イ)　第二級アルコール　　(ウ)　第三級アルコール

ヒント
169　A，B　加熱する温度に注意する。
170　OH基が結合している炭素原子に注目する。

重要例題39　脂肪族化合物の性質

下の構造式で示した化合物群①～⑧のうち，次の記述a～c中の（　ア　）～（　ウ　）に当てはまるものをそれぞれ1つ選べ。ただし，同じものを繰り返し選んでもよい。　　（センター追試）

a　（　ア　）のカルボニル基を還元すると，不斉炭素原子をもつ第二級アルコールが生成する。
b　（　イ　）のアルデヒド基を酸化して生じるカルボン酸は，酢酸メチルの異性体である。
c　（　ウ　）はフェーリング液を還元し，またヨードホルム反応を起こす。

① $HCHO$　　　② CH_3CH_2OH　　　③ CH_3CHO
④ $CH_3CH(OH)CH_3$　　　⑤ CH_3CH_2CHO　　　⑥ CH_3COCH_3
⑦ $CH_3CH_2COCH_3$　　　⑧ $CH_3CH_2CH(CH_3)CHO$

考え方　(ア) 第二級アルコールを酸化するとケトンになる。つまり，還元されて第二級アルコールになるのはケトンで，⑥か⑦。右の構造式で*印は不斉炭素原子。

⑥を還元すると $CH_3-CH-CH_3$
　　　　　　　　　　　　　　$|$
　　　　　　　　　　　　　　OH

⑦を還元すると $CH_3CH_2-\overset{*}{C}H-CH_3$
　　　　　　　　　　　　　　$|$
　　　　　　　　　　　　　　OH

(イ) 酢酸メチル CH_3COOCH_3 の異性体のカルボン酸は，CH_3CH_2COOH，酸化されて CH_3CH_2COOH になるアルデヒドは，⑤ CH_3CH_2CHO

(ウ) フェーリング液を還元するので，アルデヒド。ヨードホルム反応を起こすのは，部分構造 CH_3-CH- をもつアルコールか，部分構造 CH_3-C- をもつアルデヒドかケトン。
　　　　　　　　　　　　　　　　　　　　　　　　　　　　　　$|$　　　　　　　　　　　　　　　　　　　　　　　　　　　　　　$\|$
　　　　　　　　　　　　　　　　　　　　　　　　　　　　　　OH　　　　　　　　　　　　　　　　　　　　　　　　　　　　　O

したがって，③ CH_3CHO

解答　(ア) ⑦　　(イ) ⑤　　(ウ) ③

171　光学異性体

次の化合物のうち，光学異性体のあるものをすべて選べ。

(ア) CH_3CH_2COOH　　(イ) $CH_3CH(OH)CH_2CH_3$　　(ウ) $CH_3CH(OH)COOH$
(エ) $CH_3CH=CHCOOH$　　(オ) $HOCH_2CH(OH)CH_2OH$　　(カ) $H_2NCH(CH_3)COOH$
(キ) $H_2NCH_2CH_2COOH$　　(ク) H_2NCH_2COOH

172　脂肪族化合物の性質

次の(1)～(4)に該当する物質を下の⑦～㋙からすべて選べ。ただし，同じ記号を繰り返し選んでもよい。

(1) ヨードホルム反応を呈する。　　(2) 還元性をもつ酸性物質である。
(3) 水に溶けにくいが，水酸化ナトリウム水溶液とともに加熱すると溶ける。
(4) カルボン酸とアルコールの縮合反応により生成する物質である。

㋐ $HCOOH$　　㋑ CH_3COOH　　㋒ CH_3CH_2COOH
㋓ CH_3COCH_3　　㋔ $C_2H_5OC_2H_5$　　㋕ CH_3CHO　　㋖ $HCHO$
㋗ $CH_3COOC_2H_5$　　㋘ CH_3OH　　㋙ $CH_3CH(OH)CH_3$

ヒント　171　不斉炭素原子を探す。
　　　　　172　(2) アルデヒド基とカルボキシ基を分子内にもつ化合物。

重要例題40　油脂のけん化

1種類の不飽和脂肪酸のみから構成される油脂（グリセリド）がある。この油脂8.84 gをけん化するのに1.68 gの水酸化カリウムを要した。次の問いに答えよ。ただし、原子量はH=1.0, C=12.0, O=16.0, K=39.0 とする。

(1) 不飽和脂肪酸をRCOOHとして、この油脂のけん化を化学反応式で示せ。ただし、油脂は示性式で示すこと。
(2) この油脂の分子量はいくらか。
(3) この油脂を構成している不飽和脂肪酸の分子量はいくらか。

考え方 (1) 油脂は3価アルコールのグリセリン1分子と高級脂肪酸3分子のエステルで、1 molの油脂をけん化するのに3 molのKOHを要する。

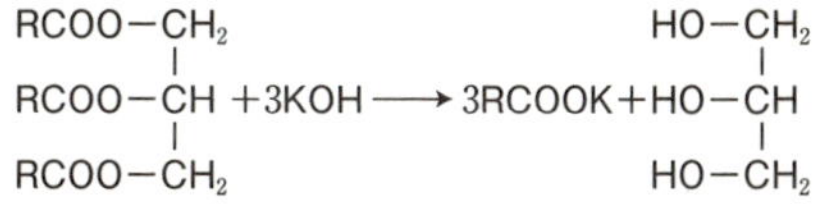

$$\begin{array}{l} RCOO-CH_2 \\ | \\ RCOO-CH \\ | \\ RCOO-CH_2 \end{array} + 3KOH \longrightarrow 3RCOOK + \begin{array}{l} HO-CH_2 \\ | \\ HO-CH \\ | \\ HO-CH_2 \end{array}$$

(2) 1 molの油脂（分子量をMとする）と3 molのKOH（式量56.0）が反応するので

$$\frac{8.84}{M} \times 3 = \frac{1.68}{56.0} \quad M = 884$$

(3) 油脂は脂肪酸3分子とグリセリン（分子量92.0）1分子から3分子の水が脱離して縮合したエステルなので、不飽和脂肪酸の分子量をXとすると

$$3X + 92.0 - 3 \times 18.0 = 884 \quad X = 282$$

解答 (1) 考え方(1)参照　(2) 884　(3) 282

173　油脂とセッケン

次の文の（　）に適する語句を書け。ただし、（ク）にはイオン式を書け。

油脂は3価のアルコールである（ア）と高級脂肪酸からできたエステルの混合物である。高級脂肪酸には、炭素－炭素間に不飽和結合を含む（イ）脂肪酸と含まない（ウ）脂肪酸とがある。油脂に水酸化ナトリウム水溶液を加えて加熱すると（エ）されて、高級脂肪酸のナトリウム塩である（オ）ができる。（オ）の水溶液は、（カ）性を示し、また、油を（キ）化して水中に分散させる。（オ）は、（ク）、Mg^{2+}などを含む（ケ）中では沈殿する。

174　油脂のけん化

1種類の高級脂肪酸からなる油脂8.90 gをけん化するのに1.68 gの水酸化カリウムを要した。この油脂と高級脂肪酸の分子量を求めよ。ただし、原子量はH=1.0, C=12.0, O=16.0, K=39.0 とする。

ヒント
173　油脂を水酸化ナトリウムでけん化すると、セッケンが得られる。
174　油脂の分子中には、3つのエステル結合がある。

応用問題

解答・解説は別冊 p.55

175 エタノール

エタノールに関して，次の問いに記号で答えよ。

(1) 次の文で誤っている記述はどれか。
  (ア) グルコースを発酵させるとエタノールが得られる。
  (イ) エタノールを濃硫酸の存在下で130℃で加熱するとジエチルエーテルが合成される。
  (ウ) エタノールはどんな割合にでも水と混ざりあう。
  (エ) エタノールは分子内に水酸化ナトリウムと同じ－OH基をもつため，その水溶液は塩基性を示す。
  (オ) 酢酸とエタノールとを反応させると脱水縮合して，酢酸エチルが得られる。これは溶剤として利用される。

(2) エタノールに硫酸酸性下で二クロム酸カリウムを反応させ，生成した化合物(P)を水に溶かした。この水溶液を試験管中のアンモニア性硝酸銀水溶液に加え，あたためると試験管の内壁に銀が析出し，鏡のようになるのが認められた。これに関し，次の問いに答えよ。
  (ア) この反応で銀が析出したことから，生成した化合物(P)は次のどの性質をもつことがわかるか。
    (a) 酸化力　(b) 還元力　(c) 酸性　(d) 塩基性　(e) 中性
  (イ) 生成した化合物(P)の示性式は次のうちのどれか。
    (a) HCHO　(b) HCOOH　(c) CH_3CHO
    (d) CH_3COOH　(e) $CH_3COOCH_2CH_3$

176 アルコールの酸化とエステル

次の文を読んで，(A)〜(E)に適する化合物名とその構造式を，また，(ア), (イ)に適する語句や数字を書け。

(静岡大)

プロパン分子中の水素原子が1つだけ水酸基で置換されたアルコールには(A)と(B)があり，(A)を二クロム酸カリウムの希硫酸溶液で酸化するとアルデヒドを経由して(C)を生じ，また，(B)を同様に酸化すると(D)を生じる。一般にアルコールは(ア)と反応してエステルを生じる。分子式 $C_3H_6O_2$ をもつエステルは(イ)種類存在するが，加水分解により得られる(ア)が銀鏡反応を示すようなエステルは(E)である。

ヒント　175 (2) 銀の析出は，銀イオンが還元されたことを意味する。
176 第一級アルコールが酸化されるとアルデヒドに，第二級アルコールが酸化されるとケトンになる。還元性のあるカルボン酸は何かを考える。

177 C₄H₁₀O の化合物

分子式 $C_4H_{10}O$ で表され，互いに異なる化合物A〜Gがある。次の(a)〜(h)の文を読んで，A〜Gの構造式を書け。
(岐阜大)

(a) A〜Cは金属ナトリウムと反応しない。

(b) Aはアルコール X と金属ナトリウムを反応させたあと，ヨウ化メチル（ヨードメタン）を反応させると得られる。なお，アルコール X を酸化するとケトンになる。

(c) Bはアルコール Y と濃硫酸を反応させると合成できる。なお，アルコール Y を酸化するとアルデヒドになる。

(d) Cはアルコール Z と金属ナトリウムを反応させたあと，ヨウ化メチル（ヨードメタン）を反応させると得られる。なお，アルコール Z を酸化するとアルデヒドになる。

(e) D〜Gは金属ナトリウムと反応し，気体を発生する。

(f) D〜Gのうち，Dが最も酸化されにくい。

(g) E，Fを酸化するとそれぞれアルデヒドになる。さらに酸化すると，Eは直鎖のカルボン酸になり，Fはその構造異性体であるカルボン酸になる。

(h) Gを酸化するとケトンになる。

178 分子式の推定・アルコールとエーテル

次の文を読んで，下の問いに答えよ。

3種類の有機化合物(A)，(B)，(C)がある。(A)は炭化水素であり，(B)と(C)は炭素，水素のほかに酸素1原子を含む。それぞれ完全に燃焼させると，いずれも二酸化炭素と水蒸気を，体積比2：3で生じた。なお，(B)は金属ナトリウムと反応して水素を発生する。

(C)は（　(ア)　）に濃硫酸を混ぜて加熱すると得られる。また，（　(イ)　）を水素ガスと混ぜ，熱した白金触媒の上を通すと(A)が生成する。

(1) 文中の（　）の(ア)，(イ)に化合物名を書け。

(2) 化合物(A)，(B)，(C)の示性式と名称を書け。

179 高級脂肪酸と油脂

ステアリン酸 $C_{17}H_{35}COOH$（分子量284），オレイン酸 $C_{17}H_{33}COOH$（分子量282），リノール酸 $C_{17}H_{31}COOH$（分子量280）からなる油脂がある。次の問いに答えよ。ただし，グリセリンの分子量は92とする。

(1) この油脂の分子量はいくらか。

(2) この油脂の分子中に含まれる炭素原子間の二重結合は何個か。

ヒント　177　(b), (d)　エーテルとヨウ化ナトリウムが生成する。
178　(A)の組成式を決める。次に組成式から可能な分子式を考える。
179　アルキル基の一般式は，$-C_nH_{2n+1}$

180　C₄H₈O の化合物

分子式が C₄H₈O で表される化合物には，さまざまな構造をもつ異性体が存在する。それらの異性体から(1)〜(7)の条件に合致するものを1つずつ選び，その構造式を書け。また，不斉炭素原子には，＊印をつけよ。
　　　（大阪府大　改）

(1)　ケトン
(2)　枝分かれ構造を含むアルデヒド
(3)　幾何異性体の存在する鎖式構造のエーテルのうち，トランス異性体
(4)　不斉炭素原子を1個もつアルコール
(5)　エーテル結合を含む環状構造(四員環)があり，不斉炭素原子を1個もつ化合物
(6)　環状構造を含むアルコールのうち，不斉炭素原子を2個もつ化合物
(7)　第三級アルコール

181　エステルの反応と推定

同一の分子式 C₆H₁₂O₂ で表されるエステル A，B，C がある。これらのエステルを加水分解すると，A からは 1-プロパノールとカルボン酸 D が得られ，B からは第二級アルコール E と酢酸が得られた。また，C からは不斉炭素原子をもつアルコール F と還元性のあるカルボン酸 G が得られ，F は酸化するとアルデヒドになった。次の問いに答えよ。
　　　（熊本大　改）

(1)　カルボン酸 D とエステル A の構造式を書け。
(2)　1-プロパノールと同一の分子式をもつ構造異性体を2つ，構造式を書け。
(3)　アルコール E とエステル B の構造式を書け。
(4)　カルボン酸 G とエステル C の構造式を書け。

182　油脂の構造

油脂 A 1.00 g を完全にけん化するのに水酸化ナトリウム 0.136 g が必要であった。また，油脂 A 100 g に付加するヨウ素は 85.8 g であった。次の問いに答えよ。ただし，原子量は H＝1.0，C＝12.0，O＝16.0，Na＝23.0，I＝127 とする。

(1)　油脂 A の分子量を求めよ。
(2)　油脂 A 1.00 g を水酸化ナトリウムで完全にけん化したとき，生成するセッケンは何 g か。
(3)　油脂 A 1分子中に存在する炭素－炭素間の二重結合は，平均でいくつか。ただし，油脂中に三重結合はないものとする。

ヒント　180　C₄H₈O は二重結合1個またはカルボニル基1個または環構造1個を含む。
　　　　　181　C₆H₁₂O₂＋H₂O ⟶ カルボン酸＋アルコール　からカルボン酸やアルコールの分子式を求める。
　　　　　182　(2)　次の質量保存の法則が成り立つ。油脂＋水酸化ナトリウム＝セッケン＋グリセリン

183 エステルの示性式

分子式 $C_mH_{2m-1}COOC_nH_{2n+1}$ で示される，不飽和カルボン酸のエステル 5.42 g をとり，1.00 mol/L の水酸化ナトリウム水溶液 50.0 mL で完全にけん化した。過剰の水酸化ナトリウムを 1.00 mol/L の硫酸で中和したところ 7.65 mL を要した。

さらに硫酸を加えて分離した不飽和カルボン酸 1.00 g をとり，臭素を完全に付加させたところ，質量が 2.60 g となった。

m および n の値を求めよ。ただし，原子量は H = 1.0，C = 12.0，O = 16.0，Br = 80.0 とする。

184 エステルの加水分解

分子式が $C_nH_{2n}O_2$ で表されるカルボン酸Bと，Bと炭素数が等しく，分子式が $C_nH_{2n+2}O$ で表されるアルコールCからなるエステルAがある。Cを酸化するとBが得られた。Bの異性体でカルボン酸であるものは，B以外にただ1つしか存在しない。このとき，次の問いに答えよ。　　　　　　　　　　　　　　（東大）

(1) n の値を求めよ。
(2) Bとその異性体に対応する2つのカルボン酸の構造式を書け。
(3) Aを加水分解してBとCにし，さらにBとCとを分け取る実験の手順を記せ。

185 ヒドロキシ酸のエステル

化合物A，B，C，Dは，いずれもヒドロキシ酸（水酸基をもつカルボン酸）とアルコールのエステルで，その分子式は $C_5H_{10}O_3$ である。化合物A～Dの性質は次の記述(a)～(c)に示されている。化合物A～Dの構造式を書け。　　　　　　　　　　　　　　（東京薬大）

(a) A，Bを加水分解して生じるアルコールは同一であり，このアルコールを酸化して生じるカルボン酸は銀鏡反応を示す。C，Dを加水分解して生じるアルコールは同一であり，このアルコールをおだやかに酸化して生じるアルデヒドはヨードホルム反応を示す。

(b) A，Cを酸化するとその水酸基が酸化され，$C_5H_8O_4$ の分子式をもつカルボン酸を生じる。Dを酸化するとその水酸基が酸化され，$C_5H_8O_3$ の分子式をもつケトンを生じる。Bは酸化されにくい。

(c) A，Dには光学異性体が存在するが，B，Cには光学異性体は存在しない。

ヒント　183　エステルの分子量を M として，M を求める。
184　(1) アルコールCは第一級アルコールで，Cも含めてその異性体が2個になる n を求める。
185　エステルA，Bのアルコールはメタノール，エステルC，Dのアルコールはエタノール。

第4章 芳香族化合物

1 芳香族炭化水素

❶ 芳香族炭化水素 (1) 構造 分子中に<u>ベンゼン環</u>㋐をもった炭化水素。
(2) 性質 付加反応より置換反応を起こしやすい。

❷ ベンゼン (1) 構造 <u>正六角形構造</u>㋑をとる。
(2) 置換反応 <u>ハロゲン化,ニトロ化,スルホン化</u>などが重要。㋒

❸ ベンゼン以外の芳香族炭化水素 (1) ベンゼンの二置換体には,<u>3種の位置異性体</u>㋓がある。
(2) 側鎖は,酸化剤で-COOH基に<u>酸化</u>㋔される。

2 フェノール類

❶ 性質 (1) 弱酸で,<u>塩基の水溶液に中和して溶ける。</u>㋕
(2) 酸無水物と反応して,<u>エステル</u>㋖をつくる。
(3) FeCl₃水溶液を加えると,呈色反応を示す。

❷ <u>フェノールの製法</u>㋗ クメン法

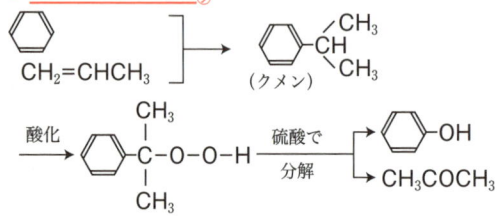

[クメン法反応式図]

3 芳香族カルボン酸

❶ 性質 弱酸で,塩基の水溶液に溶ける。
❷ フタル酸 o-C₆H₄(COOH)₂
加熱すると<u>無水フタル酸</u>㋘になる。⇨オルト位の証拠
❸ サリチル酸 o-C₆H₄(OH)COOH ㋙
フェノールとカルボン酸の両方の性質をもち,<u>2種類のエステル</u>㋚をつくる。

4 芳香族アミン

❶ アニリン C₆H₅NH₂ (1) 製法 ニトロベンゼンをスズ(鉄)と塩酸で<u>還元してつくる。</u>㋛
(2) 性質 弱塩基で,<u>酸の水溶液に溶ける。</u>㋜
(3) 酢酸(無水酢酸)と反応して,<u>アセトアニリド(アミド)になる。</u>㋝

❷ ジアゾニウム塩とアゾ化合物
氷で冷やしながら,アニリンに塩酸とNaNO₂を加えると,<u>ジアゾニウム塩</u>㋞を生じ,さらに,ナトリウムフェノキシドの水溶液を加えると,染料に使われる<u>アゾ化合物</u>㋟が生じる。

5 有機化合物の分離

混合物を,酸性・塩基性や,溶解度の違いを利用して,水層と油層に分離する。

これだけはおさえよう

㋐,㋑ ベンゼン環 ベンゼン環の炭素-炭素結合には,単結合と二重結合の区別はなく,どれも対等である。

㋒ [ハロゲン化・ニトロ化・スルホン化の反応図]

㋓ オルト(o-)キシレン / メタ(m-) / パラ(p-)

㋔ [側鎖酸化の反応図]
CH₃ / CH₂CH₃ →(O)→ COOH / COOH

㋕ C₆H₅OH + NaOH ⟶ C₆H₅ONa + H₂O

㋖ C₆H₅OH $\xrightarrow{(CH_3CO)_2O}$ C₆H₅OCOCH₃

㋗ ほかの製法
[濃H₂SO₄ → SO₃H → NaOH融解 290~340℃ → ONa → CO₂ → OH の流れ]
[Cl₂(Fe) → Cl → NaOHaq 加圧・加熱 → OH の流れ]

㋘ [フタル酸 → 無水フタル酸 + H₂O の反応図]

㋙ サリチル酸の構造 [OH, COOH構造]

㋚ [サリチル酸 →無水酢酸→ アセチルサリチル酸] / [サリチル酸 →メタノール→ サリチル酸メチル]

㋛ [NO₂ →3H/HCl→ NH₃⁺Cl⁻ →NaOH→ NH₂]

㋜ NH₂ + HCl ⟶ NH₃⁺Cl⁻ アニリン塩酸塩

㋝ NH₂ →(CH₃CO)₂O→ N-C-CH₃ (H,O) アミド結合

㋞ NH₂ →NaNO₂/HCl→ N⁺≡NCl⁻ (ジアゾ化) 塩化ベンゼンジアゾニウム

㋟ N⁺≡NCl⁻ + ONa → N=N-OH カップリング反応 / アゾ化合物

基本問題

解答・解説は別冊 p.59

重要例題41　トルエン

トルエンについての次の記述の中で，下線部a～gに誤りを含むものはどれか。

トルエンは<u>aC₆H₅CH₃</u>で表される炭化水素で，<u>b芳香族化合物の1つ</u>である。トルエンを構成している<u>c7個の炭素原子はすべて同一平面上にある</u>。ベンゼン環を構成する炭素原子間の結合は，<u>dエチレンにおける炭素原子間の結合より短い</u>。トルエンを過マンガン酸カリウムの酸性水溶液で酸化すると，<u>eフェノールが得られる</u>。また，トルエンはベンゼン環が安定なため，アルケンに比べ，<u>f付加反応は起こりにくい</u>。

トルエンの水素原子の1つをメチル基で置換した化合物には，<u>g3種類の異性体がある</u>。

考え方　a，b　トルエンは，C₆H₅CH₃で表されるベンゼン環をもつ芳香族化合物。正しい。　c　ベンゼン環の6個の炭素原子とそれに結合する6個の原子は，同一平面上に存在する。正しい。　d　単結合（エタン）＞ベンゼン中の結合＞二重結合（エチレン）＞三重結合（アセチレン）　誤り。　e　C₆H₅CH₃ ⟶ C₆H₅COOHのように，側鎖は酸化され，カルボキシ基になる。誤り。　f　ベンゼン環は付加反応より，置換反応が起こりやすい。正しい。
g　右のオルト，メタ，パラの二置換体と一置換体のエチルベンゼンの計4種類。誤り。

解答　d，e，g

186　ベンゼン

次のベンゼンに関する文のうち，正しいものをすべて選び，記号で答えよ。

(ア)　ベンゼンは二重結合を含むので，アルケンと同じように付加反応が容易に起こる。

(イ)　ベンゼンは飽和炭化水素なので，置換反応をするのみで付加反応はしない。

(ウ)　ベンゼンに鉄粉を触媒として臭素を反応させると，置換反応が起こる。

(エ)　ベンゼンは単結合と二重結合でベンゼン環をつくるので，正六角形ではない。

(オ)　ベンゼンは無色の液体で，水にほとんど溶けない物質である。

187　芳香族炭化水素

次の文中の〔　〕に適する語句を書け。

ベンゼン，トルエン，キシレンはいずれも芳香をもつので，〔　(ア)　〕炭化水素と呼ばれる。水に溶けにくい〔　(イ)　〕色の化合物で，いずれも引火性が強く，点火するとススの多い炎をあげて燃える。これらの炭化水素では，〔　(ウ)　〕結合を含んでいるにもかかわらず，アルケン，〔　(エ)　〕とは異なった性質をもち，一般に〔　(オ)　〕が起こりにくく，〔　(カ)　〕が起こりやすいのが大きな特徴である。

ヒント　186，187　ベンゼン環中の二重結合は，脂肪族の二重結合と性質が異なる。

重要例題42　ベンゼンの誘導体

次の図は，ベンゼンの誘導体の反応系統図の一部である。下の問いに答えよ。

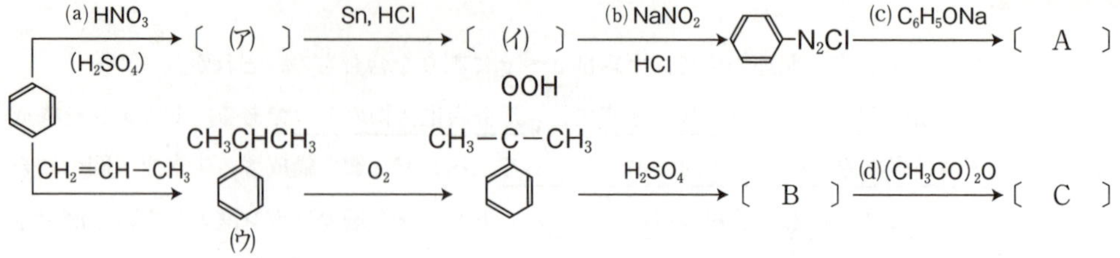

[反応系統図：ベンゼンから（a）HNO₃（H₂SO₄）で〔ア〕，Sn,HClで〔イ〕，（b）NaNO₂/HClでC₆H₅-N₂Cl，（c）C₆H₅ONaで〔A〕；ベンゼンからCH₂=CH-CH₃で〔ウ〕(CH₃CHCH₃-C₆H₅)，O₂でCH₃-C(OOH)-CH₃置換体，H₂SO₄で〔B〕，（d）(CH₃CO)₂Oで〔C〕]

(1) A～Cの化合物の構造式を書け。Bについては，化合物名も書け。
(2) (ア)～(ウ)に化合物名，(a)～(d)の反応名を書け。

考え方 ベンゼンに官能基を導入する反応は，ニトロ化，スルホン化，ハロゲン化が重要である。このうち，図の上段はニトロ化，図の下段はフェノールの工業的製法であるクメン法を示している。この種の問題では，反応試薬や触媒に注目するとよい。

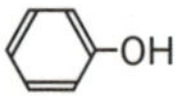

解答 (1) A：C₆H₅-N=N-C₆H₄-OH　B：C₆H₅-OH　フェノール　C：C₆H₅-O-CO-CH₃
(2) (ア) ニトロベンゼン　(イ) アニリン　(ウ) クメン
(a) ニトロ化　(b) ジアゾ化　(c) カップリング　(d) アセチル化（エステル化）

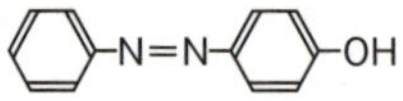

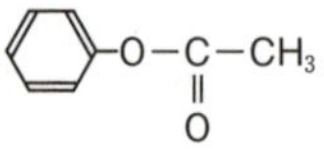

188　フェノールとアニリン

次の文の（ア）～（ケ）には適する語句を，（a）～（e）には化学式を書け。

(1) フェノールはベンゼンのH原子1個を（ア）基で置換した構造をもち，弱い（イ）としての性質をもつので，NaOH水溶液を加えると（ウ）をつくって溶ける。

　　　　（a）＋NaOH ⟶（b）＋H₂O

（b）の水溶液に二酸化炭素を通すと（エ）が遊離することから，フェノールは二酸化炭素より（オ）い酸であることがわかる。

フェノール類に（c）水溶液を加えると青紫～赤紫色に呈色する。

(2) ニトロベンゼンをスズと塩酸で（カ）すると，特異臭のある油状の（キ）ができる。（キ）は水には少ししか溶けないが，希塩酸にはよく溶ける。この理由は分子内の（ク）基が塩基性であるため，（ケ）塩と呼ばれる塩をつくって溶けることによる。

　　　　（d）＋HCl ⟶（e）

189　エタノールとフェノール

次の(ア)～(オ)の記述について，エタノールにだけ当てはまるものはA，フェノールにだけ当てはまるものはB，両者に共通するものはCに分類せよ。

(ア) ナトリウムと反応して水素を発生する。　(イ) 水酸化ナトリウムと反応して塩をつくる。
(ウ) エステルをつくる。　(エ) 塩化鉄(Ⅲ)水溶液で紫色になる。　(オ) 水によく溶ける。

ヒント　188　フェノールは酸，アニリンは塩基。
　　　　　189　アルコールは中性，フェノールは弱酸性。

190 置換反応

次の化合物のうち，ベンゼンから直接置換反応によって得られないものはどれか。

(ア) ⌬-NO₂　(イ) ⌬-OH　(ウ) ⌬-Cl　(エ) ⌬-NH₂　(オ) ⌬-SO₃H

191 ジアゾ化とアゾ化合物

次の化学反応はアゾ化合物を合成する経路を示したものである。〔 〕に入る物質の化学式と名称を書け。

⌬ + 〔 (ア) 〕 ⟶ ⌬-NO₂ $\xrightarrow{6(H)}$ 〔 (イ) 〕

〔 (イ) 〕 + NaNO₂ + 2HCl $\xrightarrow{0〜5℃}$ 〔 (ウ) 〕 + NaCl + 2H₂O

〔 (ウ) 〕 + ⌬-ONa ⟶ 〔 (エ) 〕 + NaCl

重要例題43　芳香族化合物の分離

トルエン，フェノール，安息香酸，アニリンの混合物のエーテル溶液がある。

分液漏斗を用いて，図のように分離した。A〜Dの化合物の化合物名を書け。

考え方　有機化合物は，塩の状態（⌬-ONa など）では水層に，分子の状態（⌬-OH など）ではエーテル層に溶けることを基本に考える。

解答　A：アニリン　　B：安息香酸
　　　　C：フェノール　D：トルエン

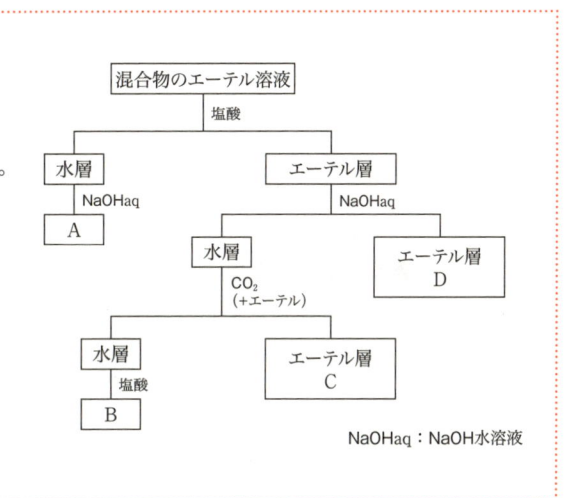

（図：混合物のエーテル溶液→塩酸→水層A（NaOHaq）／エーテル層→NaOHaq→水層（CO₂＋エーテル）／エーテル層D→水層B（塩酸）／エーテル層C　NaOHaq：NaOH水溶液）

---

192 芳香族化合物の分離①

トルエン，フェノール，アニリンの混合物のエーテル溶液がある。

塩酸と水酸化ナトリウム水溶液で，各成分に分離するために，図に示す操作を行った。A〜Dの化合物名または試薬名を書け。

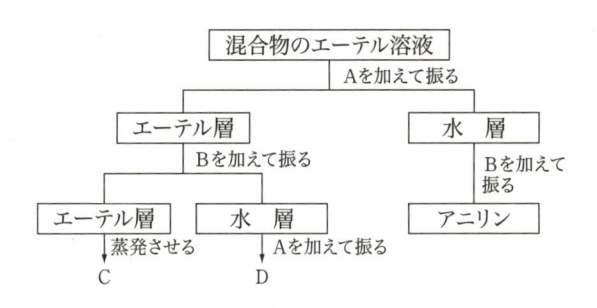

（図：混合物のエーテル溶液→Aを加えて振る→エーテル層／水層→Bを加えて振る→アニリン／エーテル層→Bを加えて振る→エーテル層（蒸発させる）C／水層（Aを加えて振る）D）

ヒント
190　ベンゼンの主な置換反応には，ニトロ化，ハロゲン化，スルホン化がある。
191　ジアゾニウム塩からアゾ化合物を生じる反応をカップリングという。
192　図の右側に注目。アニリンは何を加えると水層に移るかを思い出そう。

応用問題

解答・解説は別冊 p.60

193 ベンゼンの構造

ベンゼン環中の二重結合が，アルケンの二重結合とまったく同じと仮定して（これは正しくない），次のように予想をした。この仮定のもとで妥当なものはどれか。1つまたは2つ選べ。　　　　　　　　　（東京工大）

(ア) 二重結合は単結合よりも短いので，ベンゼン環の構造は正六角形ではない。
(イ) ベンゼンに臭素を付加させるには，加熱と触媒が必要である。
(ウ) 2種の o-ジブロモベンゼンが存在する。
(エ) 硫酸を触媒にしてベンゼンに水1分子を付加させると，フェノールが生成する。

194 フェノールの誘導体

次の文の(a)～(e)に適する物質の化合物名とその構造式を書け。

(1) ベンゼンに濃硫酸を加えて熱すると，(a)になる。
(2) (a)のナトリウム塩を水酸化ナトリウムでアルカリ融解すると，(b)のナトリウム塩になる。
(3) (b)のナトリウム塩を CO_2 の加圧下で加熱すると，(c)のナトリウム塩になる。
(4) (c)に無水酢酸を作用させると，解熱鎮痛剤として用いられる(d)になる。
(5) (c)にメタノールと少量の濃硫酸を加えて加熱すると，(e)が得られる。

195 芳香族化合物の反応

次の反応によって生成する芳香族化合物(ア)～(ケ)の構造式を書け。

(1) アニリンを塩酸に溶解させて低温で亜硝酸ナトリウムを作用させてジアゾ化すると(ア)の溶液となる。
(2) アニリンをジアゾ化し，ナトリウムフェノキシドと反応させると(イ)が生成する。
(3) トルエンを過マンガン酸カリウムと煮沸すると酸化されて(ウ)が生成する。
(4) m-クレゾールに無水酢酸を作用させると(エ)が生成する。
(5) ベンゼンにプロペンを触媒を用いて反応させるとクメン(オ)ができる。クメンを酸化してクメンヒドロペルオキシドとし，これを硫酸で分解すると，芳香族化合物の(カ)と脂肪族化合物(キ)ができる。
(6) フェノール水溶液に臭素水を加えると，白色沈殿(ク)が生成する。
(7) ナフタレンを適当な触媒の存在下，高温で空気中の酸素で酸化すると(ケ)が生成する。

ヒント　193　この仮定のもとでは，単結合と二重結合は結合の長さが異なる。
　　　　　194　(3)はカルボキシ基をベンゼン環に導入する方法である。
　　　　　195　(5)はクメン法。(キ)はクメン法の副生成物。

196 芳香族化合物の反応と構造

次の文を読んで，下の問いに答えよ。

次の分子式をもつ5つの化合物(A)，(B)，(C)，(D)，(E)がある。

(A) C_7H_8O　(B) $C_7H_6O_3$　(C) C_7H_9N　(D) $C_8H_6O_4$　(E) C_8H_{10}

いずれも2つの置換基が互いにオルトの位置にあるベンゼンの誘導体である。

(ア) 化合物(A)，(B)は金属ナトリウムと反応して水素を発生し，また塩化鉄(Ⅲ)水溶液で呈色反応を示す。

(イ) 化合物(A)，(B)，(C)のエーテル溶液がある。(A)，(B)，(C)を分離するために，まず水酸化ナトリウム水溶液を加えてよく振り，エーテル層と水層に分けた。エーテル層から(C)を回収した。水層に二酸化炭素を十分に通じたのち，エーテルを加えて振り混ぜて水層とエーテル層に分け，エーテル層から(A)を回収した。

(ウ) 化合物(E)やナフタレンを触媒の存在下で酸化すると化合物(D)の無水物が生じる。これに熱水を加えると(D)が生成する。

(1) 化合物(A)，(B)，(C)，(D)，(E)の構造式と名称を書け。
(2) 下線部の操作で(A)が遊離する変化を化学反応式で示せ。

197 芳香族化合物の分離②

下の(a)～(d)に示した化合物を含むエーテル溶液がある。これらの化合物を分離するために次の(1)～(4)の操作を行った。(1)～(4)の各段階で抽出分離された化合物A～Dを，(a)～(d)から選べ。

(立命館大)

(1) うすい炭酸水素ナトリウム水溶液で抽出し，水層を中和し，化合物Aを分離した。
(2) 残りのエーテル層をうすい水酸化ナトリウム水溶液で抽出し，水層を中和し，化合物Bを分離した。
(3) A，Bを取り除いたエーテル層をうすい塩酸で抽出し，水層を中和して，化合物Cを分離した。
(4) 最後に残ったエーテル層からエーテルを追い出すと，化合物Dが得られた。

　　(a) アセチルサリチル酸　　(b) アセトアニリド　　(c) アニリン　　(d) サリチル酸メチル

198 C_7H_8O の化合物①

次の文中の（ ア ）に適する数値を入れ，さらにAの構造式を書け。

(明治薬大)

分子式 C_7H_8O で示される芳香族化合物には（ ア ）種の異性体が存在する。その中で，水酸化ナトリウム水溶液やナトリウムと反応しない化合物はAである。

ヒント
196 (A)と(B)は，ともに酸であるが，強さが違う。－COOH＞炭酸（CO_2+H_2O）＞－OH（フェノール類）
197 何が酸性物質，中性物質，塩基性物質かに注目する。
198 ベンゼンの一置換体と二置換体を考える。

199　C_7H_8O の化合物②

次の文を読んで，下の問いに答えよ。　　　　　　　　　　　　　　　　　　　　（北大）

化合物XはC_7H_8Oの分子式をもち，過マンガン酸カリウムで酸化すると，安息香酸となる。この化合物Xとアニリンおよび安息香酸の3種を含むエーテル溶液を，分液漏斗中で炭酸ナトリウム水溶液と振り混ぜ，静置したのち，エーテル層Ⅰと水層Ⅰに分離する。次にエーテル層Ⅰを希塩酸と振り混ぜ，静置したのち，エーテル層Ⅱと水層Ⅱに分離する。

(1) 水層Ⅰに含まれる有機化合物の状態を構造式で書け。
(2) 水層Ⅱに含まれる有機化合物の状態を構造式で書け。
(3) 水層Ⅱを水酸化ナトリウム水溶液で塩基性にすると，油状物質が分離する。この物質を無水酢酸と反応させると得られる，結晶性の化合物の構造式を書け。
(4) エーテル層Ⅱから，蒸留によりエーテルを除くと残る，有機化合物の構造式を書け。

200　$C_8H_{10}O$ の化合物

次の文中のA〜Hの化合物の構造式を例にならって書け。　〔例〕⌬—OCH_3　　　　（岐阜薬大）

分子式が$C_8H_{10}O$で表される化合物A，B，C，Dがある。AおよびBはベンゼンの一置換体であるが，CおよびDはベンゼンのパラ置換体である。A，B，C，Dはいずれも金属ナトリウムと反応して水素を発生する。Cは水酸化ナトリウム水溶液に溶けるが，A，B，Dは溶けない。Bは，ヨウ素と水酸化ナトリウム水溶液を加えて温めると，黄色の沈殿Eを生成するが，A，C，Dは沈殿しない。AおよびBは適当な条件下に分子内で脱水させると，同一の化合物Fを与える。

Fは，金属ニッケルを触媒として，温和な条件下で水素を反応させると，等物質量の水素が消費され，化合物Gを生成する。また，Fは，等物質量の臭素を反応させると，化合物Hを生成する。

201　$C_8H_8O_2$ の化合物

化合物A，Bはいずれも分子式$C_8H_8O_2$で示される芳香族化合物である。Aは銀鏡反応を示し，Bは，炭酸水素ナトリウム水溶液を加えると気体を発生しながら溶解する。AおよびBをそれぞれ過マンガン酸カリウムで酸化すると，いずれからも同じ構造のジカルボン酸を生じる。このジカルボン酸を加熱すると，分子式が$C_8H_4O_3$の酸無水物を生じる。AおよびBの構造式を書け。

ヒント
199　Xは安息香酸になるので，一置換体でアルコール。
200　Cのみ酸性物質。
201　芳香族ジカルボン酸で，加熱すると酸無水物になるのは何か。

202　分子式 $C_{11}H_{14}O_2$ のエステル

同一の分子式 $C_{11}H_{14}O_2$ をもつ構造異性体A，Bに関する次の文を読んで，文中の化合物A，Bの構造式を書け。
(昭和薬大　改)

AおよびBは水酸化ナトリウム水溶液と加熱すると，各々反応して溶解する。その結果，Aからは安息香酸のナトリウム塩とアルコールCが得られ，Bからは芳香族カルボン酸Dのナトリウム塩とアルコールEが得られる。Aから得られるアルコールCにヨウ素と水酸化ナトリウム水溶液を少量加えて温めると，特有の臭気をもつ黄色い結晶Fが生じる。Bから得られる芳香族カルボン酸DとアルコールEのうち，Dは過マンガン酸カリウムで酸化したあと，酸性にして加熱すると，容易に水を失って酸無水物Gとなる。一方，アルコールEは硫酸酸性の二クロム酸カリウム水溶液で酸化すると，酸性も銀鏡反応も示さない化合物Hとなる。

203　分子式 $C_{21}H_{17}NO_4$ のアミドとエステル

$C_{21}H_{17}NO_4$ の分子式をもつ化合物Aは，その構造中に1つのアミド結合および1つのエステル結合を有している。化合物Aを加水分解すると，不斉炭素をもつ化合物Bおよび不斉炭素をもたない化合物C，Dが得られた。これら3種の化合物B，C，Dは，いずれもベンゼン環を有していた。下の問いに答えよ。ただし，原子量はH＝1.0，C＝12.0，N＝14.0，O＝16.0とする。
(慶大)

(i) 化合物Bの30.4 mgを完全燃焼させたところ，二酸化炭素70.4 mg，水14.4 mgを生じた。

(ii) 化合物BおよびDに炭酸水素ナトリウムを反応させると，それぞれ二酸化炭素を発生しながら水によく溶ける化合物を生成した。

(iii) 化合物Cの分子式は，調べた結果 C_6H_7N であった。化合物Cを無水酢酸と反応させると，アミド結合を有する化合物Eが生成した。

(iv) 化合物Dに水を加えてよく振り，そこへ塩化鉄(Ⅲ)の水溶液を加えると，赤紫色を呈した。

(1) 化合物Bの構造式を書け。
(2) 化合物Eの構造式を書け。
(3) 化合物Dの可能なすべての異性体の構造式を書け。

ヒント　202　Eは第二級アルコールで，炭素数は最小で3。
　　　　203　Bの分子式を決め，Dの分子式を決める。

実戦問題⑥

1 次の文中の（ ア ）には適する数値，（ イ ）には語句，（ a ）〜（ c ）には分子式，（ d ）〜（ f ）には示性式を書け。　**(16点)**

　鎖式飽和炭化水素はアルカンと総称され，鎖式不飽和炭化水素にはアルケン，アルキンがある。それぞれの一般式は（ a ），（ b ），（ c ）で表される。分子式 C_4H_{10} のアルカンには，（ ア ）種類の異性体がある。また，分子式 C_4H_8 のアルケンには，3種類の構造異性体（ d ），（ e ），（ f ）がある。このうち(d)は，枝分かれ構造であり，(e)には，（ イ ）異性体と呼ばれる立体異性体がある。

2 炭素，水素，酸素からなる化合物Aを9.0mgとり，完全に燃焼させたところ，二酸化炭素19.8mgと水10.8mgが生じた。化合物Aの分子量が60であるとき，この化合物Aの組成式，分子式を書け。ただし，原子量はH＝1.0，C＝12，O＝16とする。　**(10点)**

3 次の文を読んで，下の問いに答えよ。　**(9点)**

　分子式 $C_4H_8O_2$ で表される化合物Aは水酸化ナトリウム水溶液と加熱すると，脂肪酸Bのナトリウム塩とアルコールCが得られる。Bは銀鏡反応を示し，Cはヨードホルム反応を示す。また，油脂の分子中にはAに含まれる部分構造が存在する。油脂を水酸化ナトリウム水溶液と加熱すると，<u>高級脂肪酸のナトリウム塩</u>とアルコールDが得られる。

(1) 文中のA〜Dの構造式を書け。
(2) 下線部は何と呼ばれるか。

4 芳香族化合物に関する次の図の①〜⑦には，反応名を下の解答群(ア)〜(ス)から選び，記号で答えよ。また，A〜Mの□には構造式を書け。　**(20点)**

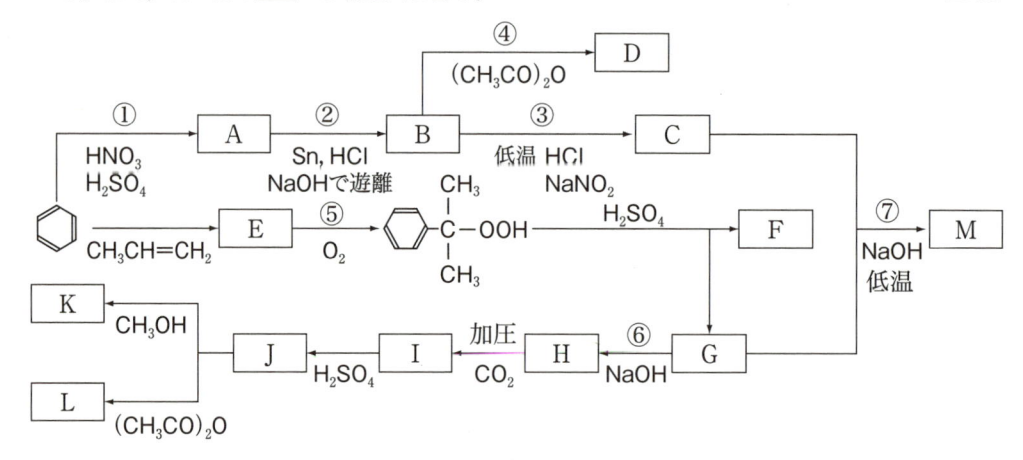

〔解答群〕　(ア) 脱水　(イ) けん化　(ウ) アルカリ融解　(エ) 付加　(オ) 酸化
　　　　　(カ) 還元　(キ) ハロゲン化　(ク) ニトロ化　(ケ) スルホン化
　　　　　(コ) ジアゾ化　(サ) カップリング　(シ) アセチル化　(ス) 中和

5 分子式 C_7H_8O で表される芳香族化合物のうち，次に示す性質をもつものの構造式をすべて書け。
(12点)

(1) 塩化鉄(III)水溶液を加えると呈色反応する。
(2) 金属ナトリウムと反応して水素を発生するが，水酸化ナトリウム水溶液には溶けない。
(3) 金属ナトリウムとも水酸化ナトリウム水溶液とも反応しない。

6 ベンゼン，アニリン，フェノール，安息香酸のエーテル混合溶液がある。これら4種類の有機化合物を分離するため，分液漏斗を用いて図の操作を行った。次の問いに答えよ。
(14点)

(1) 操作a～cに相当するものを次の(ア)～(エ)から選び，記号で答えよ。
　(ア) 希水酸化ナトリウム水溶液を十分に加え混ぜる。
　(イ) 二酸化炭素を十分に吹きこみ振り混ぜる。
　(ウ) 二酸化炭素を十分に吹きこんでから，エーテルを加え振り混ぜる。
　(エ) 希塩酸を十分に加え振り混ぜる。
(2) 水層A，C，およびエーテル層B，Cに含まれる化合物の構造式を書け。

7 次の文①～⑥を読んで，下の問いに答えよ。
(19点)

① 有機化合物A，B，C，D，Eは，同じ分子式 $C_4H_{10}O$ で表される。この中で化合物Aは，エタノールを濃硫酸と混ぜて加熱(約130℃)することにより得られる。
② 化合物A，D，Eは，硫酸酸性の二クロム酸ナトリウム水溶液を加えても酸化されないが，化合物Bは酸化されて化合物Fを与える。
③ 化合物B，C，Dを金属ナトリウムと反応させると(ア)気体を発生する。
④ 枝分かれした炭素鎖をもつ化合物Cをおだやかに酸化すると，フェーリング液を還元する化合物Gが得られ，さらに強く酸化すると弱酸性化合物Hになる。
⑤ 化合物Eはイソプロピル基 $(CH_3)_2CH-$ をもつ。
⑥ 化合物Fに水酸化ナトリウム水溶液とヨウ素を加えて温めると，特有な臭いのする比重の大きい化合物Iが黄色固体として得られる。

(1) 化合物C，E，Iの構造式を書け。
(2) 化合物A～Eのうち，光学異性体が存在するものはどれか。記号で答えよ。
(3) 化合物A，G，Hに含まれる官能基をもつ化合物の一般名をそれぞれ書け。
(4) 下線(ア)で発生した気体は何か。分子式で書け。

探究活動 対策問題

1 化合物A, B, Cは, エチルメチルケトン $C_2H_5COCH_3$, エタノール C_2H_5OH, メタノール CH_3OH のいずれかである。化合物A, B, Cが何であるかを決定する次の実験について, 下の問いに答えよ。

実験

① 化合物A, B, Cを約5 mLずつ乾燥した試験管にとり, それぞれの試験管に米粒大の金属ナトリウムを入れて, 様子を観察する。

② 3本の試験管にヨウ素ヨウ化カリウム溶液を約3 mLずつとり, A, B, Cを数滴加える。

さらに, これらの試験管に, 褐色がちょうど消えるまで2 mol/L水酸化ナトリウム水溶液を1滴ずつ加える。次に, これらの試験管を約60℃の温水に入れて温め, 変化を観察する。

注意 エチルメチルケトン, エタノール, メタノールは, 十分に精製して, 水分を除いたものを使用する。

結果

①
変化	A	B	C
	気泡発生	気泡発生	変化なし

AとBでは, Aのほうが激しく気泡を発生した。

② BとCは, 特有な臭いの黄色沈殿を生じたが, Aは, 変化は見られなかった。

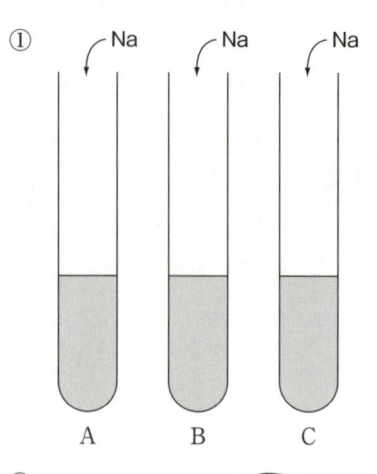

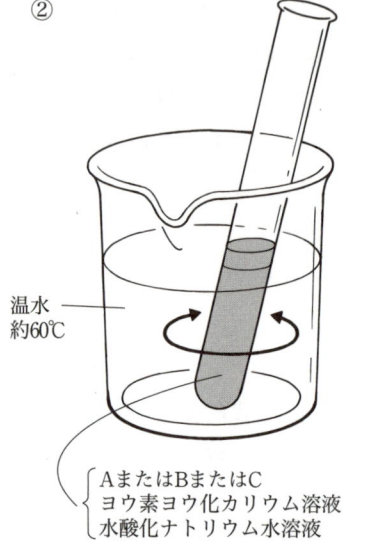

問題

(1) ①の結果から, どのようなことがわかるか。

答

(2) ②は, ヨードホルム反応と呼ばれるが, ヨードホルム反応が陽性の物質には, どのような構造が含まれるか。

答

(3) 金属ナトリウムとA, Bの反応を化学反応式で示せ。

答

(4) A, B, Cは, それぞれ何か。

答

2 エステルの生成およびエステルのけん化に関する実験について、下の問いに答えよ。

実験

① 乾燥した試験管に、氷酢酸とエタノールを約2 mLずつとって混ぜたあと、濃硫酸を数滴加えてよく振り混ぜる。
　この試験管を70〜80℃の熱水に浸して、約10分ほど温める。ときどき臭いをかぐ。

② 試験管を冷却後、蒸留水約4 mLを加え、よく振り混ぜ、静置する。このときのようすを観察する。

③ ②の試験管の上層に分離した液体を、別の試験管にとり、2 mol/L 水酸化ナトリウム水溶液約4 mLを加えて、よく振り混ぜながら、70〜80℃の熱水に浸し、5〜10分間温める。このとき、溶液のようすを観察し、臭いをかぐ。

結果▶
① 酢酸臭が徐々になくなり、代わりに芳香がするようになる。
② 二層に分離し、上層には油状の液体が観察された。
③ 溶液は均一になり、芳香が消えた。

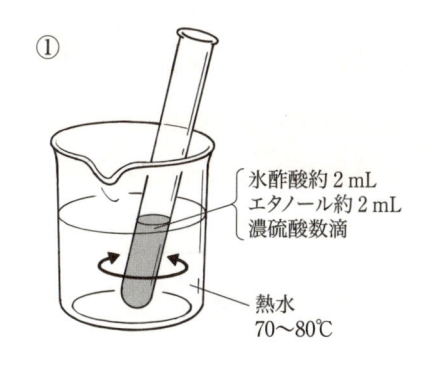

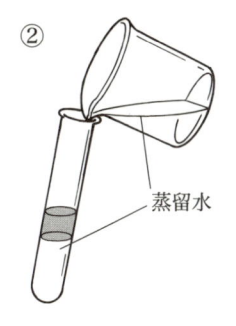

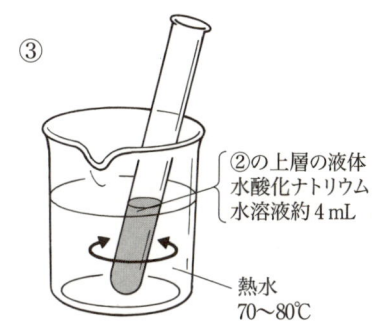

問題

(1) ①の結果を説明せよ。また、この変化を化学反応式で示せ。

答

(2) ①の濃硫酸は、どんな役割をしているか。

答

(3) ②で、溶液が二層に分離したのはなぜか。

答

(4) ③で、溶液が均一になり、芳香が消えたのはなぜか。

答

(5) ③での変化を化学反応式で示せ。

答

第5部　高分子化合物

第1章　天然高分子化合物

これだけはおさえよう

1 高分子化合物㋐
分子量が約1万以上の化合物の総称。天然高分子化合物と合成高分子化合物などに分類㋑できる。もとになる物質を単量体(モノマー)、できる高分子を重合体(ポリマー)、繰り返しの数を重合度という。

2 糖類㋒
① 単糖 $C_6H_{12}O_6$㋓　これ以上加水分解できない、最も簡単な糖類。
(1) グルコース(ブドウ糖)　水溶液中で α-グルコース、β-グルコース、およびアルデヒド基をもつ鎖状構造の3種類の構造が平衡状態になっている。
(2) フルクトース(果糖)　果実中などに存在し、最も甘みが強い。

② 二糖 $C_{12}H_{22}O_{11}$㋔　単糖2分子が脱水縮合した糖類。マルトース(麦芽糖)、セロビオース、スクロース(ショ糖)、ラクトース(乳糖)などがある。

③ 多糖 $(C_6H_{10}O_5)_n$㋕　多数の単糖が脱水縮合してできた糖類。α-グルコースからなるデンプンやグリコーゲン、β-グルコースからなるセルロース㋖などがある。

3 アミノ酸とタンパク質
(1) α-アミノ酸㋗　同一の炭素原子に、アミノ基とカルボキシ基が結合した化合物で $RCH(NH_2)COOH$ で表され、Rは約20種類ある。結晶中では双性イオンとして存在する。
(2) タンパク質　多数の α-アミノ酸がペプチド結合によってつながったポリペプチドで、一次構造〜四次構造まであり、非常に複雑な構造をもつ。

4 酵素
触媒作用のあるタンパク質で、活性部位に基質が結合㋘してはたらくので、基質特異性がある。最適温度や最適pHがそれぞれにある。

5 核酸
(1) ヌクレオチド　核酸の構成単位で、炭素数5の糖に塩基とリン酸が結合した構造をしている。
(2) DNAとRNA㋙　いずれもポリヌクレオチドで、DNAは核、RNAは細胞質におもに存在する。

㋐ 単に高分子と呼ぶこともある。

㋑ ほかに有機高分子化合物と無機高分子化合物などにも分類できる。

㋒ 多数の -OH 基をもち、一般式 $C_m(H_2O)_n$ で表される化合物。
㋓ 単糖類とも呼ぶ。ほかにガラクトースなどがあり、どの単糖も水溶液にすると還元性をもつ。

㋔ 二糖類とも呼ぶ。多くは還元性をもつが、スクロースは還元性をもたない。

㋕ 多糖類とも呼ぶ。還元性はもたない。n個の単糖の間から $(n-1)$個の水分子が取れてできるが、nが非常に大きいので、nと$n-1$を同じと見なし、分子式は $(C_6H_{10}O_5)_n$ となる。
㋖ 再生繊維(ビスコースレーヨンや銅アンモニアレーヨン)や半合成繊維(アセテート)の原料となる。
㋗ α-アミノ酸は、RがHのグリシン以外はすべて不斉炭素原子をもち、光学異性体が存在する。

㋘ 形によって繊維状タンパク質や球状タンパク質、成分によって単純タンパク質や複合タンパク質などに分類できる。検出反応はビウレット反応やキサントプロテイン反応などがある。

㋙ 酵素の活性部位に基質が結合したものを酵素基質複合体という。

㋚ DNAの情報をもとに、RNAが合成され、この情報をもとにタンパク質が合成される。RNAにはさまざまな種類がある。

基本問題

重要例題44 高分子化合物

高分子化合物に関する次の記述(1)〜(5)について，正しいものには○，誤っているものには×を記せ。

(1) 小さな分子が多数重合した構造をしている。
(2) 分子量が大きく，1万以上である。
(3) 単量体から合成すると，同じ重合度の高分子化合物が得られる。
(4) 一定の融点，沸点をもつ。
(5) 液体に溶けない物質が多いが，液体中に分散したときはコロイド溶液になる。

考え方 高分子化合物の特徴を確認する。
(1) この小さな分子を単量体（モノマー）という。
(3), (4) 重合度は一定ではなく，さまざまな重合度の分子の混合物になる。その結果，一定の融点や沸点は示さず，加熱すると徐々に軟化したり分解する。
(5) 高分子化合物を溶かせる溶媒は少ないが，液体中に分散するとコロイド溶液になる。

解答 (1) ○ (2) ○ (3) × (4) × (5) ○

---

204 単糖，二糖，多糖

次の文を読んで，下の問いに答えよ。

おもに糖類は，それ以上小さな化合物に加水分解できない（ア），2つの（ア）が脱水（イ）した二糖，多数の（ア）が脱水（イ）して連なった多糖に分類される。例えば，スクロース・ラクトース・マルトースは二糖であり，デンプン・グリコーゲン・セルロースは多糖である。

砂糖として知られるスクロースは，インベルターゼという酵素を用いて完全に加水分解すると，（ウ）と（エ）の等量混合物になる。この等量混合物を（オ）と呼ぶ。スクロース水溶液はフェーリング液と反応しないが，（オ）はフェーリング液と反応して酸化銅（I）の（カ）色沈殿を生じる。

(1) 文中の（ア）〜（カ）に適する語句を書け。
(2) ラクトースおよびマルトースを構成する（ア）の名称を，それぞれ2つずつ書け。

205 糖の構造

α-グルコース，マルトース，スクロースの構造式を，次の(ア)〜(キ)から選び，記号で答えよ。

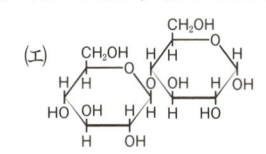

ヒント 204 有機化学では，フェーリング液の還元は銀鏡反応と同じく，還元性をもつアルデヒド基の検出反応である。

重要例題45　アミノ酸

次の文中の空欄ア〜キに適する語句を書け。

タンパク質の構成成分である α-アミノ酸の一般式は $RCH(NH_2)COOH$ で表され，R は側鎖と呼ばれる。また，分子内に酸性を示す（　ア　）基と塩基性を示す（　イ　）基をもち，結晶中で陰イオンの部分と陽イオンの部分の両方をもつ（　ウ　）となっているので，有機化合物でありながら比較的高い融点をもち，水に溶けやすい。

タンパク質を構成するアミノ酸は，全部で約20種類存在する。これらのうち，ヒトが自ら合成できず，食物から摂取する必要があるいくつかのアミノ酸を（　エ　）と呼ぶ。アミノ酸のうち，最も単純な構造をもつアミノ酸は（　オ　）である。(オ)以外のアミノ酸は，（　カ　）原子をもつので，（　キ　）が存在する。一般に(キ)には，L 型と D 型の2種類の構造が考えられるが，天然に存在するアミノ酸は，ほとんどが L 型である。

考え方 アミノ酸の性質を確認する。　(オ) R の部分が水素原子のアミノ酸である。

解答 ア　カルボキシ　イ　アミノ　ウ　双性イオン　エ　必須アミノ酸　オ　グリシン
　　　　カ　不斉炭素　キ　光学異性体

206　アミノ酸①

α-アミノ酸 $RCH(NH_2)COOH$ に関する次の記述(ア)〜(カ)について，正しいものには○，誤っているものには×を記せ。

(ア) 体内で合成できず，食物からの摂取が必要な α-アミノ酸を必須アミノ酸という。

(イ) 結晶中では双性イオンとして存在する。

(ウ) 有機化合物なので，水に溶けにくい。

(エ) R の中に $-OH$ を含むものを塩基性アミノ酸という。

(オ) すべてのアミノ酸に不斉炭素原子が存在する。

(カ) ジペプチドは，分子内にペプチド結合を2つもつ。

207　アミノ酸②

次の(ア)〜(カ)の α-アミノ酸について，下の問いに答えよ。

(ア) $H_2N-(CH_2)_4-CH-COOH$
　　　　　　　　　　　　$|$
　　　　　　　　　　　NH_2

(イ) $H-CH-COOH$
　　　　　$|$
　　　　NH_2

(ウ) $HS-CH_2-CH-COOH$
　　　　　　　　　　$|$
　　　　　　　　　NH_2

(エ) $CH_3-CH-COOH$
　　　　　　　$|$
　　　　　　NH_2

(オ) $HOOC-(CH_2)_2-CH-COOH$
　　　　　　　　　　　　　$|$
　　　　　　　　　　　　NH_2

(カ) 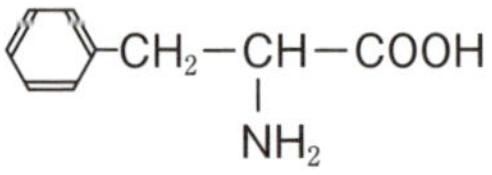 ⟨benzene⟩$-CH_2-CH-COOH$
　　　　　　　　　　　　　$|$
　　　　　　　　　　　　NH_2

(1) (イ), (エ)の名称を書け。

(2) 酸性アミノ酸および塩基性アミノ酸を，上の(ア)〜(カ)からそれぞれ1つずつ選び，記号で答えよ。

(3) (イ)を水に溶かし，pH を等電点の 6.0 にしたときの構造式を書け。

ヒント
206　(ア) この必須アミノ酸をもとに，ほかのアミノ酸を合成する。
　　　(カ) ジペプチドは2個のアミノ酸からなるペプチド。
207　(3) 等電点とは，アミノ酸の平衡混合物の電荷の合計が 0 になる pH のことで，アミノ酸によって異なる。

> 重要例題46　タンパク質と酵素

次の文中の空欄ア～シに適する語句または物質名を書け。

　タンパク質は，多数のα-アミノ酸が，カルボキシ基とアミノ基で（　ア　）結合をつくって縮合重合した（　イ　）の骨格をもっており，非常に複雑な構造をしている。タンパク質を熱すると凝固し，もとに戻らなくなる。これを（　ウ　）といい，ほかに酸や塩基を加えることによっても起こる。タンパク質の呈色反応はさまざまなものがあり，水酸化ナトリウム水溶液と硫酸銅(Ⅱ)水溶液を加えると（　エ　）色になる（　オ　）反応や，（　カ　）を加えて加熱すると黄色になる（　キ　）反応などがある。生物の体内で反応する，タンパク質が主成分の触媒を（　ク　）といい，これは特定の物質の，特定の反応のみにはたらく。例えば，唾液などに含まれる（　ケ　）はデンプンを加水分解して最終的にはマルトースにし，胃液に含まれる（　コ　）は酸性でよくはたらき，（　サ　）を加水分解してアミノ酸にする。ほかにも脂肪を分解する（　シ　）などがある。

> 考え方
> ア　一般的にはアミド結合というが，アミノ酸どうしによるアミド結合の名称を答える。
> ウ　ほかに重金属イオンなどによっても起こる。
> オ，キ　ほかにも赤紫～青紫色になるニンヒドリン反応や，黒色の硫化鉛が生じる硫黄反応がある。
> ク　主成分がタンパク質なので，複雑な構造をしており，基質特異性や最適温度，最適pHなどがあることも確認しておくこと。

> 解答
> ア　ペプチド　　イ　ポリペプチド　　ウ　（熱）変性　　エ　赤紫　　オ　ビウレット
> カ　濃硝酸　　キ　キサントプロテイン　　ク　酵素　　ケ　アミラーゼ　　コ　ペプシン
> サ　タンパク質　　シ　リパーゼ

208　タンパク質

タンパク質に関する次の記述(ア)～(カ)のうち，誤っているものを3つ選べ。

(ア)　タンパク質は多数のアミノ酸がエステル結合によってつながった高分子化合物である。
(イ)　タンパク質に濃硝酸を加えて加熱すると，黄色になる。
(ウ)　タンパク質は胃や腸でアミノ酸に加水分解されてから吸収される。
(エ)　タンパク質を加水分解したとき，アミノ酸と核酸のみを生じるものを単純タンパク質という。
(オ)　タンパク質のポリペプチド鎖は，α-ヘリックス，β-ヘリックスをつくり，これらが互いに折り重なって安定な立体構造をとる。
(カ)　タンパク質の立体構造は，ジスルフィド結合－S－S－，イオン結合，水素結合などにより形成される。

209　核酸

次の文中の空欄ア～オに適する語句または物質名を書け。

　核酸は，リン酸・炭素数5の糖(ペントース)・塩基からなるヌクレオチドと呼ばれる化合物が，鎖状に重合したポリヌクレオチドである。ペントースとしてデオキシリボースをもつデオキシリボ核酸(DNA)は塩基間の（　ア　）結合により結びつき，（　イ　）構造をしており，遺伝情報を伝えるはたらきをする。ペントースがリボースであるリボ核酸(RNA)は（　ウ　）の合成に関与する。DNAを構成する塩基はアデニン，グアニン，シトシンおよび（　エ　）であるのに対し，RNAを構成する塩基はアデニン，グアニン，シトシンおよび（　オ　）である。

応用問題

解答・解説は別冊 p.68

210 単糖

次の文を読んで，下の問いに答えよ。

グルコースは水溶液中で①のような平衡状態になり，3種類の構造が一定の割合で混ざり合っている。Aは（ ア ）-グルコースといい，不斉炭素原子が（ イ ）個存在する。CはAの立体異性体である。Bは還元性のある（ ウ ）基をもつため，アンモニア性硝酸銀水溶液が（ エ ）され，銀を析出する。この反応でBの(ウ)基は酸化されて（ オ ）に変化する。

フルクトースも水溶液中で②のような平衡状態をとっている。DはEの2位の炭素原子と（ カ ）位のヒドロキシ基の酸素原子とでC－O結合をつくった五員環のフラノースである。フルクトースの水溶液が銀鏡反応を起こすのは，Eの部分構造が関与するためである。

(1) 文中の（ ア ）～（ カ ）に適する語句，文字または数字を書け。
(2) 構造Cを完成せよ。
(3) 構造Eにおいて，銀鏡反応を起こす部分を書け。

211 二糖・多糖

次の文を読んで，下の問いに答えよ。ただし，原子量は H＝1.0, C＝12, O＝16 とする。

3種の二糖類X，Y，Zがある。Xはデンプンに酵素Pを作用させると生じ，加水分解すると単糖類Aのみが生じる。Yはサトウキビやテンサイから得られ，酵素Qを作用させると単糖類Aと単糖類Bが生じる。Zは母乳や牛乳などに含まれ，酵素ラクターゼを作用させると，単糖類Aと単糖類Cが生じる。

(1) 単糖類A，B，C，二糖類X，Y，Z，酵素P，Qの名称をそれぞれ書け。
(2) 次の記述ア～ウについて，正しいものには○，誤っているものには×を記せ。

> **ヒント** 210 (1) カ 五員環をつくることを考える。
> (3) アルデヒド基はないが，還元性をもつ。
> 211 (3) 分子式は，デンプンが $(C_6H_{10}O_5)_n$，二糖類Xが $C_{12}H_{22}O_{11}$ である。

ア　単糖類A，B，Cの分子式は等しい。
イ　二糖類Xの分子量は，単糖類Aの分子量の2倍よりも小さい。
ウ　二糖類Yは銀鏡反応を示す。

(3) 16.2 gのデンプンに酵素Pを作用させて，すべて二糖類Xに加水分解すると，生じるXは何gか。

212　アミノ酸とタンパク質

次の文を読んで，下の問いに答えよ。

α-アミノ酸は，分子中に塩基性を示す（　ア　）基と酸性を示す（　イ　）基をもっており，それらが同一の炭素原子に結合している。タンパク質は，隣り合うアミノ酸の(ア)基と(イ)基の間の（　ウ　）結合により高分子化している。タンパク質に水酸化ナトリウム水溶液と硫酸銅(Ⅱ)水溶液を加えると赤紫色に呈色する。これを（　エ　）反応という。また，一般にタンパク質に濃硝酸を加えて加熱すると黄色になり，冷却後アンモニア水を加えると橙黄色になる。これを（　オ　）反応という。

(1) 文中の空欄ア〜オに適する語句を書け。
(2) タンパク質は側鎖の構造が違う約20種類のアミノ酸からできている。これらのうち，側鎖に水素原子をもつものがグリシン，メチル基をもつものがアラニンである。グリシンとアラニンが結合した分子のうち，（　ウ　）結合を1つもつものの構造式をすべて書け。
(3) （　オ　）反応で呈色した場合，タンパク質に何が含まれていることを示すか。

213　酵素とその性質

生体内での多くの反応に酵素が関与している。酵素はおもに（　ア　）からなる物質で，生体内での化学反応の（　イ　）として作用する。酵素の(イ)作用は，どの反応に対してもはたらくわけではない。酵素が作用する相手(基質)は，それぞれの酵素によって決まっている。これを酵素の（　ウ　）という。

(1) 文中の（　ア　）〜（　ウ　）に適する語句を書け。
(2) 図1のグラフは，酵素反応と無機(イ)による反応の反応速度と，温度の関係を示したものである。酵素反応はa，bのどちらのグラフか。
(3) 図2のグラフc〜eは，3種の酵素(だ液アミラーゼ，ペプシン，トリプシン)の反応速度と，pHの関係を示したものである。3種の酵素はそれぞれどのグラフか。

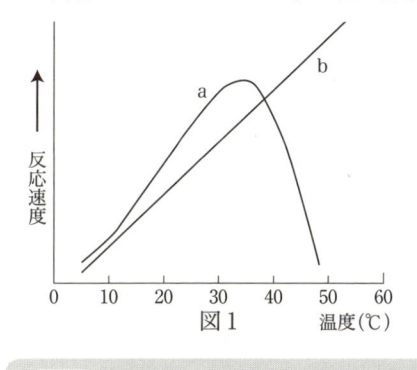

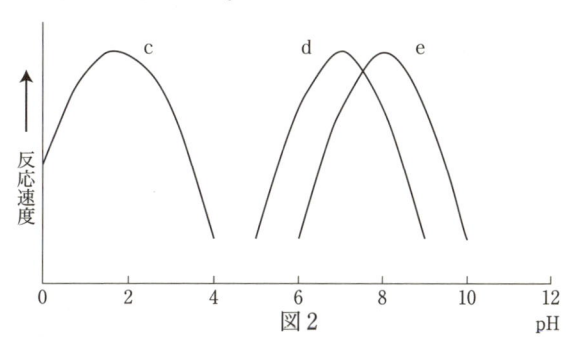

ヒント　212　(2) 2種類あることに注意する。
　　　　213　(2) 酵素はタンパク質なので，高温になると変性し，失活してはたらかなくなる。
　　　　　　　(3) 酵素がそれぞれ，どこではたらいているかを考える。

第2章　合成高分子化合物

> これだけはおさえよう

1 合成高分子 ㋐
(1) 合成高分子の種類
合成繊維，合成樹脂，合成ゴムなどに分類される。
(2) 合成高分子の重合反応
付加重合，縮合重合，開環重合 ㋑ などがある。

2 合成繊維
❶ ポリアミド系　アミド結合をもつ。
(1) ナイロン66 ㋒　アジピン酸とヘキサメチレンジアミンの縮合重合により合成する。
(2) ナイロン6 ㋓　ε-カプロラクタムの開環重合により合成する。

❷ ポリエステル系　エステル結合をもつ。
ポリエチレンテレフタラート ㋔　エチレングリコールとテレフタル酸の縮合重合により合成する。

❸ ポリビニル系 ㋕　ビニル化合物の付加重合により合成する。
(1) ビニロン ㋖　ポリビニルアルコールをホルムアルデヒドでアセタール化 ㋗ してつくる。
(2) アクリル繊維　アクリロニトリルの付加重合により合成するポリアクリロニトリルが主成分の繊維。

3 合成樹脂 ㋘
❶ 合成樹脂の分類
加熱すると一時的にやわらかくなる熱可塑性樹脂と，硬くなってもとに戻らない熱硬化性樹脂がある。

❷ 熱可塑性樹脂　鎖状構造をしている。
(1) 付加重合により合成　ポリエチレン，ポリプロピレン，ポリ塩化ビニル，ポリスチレン，㋙ アクリル樹脂などがある。
(2) 縮合重合により合成　ポリエチレンテレフタラート，ナイロン66などがある。

❸ 熱硬化性樹脂　立体網目状構造をしている。フェノール樹脂，尿素樹脂，メラミン樹脂 ㋚ などがある。

❹ イオン交換樹脂 ㋛　陽イオンはH^+に，陰イオンはOH^-に交換する。

4 合成ゴム
天然ゴム ㋜ のポリイソプレン，合成ゴムのポリクロロプレン，スチレン-ブタジエンゴム(SBR)などがある。

㋐ 合成高分子を重合体(ポリマー)，もとになる物質を単量体(モノマー)と呼ぶ。

㋑ 付加反応による重合を付加重合，重合する際に水分子などの簡単な分子がとれる重合を縮合重合，環状の単量体がその環を開きながら重合していく場合を開環重合という。

㋒, ㋓ ポリアミド系の合成繊維の総称をナイロンと呼び，数字は単量体の炭素数を示す。芳香族ポリアミド繊維は，ナイロンと区別してアラミド繊維という。

㋔ PETとも表示される。ペットボトルの主成分である。

㋕ 基本構造は $+CH_2-CHX+_n$ でX以外は共通である。

㋖
$$\cdots-CH_2-\underset{\underset{\text{アセタール}}{O-CH_2-O}}{CH}-CH_2-CH-CH_2-CH-\cdots$$
                                                              　　　　　　OH

㋗ アセタール化する-OH基は約40%で，約60%はアセタール化せずに残す。

㋘ プラスチックとも呼ばれる。

㋙ それぞれPE, PP, PVC, PSと表示される身近な物質である。

㋚ それぞれフェノール，尿素，メラミンにホルムアルデヒドを加えて，付加重合により，三次元網目状構造が生成して硬化する。

㋛ 海水を純水に，硬水を軟水にするなど，さまざまな用途がある。

㋜ 生ゴムとも呼ばれ，そのままでは弾性が弱いので加硫によって改良する。

基本問題

解答・解説は別冊 p.69

重要例題47　合成繊維と原料

次の各繊維をつくるときに，原料となる物質をすべて選べ。

(1) ナイロン66　(2) ナイロン6　(3) ポリエチレンテレフタラート
(4) ビニロン　(5) アクリル繊維

(ア) ホルムアルデヒド　(イ) ε-カプロラクタム　(ウ) テレフタル酸
(エ) ヘキサメチレンジアミン　(オ) アジピン酸　(カ) 酢酸ビニル
(キ) アクリロニトリル　(ク) 無水酢酸　(ケ) エチレングリコール

考え方
(1) 炭素数が6のアジピン酸とヘキサメチレンジアミンを縮合重合してつくる。
(2) 炭素数が6で，環状のε-カプロラクタムを開環重合してつくる。
(3) エチレングリコールとテレフタル酸を縮合重合してつくる。PETと略されることもある。
(4) 酢酸ビニルを付加重合してポリ酢酸ビニルにし，さらに加水分解してポリビニルアルコールにしてから，ホルムアルデヒドでアセタール化してつくる。日本人が発明した合成繊維である。
(5) アクリロニトリルを付加重合してつくる。

解答 (1) (エ), (オ)　(2) (イ)　(3) (ウ), (ケ)　(4) (ア), (カ)　(5) (キ)

214　重合の種類

次の重合反応の名称を書け。
(1) 炭素間の二重結合をもつ単量体が，付加反応を繰り返す重合。
(2) 複数の官能基をもつ単量体の官能基の間から，水などの小さい分子がとれながら重合する反応。
(3) 環構造をもつ単量体が，その環を開きながら多数重合する反応。

215　合成繊維と原料

次の(1)〜(4)の合成繊維の名称と原料となる単量体の名称を書け。

(1) 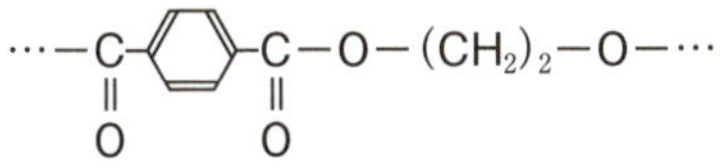 $\cdots-\underset{\underset{O}{\|}}{C}-\text{C}_6\text{H}_4-\underset{\underset{O}{\|}}{C}-O-(CH_2)_2-O-\cdots$

(2) $\cdots-\underset{\underset{O}{\|}}{C}-(CH_2)_5-NH-\cdots$

(3) $\cdots-CH_2-\underset{\underset{CN}{|}}{CH}-\cdots$

(4) $\cdots-\underset{\underset{O}{\|}}{C}-(CH_2)_4-\underset{\underset{O}{\|}}{C}-NH-(CH_2)_6-NH-\cdots$

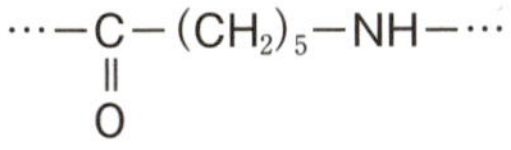

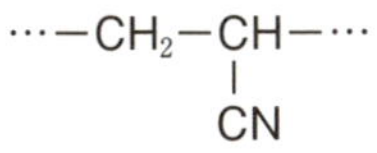

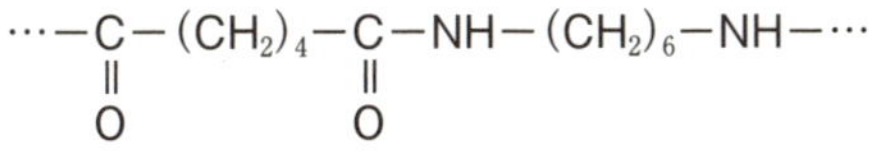

216　ナイロン

ナイロンに関する次の記述(1)〜(6)のうち，誤りを含むものを2つ選べ。
(1) ヘキサメチレンジアミンとアジピン酸を原料として合成できる。
(2) エステル結合を多数含む高分子化合物である。
(3) アミド結合を多数含む高分子化合物である。
(4) 木綿に比べて吸湿性に優れている。
(5) 丈夫で産業用ロープにも使われている。
(6) 世界で最初につくられた合成繊維である。

ヒント 214　(2) 水や塩化水素などの小さな分子がとれてエステル結合やアミド結合ができることを縮合という。
(3) この重合反応による代表的な繊維は，ナイロン6である。

重要例題48 合成樹脂

次の(1)〜(6)の合成樹脂の名称と，その原料(単量体)の名称をそれぞれ書け。

(1) 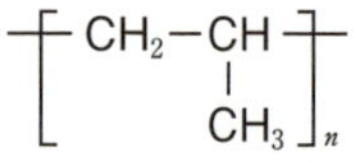 $\mathrm{-\!\!\left[CH_2-CH(CH_3)\right]\!\!-_n}$

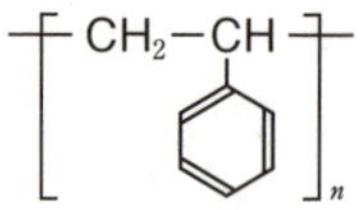

(2) $\mathrm{-\!\!\left[CH_2-CH(C_6H_5)\right]\!\!-_n}$

(3) $\cdots\mathrm{-CH_2-N-CH_2-}\cdots$ ／ $\mathrm{C=O}$ ／ $\cdots\mathrm{-CH_2-N-CH_2-}\cdots$

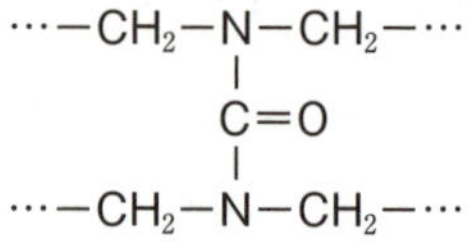

(4) 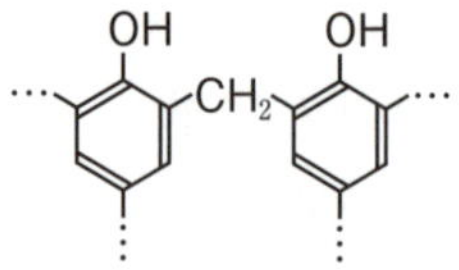 フェノール核 $\mathrm{-CH_2-}$ でつながった構造(OH基あり)

(5) $\mathrm{-\!\!\left[CH_2-CH_2\right]\!\!-_n}$

(6) $\mathrm{-\!\!\left[CH_2-CHCl\right]\!\!-_n}$

考え方 単量体が何かを考える。

解答
(1) ポリプロピレン：プロピレン(プロペン) (2) ポリスチレン：スチレン
(3) 尿素樹脂(ユリア樹脂)：尿素とホルムアルデヒド
(4) フェノール樹脂：フェノールとホルムアルデヒド
(5) ポリエチレン：エチレン   (6) ポリ塩化ビニル：塩化ビニル

---

217 熱可塑性樹脂と熱硬化性樹脂

合成樹脂の性質に関する次の文中の空欄アとイに適する語句を書き，下の合成樹脂がそれぞれどちらにあたるか答えよ。

プラスチックには，鎖状の構造をしていて加熱するとやわらかくなり，冷えると硬くなる(ア)樹脂と三次元網目状の構造をしていて，はじめはやわらかく，型に入れて加熱すると硬くなり，もとに戻らない(イ)樹脂とがある。

(a) ポリエチレン   (b) フェノール樹脂   (c) 尿素樹脂
(d) ポリ塩化ビニル (e) ポリメタクリル酸メチル (f) ポリ酢酸ビニル

218 イオン交換樹脂

イオン交換樹脂に関する次の文中の空欄ア〜クに適する語句を，下から選び，記号で答えよ。ただし，同じ記号を2回以上使う場合もある。

スルホ基－SO_3H などの(ア)の基を多くもっている合成樹脂は，水溶液中で(イ)とほかの陽イオンを交換する。このようなはたらきをもつ合成樹脂を(ウ)という。また，－$N^+(CH_3)_3OH^-$ のような(エ)の原子団を多くもっている合成樹脂は，水溶液中で(オ)とほかの陰イオンを交換する。このようなはたらきをもつ合成樹脂を(カ)という。陽イオン交換樹脂を管に詰め，硫酸ナトリウム水溶液を通すと，H^+ と Na^+ が交換され，(キ)の水溶液が流出する。－$SO_3^-Na^+$ になった樹脂に，多量の(ク)の水溶液を通すと，樹脂は再び－SO_3H に戻る。

(a) 陽イオン交換樹脂 (b) 陰イオン交換樹脂 (c) 酸性 (d) 中性 (e) 塩基性
(f) HCl   (g) NaOH   (h) H^+ (i) OH^-

ヒント
217 それぞれの樹脂の構造を考える。
218 陽イオン交換樹脂とは，水溶液中の陽イオンを吸着し，水素イオンを放出する樹脂で，陰イオン交換樹脂は水溶液中の陰イオンを吸着し，水酸化物イオンを放出する樹脂である。

> **重要例題49** 天然ゴムと合成ゴム
>
> 次の文中の空欄ア〜オに適する語句を書け。
> 天然ゴム（生ゴム）は（ ア ）が付加重合した鎖状構造をしており，分子式は $+C_5H_8+_n$ で示される。この分子は二重結合を含み，すべて（ イ ）形の幾何異性体であるために，特有の弾性を示す。
> しかし，二重結合の部分は空気中でゆっくり（ ウ ）され，構造がしだいに変化し，生ゴムは弾性を失う。一方，生ゴムに数％の硫黄を加えたのち，加熱すると，生ゴムの鎖状分子間に硫黄原子の（ エ ）構造が形成され，弾性が強化された安定なゴムとなる。このような操作を（ オ ）という。
> 1,3-ブタジエンやクロロプレンを付加重合させると，天然ゴムに似た性質の高分子化合物である（ カ ）やクロロプレンゴムが得られる。これらの高分子化合物は合成ゴムと呼ばれる。
>
> **考え方** 天然ゴムの繰り返し構造 $+C_5H_8+$ を2つ書くと，右のようになっており，すべてシス形をしている。また，二重結合の部分の反応のしやすさは，油脂と似ている。
>
> **解答** ア イソプレン イ シス ウ 酸化 エ 架橋 オ 加硫 カ ブタジエンゴム

219 天然ゴム

天然ゴムに関する次の文を読んで，下の問いに答えよ。

ゴムは，日常生活に欠かせない代表的な高分子化合物である。ゴムの木の傷ついた樹皮から流れ出す白い乳液を（ ア ）という。（ア）は（ イ ）溶液で，これに酸を加えて凝析させたものを生ゴムまたは（ ウ ）ゴムという。生ゴムはイソプレンが（ エ ）重合したポリイソプレンの構造をもち，イソプレン単位ごとに（ オ ）形の二重結合が1個ある。(a)生ゴムに硫黄を加えて加熱すると，(b)ゴムの弾力性が増すとともに化学的に安定になる。

(1) 文中の（ ア ）〜（ オ ）に適する語句を書け。
(2) イソプレンの構造式を書け。
(3) 下線部(a)の操作を何というか。
(4) 下線部(b)は硫黄によってどんな構造ができるためか。

220 合成高分子の重合度

次の問いに答えよ。ただし，原子量は H = 1.0, C = 12, O = 16 とする。

(1) ポリエチレン $+CH_2CH_2+_n$ の平均分子量を 8.4×10^4 とすると，この高分子化合物の平均重合度 n はいくらか。
(2) ポリエチレン 14 g を完全燃焼させたときに生じる二酸化炭素の体積は，標準状態で何Lを占めるか。

> **ヒント** 220 繰り返し構造に注目する。ポリエチレンの分子量を n で表してみる。

応用問題

解答・解説は別冊 p.69

221　繊維の分類

次の文を読んで，下の問いに答えよ。

　繊維には，天然繊維と（ ① ）がある。天然繊維には，セルロースを主成分とする（ ② ）と，タンパク質を主成分とする（ ③ ）がある。また，①のうち，セルロースを化学的に処理してコロイド溶液としたあと，これを細孔から押し出し，セルロースに戻した繊維を（ ④ ）という。また，セルロースの構造の一部を化学的に変化させた繊維を（ ⑤ ）という。また，石油その他から得られる低分子を原料としてつくられた繊維を（ ⑥ ）という。

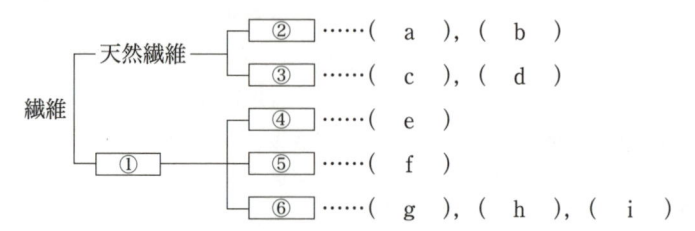

```
                 ┌─②……( a ),( b )
        ┌─天然繊維┤
        │         └─③……( c ),( d )
繊維────┤
        │         ┌─④……( e )
        └─①──────┼─⑤……( f )
                  └─⑥……( g ),( h ),( i )
```

(1) 文中と図中の①～⑥に適する語句を書け。

(2) 図の(a)～(i)に該当する繊維を，次の(ア)～(ケ)から選び，記号で答えよ。

(ア) アセテート　(イ) 麻　(ウ) 絹　(エ) 綿　(オ) ナイロン
(カ) ビニロン　(キ) レーヨン　(ク) 羊毛　(ケ) ポリエステル

222　合成繊維

次の問いに答えよ。

(1) 次の①～④の各繊維に当てはまる記述を，あとの(a)～(f)からすべて選び，記号で答えよ。
　　① ナイロン66　② ポリエチレンテレフタラート　③ ビニロン　④ アクリル繊維

　(a) 日本で最初につくられた合成繊維で，木綿と似た性質をもつ。
　(b) タンパク質と同じ結合をもつ。
　(c) 羊毛に似た感触をしていて保温性が高い。
　(d) 世界で最初につくられた合成繊維で，摩擦にも引っ張りにも強い。
　(e) エステル結合をもつ。
　(f) 乾きやすくしわになりにくい。繊維としてだけでなく，容器としての用途も多い。

(2) (1)の①～④の各繊維をつくる単量体の名称と，重合反応の名称をそれぞれ書け。

(3) (1)の①～④の中で，ビニロンが最も高い吸湿性をもつ。その理由を簡単に書け。

223　合成樹脂

日常生活でよく使われているプラスチックであるポリエチレン，ポリプロピレン，ポリスチレン，ポリ塩化ビニルに関する記述として正しいものを，次の①～⑤から2つ選べ。

　① これらのプラスチックは，いずれも縮合重合により合成される。
　② これらのプラスチックの中には，イオン結合を含むものがある。

ヒント　222　(3) 親水基によって水を吸着する。

③ これらのプラスチックの中には，加熱しても変形しないものがある。
④ これらのプラスチックの中で，ポリスチレンだけが分子中にベンゼン環を含んでいる。
⑤ ポリ塩化ビニルは，燃焼させると有毒なガスが発生する。

224　天然ゴムと合成ゴム

次の文を読んで，下の問いに答えよ。

ゴムの木の樹皮に切り傷をつけると，ラテックスが流れ出てくる。これを集めて（　ア　）を加えると，凝固して（　イ　）になる。これが天然ゴムである。天然ゴムの主成分は（　ウ　）であり，（　エ　）形の構造をもつ。(イ)に硫黄を加えて加熱することにより，弾性の高いゴムをつくることができる。このような操作を（　オ　）という。さらに多くの硫黄を加え加熱すると，この物質は（　カ　）なり，エボナイトと呼ばれる物質になる。

(ウ)の単量体に似た構造をもつ単量体を重合させると，天然ゴムに似た性質の合成ゴムが得られる。合成ゴムであるブタジエンゴムやクロロプレンゴムは，それぞれの単量体を（　キ　）させることによってつくられる。

(1) 文中の（　ア　）～（　キ　）に適する語句を次の①～⑯から選び，番号で答えよ。
　① アルカリ　② 酸　③ シリコーンゴム　④ 生ゴム　⑤ ポリスチレン
　⑥ ポリイソプレン　⑦ ポリプロピレン　⑧ トランス　⑨ シス　⑩ 水素化
　⑪ 加硫　⑫ 硬く　⑬ やわらかく　⑭ 縮合重合　⑮ 開環重合　⑯ 付加重合

(2) 下線部の操作によって天然ゴムに何という構造が形成されるか。

225　ゴムと合成樹脂

次の高分子化合物(a)～(d)について，下の問いに答えよ。

(a) $-[CH_2-CH=CH-CH_2]_n-[CH-CH_2]_m-$
　　　　　　　　　　　　　　　　$|$
　　　　　　　　　　　　　　　　CN

(b) $\cdots-CH_2-\underset{\underset{\vdots}{CH_2}}{\underset{}{C_6H_3(OH)}}-CH_2-\cdots$

(c) $-[\underset{CH_2}{\overset{CH_3}{C}}=\underset{CH_2}{\overset{H}{C}}]_n-$

(d) $-[\underset{O}{\overset{}{C}}-(CH_2)_4-\underset{O}{\overset{}{C}}-\underset{}{\overset{H}{N}}-(CH_2)_6-\underset{}{\overset{H}{N}}]_n-$

(1) (a)～(d)の高分子化合物に該当する分類名を，次の①～④から1つずつ選び，番号で答えよ。
　① 天然ゴム　② 合成ゴム　③ 熱硬化性合成樹脂　④ 熱可塑性合成樹脂

(2) (a)～(d)の高分子化合物に該当するものを，次の①～⑤から1つずつ選び，番号で答えよ。
　① 繊維として衣類などに用いられる。
　② ブタジエンとアクリロニトリルの共重合によって合成される。
　③ ホルムアルデヒドが原料に用いられる。
　④ スチレンから合成される。
　⑤ 加硫することによって，エボナイトをつくることができる。

> **ヒント**　224　(2) 硫黄原子によって高分子どうしをつなぎあわせることができる。
> 　　　　　225　(1) 熱可塑性樹脂は鎖状構造，熱硬化性樹脂は三次元網目状構造をしている。

第2章　合成高分子化合物　139

実戦問題⑦

解答・解説は別冊 p.70

1 糖類に関する下の問いに答えよ。ただし，原子量は H = 1.0，C = 12，O = 16 とする。

セロビオースはセルロースを加水分解すると得られ，トレハロースはデンプンから大量につくる方法が確立され，高い保水力をもつので化粧品などとして利用されている。セロビオースおよびトレハロースは次のような構造をしている。

(20点)

セロビオース　　　　トレハロース

(1) セロビオースとトレハロースを酸によって加水分解したときに得られる単糖の名称をそれぞれ書け。

(2) トレハロースの分子量はいくらか。また，9.0gのトレハロースを完全に加水分解したとき，得られる単糖は何gか。

(3) グルコースの1％水溶液に，アンモニア性硝酸銀水溶液を加えて，穏やかに温めると，銀が析出する。これはグルコースが水溶液中で，どのような官能基をもつために起こる反応か。反応名とあわせて答えよ。

(4) セロビオースとトレハロースは，(3)の反応を示すか示さないか。それぞれについて答えよ。

2 分子内にアミノ基とカルボキシ基をもつ化合物をアミノ酸といい，特に同一の炭素原子にアミノ基とカルボキシ基が結合しているものを α-アミノ酸と呼ぶ。①アミノ基は，窒素原子のもつ（ ア ）を利用して H^+ と結合する。一方カルボキシ基は，H^+ を放出する。このため，アミノ酸は水溶液中では双性イオンとして存在する。陽イオンと陰イオンの電荷が等しくなるときのpHを（ イ ）という。タンパク質を構成する②グリシン以外のアミノ酸には光学異性体が存在し，天然のアミノ酸は（ ウ ）型である。アミノ酸が（ エ ）結合を介してつぎつぎとつながると，生命の維持に欠かせない役割をもつタンパク質となる。例えば，生体内の種々の反応の触媒である（ オ ）は，タンパク質である。これらのタンパク質は，熱や（ カ ）などの作用によってタンパク質のはたらきが失われる。このことをタンパク質の（ キ ）と呼ぶ。次の問いに答えよ。

(23点)

(1) 文中の（ ア ）～（ キ ）に適する語句を，次の①～⑫から1つずつ選び，記号で答えよ。
① 非共有電子対　② 等価　③ L　④ D　⑤ ペプチド　⑥ グリコシド
⑦ 酵素　⑧ コラーゲン　⑨ 酸・塩基　⑩ 変性　⑪ 等電点　⑫ 分解

(2) 下線部①のような結合を何というか。

(3) 下線部②のグリシンの構造式を書け。

(4) 図は（ ウ ）型のアラニンである。
これにならって，もう1つの光学異性体を書け。

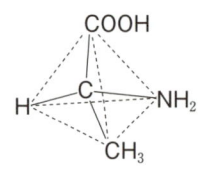

(5) アラニンは，水溶液中では次式に示すように3種類のイオンで存在する。K_{a1} および K_{a2} はそれぞれイオンAおよびイオンBの電離定数であり，$1.0×10^{-2.3}$ mol/L および $1.0×10^{-9.7}$ mol/L である。pHが（　イ　）のアラニン水溶液中では，イオンAとイオンCの濃度が等しいことを利用して，アラニンの(イ)を求めよ。

$$\underset{A}{H_3N^+-\underset{\underset{H}{|}}{\overset{\overset{CH_3}{|}}{C}}-COOH} \underset{+H^+}{\overset{-H^+}{\underset{\Longleftrightarrow}{K_{a1}}}} \underset{B}{H_3N^+-\underset{\underset{H}{|}}{\overset{\overset{CH_3}{|}}{C}}-COO^-} \underset{+H^+}{\overset{-H^+}{\underset{\Longleftrightarrow}{K_{a2}}}} \underset{C}{H_2N-\underset{\underset{H}{|}}{\overset{\overset{CH_3}{|}}{C}}-COO^-}$$

3 ある食品試料 10 g に固体の水酸化ナトリウムを加えて加熱したところ，0.32 g のアンモニアが発生した。タンパク質の平均の窒素含有量を 16% とするとき，試料には何 g のタンパク質が含まれていたか。ただし，試料中の窒素はすべてタンパク質に由来するとし，反応によりタンパク質中の窒素がすべてアンモニアになったと仮定し，原子量は H=1.0, N=14 とする。　**(6点)**

4 次の(1)～(4)の合成高分子の名称，および原料となる単量体の名称をそれぞれ書け。　**(20点)**

(1) $\left[\text{C}-\text{C}_6\text{H}_4-\text{C}-\text{O}-(\text{CH}_2)_2-\text{O}\right]_n$ （C=Oを両端に）

(2) $\left[\text{CH}_2-\text{CH}(\text{CN})\right]_n$

(3) $\left[\text{C}-(\text{CH}_2)_4-\text{C}-\text{NH}-(\text{CH}_2)_6-\text{NH}\right]_n$ （C=O付き）

(4) $\left[\text{C}-(\text{CH}_2)_5-\text{NH}\right]_n$ （C=O付き）

5 次の文中の空欄ア～オに適する語句を書け。　**(15点)**

パルプなどに含まれるセルロースをシュバイツァー試薬に溶解し，希硫酸中に押し出して繊維にしたものが（　ア　）レーヨンである。この繊維はもとのセルロースと同じ構造をしているので，（　イ　）繊維に分類される。これに対して，セルロースに濃硫酸を触媒として（　ウ　）を作用させると，セルロースのヒドロキシ基がすべてアセチル化され，（　エ　）が得られる。(エ)の一部を加水分解して得られるジアセチルセルロースは繊維として利用されている。この繊維はもとのセルロースの構造の一部が変化しているので，（　オ　）繊維に分類される。

6 次の文を読んで，□1□～□8□に最も適するものを，下の解答群から1つずつ選べ。**(16点)**

天然ゴムすなわち□1□の炭化水素は，□2□結合を2個もつイソプレンが□3□重合したポリイソプレンで，□1□に数%の□4□を加えて熱すると，□2□結合の炭素原子に□4□原子が結合し，三次元□5□構造が生成する。この処理を□6□という。□1□と同一の構造の重合体はイソプレンの□3□重合によって合成され，合成ゴムと呼ばれる。合成ゴムにはほかにもブタジエンや□7□など，ジエンの重合体の例が多い。最も代表的なものは□8□とブタジエンの共重合体である□8□-ブタジエンゴム(SBR)である。

(ア) スチレン　(イ) クロロプレン　(ウ) 生ゴム　(エ) 硫黄
(オ) 二重　(カ) 付加　(キ) 網目　(ク) 加硫

探究活動　対策問題

解答・解説は別冊 p.71

1 次の糖類の性質を調べるために，実験を行った。この実験について下の問いに答えよ。なお，各糖は環状糖の形で示してある。

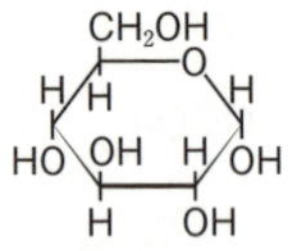

α-グルコース 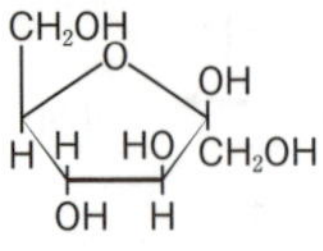　β-フルクトース 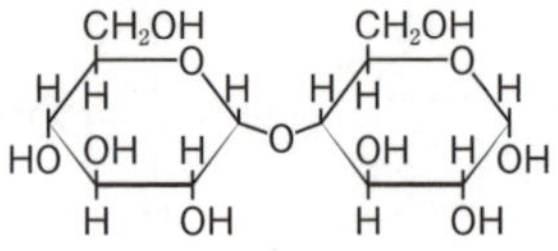　マルトース 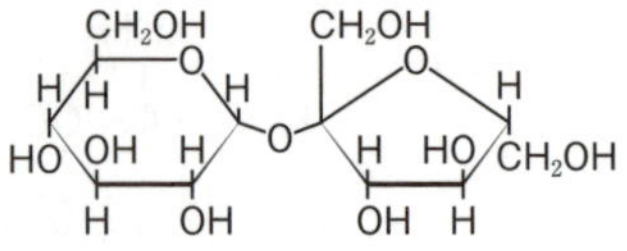　スクロース

実験

① 4本の試験管A～Dを用意し，Aにはグルコース，Bにはフルクトース，Cにはマルトース，Dにはスクロースをそれぞれ1.0gずつとり，さらに水を5mLほど加えて溶かす。

② ①の試験管A～Dのそれぞれに，フェーリングA液とB液を1mLずつ加え，さらに沸騰石を2, 3個加えて穏やかに加熱して様子を見る。

③ ②で変化がなかった糖を，別の試験管に1.0gとり，水を5mL加えて溶かし，さらに0.1 mol/L硫酸を2mLと沸騰石を2, 3個加えてから3分ほど穏やかに加熱する。

④ ③の試験管に炭酸水素ナトリウムを気体が発生しなくなるまで少しずつ加える。

⑤ ④の試験管の溶液を別の試験管にとり，フェーリングA液とB液を1mLずつ加え，さらに沸騰石を2, 3個加えて穏やかに加熱して様子を見る。

結果 ② A，B，Cは赤色の沈殿が生じたが，Dは変化がなかった。
⑤ 赤色の沈殿が生じた。

問題

(1) ②で生じた赤色の沈殿の化学式を書け。
答

(2) ②の結果から，α-グルコース，β-フルクトース，マルトースにはどのような性質があることがわかるか。
答

(3) α-グルコース，β-フルクトース，マルトースの構造の中で，(2)の性質を示す部分はどこか。それぞれ構造式を書き，該当部分を○で囲め。
答

(4) スクロースが(2)の性質を示さない理由を書け。
答

(5) ④で起こる化学反応式を示せ。
答

(6) ⑤の結果から，③ではどのような反応が起こったことがわかるか。反応名を書け。
答

2 次に構造を示す4種類のアミノ酸(チロシン，システイン，アスパラギン酸，アルギニン)，あるいは卵白(タンパク質)が1種類だけ溶けた水溶液A〜Eが入っている5つのビーカーがある。A〜Eに何が入っているかを特定するために行った，この実験について，下の問いに答えよ。

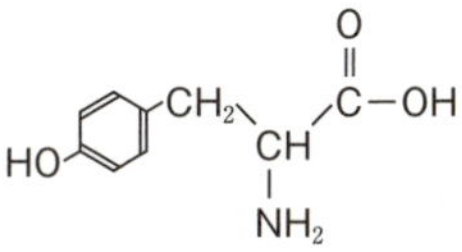

チロシン 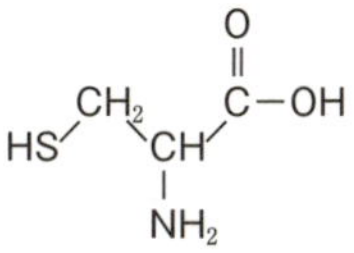　　　システイン 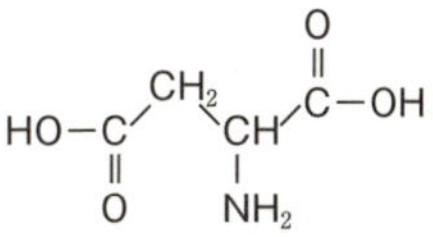　　　アスパラギン酸 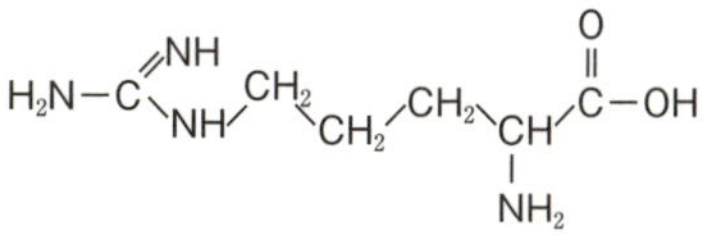　　　アルギニン

実験

① 水溶液A〜Eを，それぞれ赤色リトマス紙と青色リトマス紙に滴下した。
② ①で変化がなかったB，C，Dをそれぞれ試験管3本ずつに底から3 cmほどとった。
③ 試験管B_1，C_1，D_1それぞれに0.10 mol/L水酸化ナトリウム水溶液を1 mLずつ加えてよく振り混ぜてから，硫酸銅(II)水溶液を別の駒込ピペットで1滴ずつ加えてよく振り混ぜた。
④ 試験管B_2，C_2，D_2それぞれに濃硝酸を1 mLずつ加え，沸騰石を2，3個入れてから加熱した。
⑤ B_3，C_3，D_3に水酸化ナトリウムを2粒と，沸騰石を2，3個加えて突沸に注意しながら1分程強く加熱してから，触れられる程度まで冷まし，酢酸で中和したあと，0.1 mol/L酢酸鉛(II)水溶液を1 mLずつ加えて振り混ぜた。

※卵白の水溶液は，卵白に300 mLほどの水を加えてから食塩を大量に加え，かき混ぜてつくる。

結果▶
① 変化があったのはAとEで，Aは青色リトマス紙を赤色にし，Eは赤色リトマス紙を青色にした。
③ B_1のみに色の変化が見られた。　④ B_2とD_2のみに色の変化が見られた。
⑤ B_3とC_3のみ沈殿が生じた。

問題

(1) ①より，AとEは，それぞれ何性アミノ酸が溶けていたとわかるか。
答　A：　　　　　　　　　　　　　　E：

(2) ③の反応名と，反応後のB_1の色を書け。
答　反応名：　　　　　　　　　　　　色：

(3) ④の反応名と，反応後のB_2とD_2の色を書け。
答　反応名：　　　　　　　　　　　　色：

(4) ④において，さらに試験管B_2とD_2に濃アンモニア水を数滴加えると，それぞれ何色になるか。
答　B_2：　　　　　　　　　　　　　D_2：

(5) ⑤の反応名と，生じる沈殿の化学式および色を書け。
答　反応名：　　　　　　　　　　沈殿の化学式と色：

(6) ⑤において，煮沸した段階で，ある気体が発生する。この気体の名称と確認方法を書け。
答　名称：　　　　　　　　　　　　確認方法：

(7) A〜Eはそれぞれ何が溶けているか。
答

EDITORIAL STAFF

ブックデザイン	グルーヴィジョンズ
編集協力	株式会社シナップス, 株式会社U-Tee, 福森美恵子
DTP	株式会社新後閑
印刷所	株式会社リーブルテック

MY BEST

よくわかる化学問題集

解答・解説編

ADVANCED CHEMISTRY WORKBOOK

よくわかる化学問題集

解答・解説編

ADVANCED CHEMISTRY WORKBOOK

Gakken

化学基礎のおさらい

[1] 物質の構成

解説 (ア) 白金 Pt と金 Au：異なる元素の単体。

(イ) 鉛 Pb と黒鉛 C：異なる元素の単体。

(ウ) 酸素 O_2 とオゾン O_3：互いに同素体。同じ元素からなるが、性質の異なる単体を「互いに同素体」という。重要な同素体が存在する元素に「SCOP(スコップ)」がある。

(エ) 塩酸と石灰水：ともに混合物。

(オ) 一酸化炭素 CO と二酸化炭素 CO_2：ともに化合物で同じ元素からなるが、単体ではないので同素体ではない。

(カ) 原子番号1で質量数1の原子と、原子番号1で質量数2の原子：同位体。原子番号が等しく、質量数の異なる原子を「互いに同位体」という。

解答 (1) (エ)　(2) (オ)　(3) (カ)　(4) (ウ)

[2] 単体と元素

解説 単体は、1種類の元素からなる純物質で、その存在を体感できるものである。一方、元素は、単体や化合物を構成する基本的な成分。(2)と(3)は具体的物質を表しているので、単体。(1)と(4)は化合物中の成分であるので、元素。

解答 (1) 元素　(2) 単体　(3) 単体
(4) 元素

[3] 三態の変化

解説 気化という用語は使用しないほうがよい。固体から気体になるのか、液体から気体になるのか区別できない。

解答 ① 融解　② 蒸発　③ 凝固　④ 凝縮
⑤ 昇華

[4] 原子構造とイオン

解説 中性の Mn 原子中の電子の数は $23+2=25$〔個〕したがって、陽子の数も25個。質量数55なので、中性子の数は $55-25=30$〔個〕

解答 陽子：25個、中性子：30個

[5] イオンの電子配置

解説 Ne に隣接する、Ne より原子番号が小さい原子の陰イオンと、Ne より原子番号が大きい原子の陽イオンが、Ne と同じ電子配置になる。

$_8O^{2-}=_9F^-=_{10}Ne=_{11}Na^+=_{12}Mg^{2+}=_{13}Al^{3+}$

解答 ③, ⑤, ⑥, ⑦, ⑩

[6] 電子式・構造式と分子の極性

解説 極性分子：二原子分子の化合物(HF など)、非対称的立体構造の多原子分子(H_2O 折れ線形、NH_3 三角錐形など)

無極性分子：二原子分子の単体(H_2, N_2 など)、対称的立体構造の多原子分子(CO_2 直線形、CH_4 正四面体形、CCl_4 正四面体形)

NH_3, H_2O, HF およびアルコールなどの有機化合物は、水素結合を形成する。

解答 (1) H:H　H–H　(2) :N⋮⋮N:　N≡N

(3) H:F:　H–F　(4) :O::C::O:　O=C=O

(5) H:O:H　H–O–H　(6) H:N:H　H–N–H
　　　　　　　　　　　　　H　　　H

(7) H:C:H　H–C–H　(8) :Cl:C:Cl:　Cl–C–Cl
　　H　　　H　　　　　:Cl:　　　Cl

極性分子：(3), (5), (6)
無極性分子：(1), (2), (4), (7), (8)
水素結合：(3), (5), (6)

[7] いろいろな結晶

解説 (1) イオン結晶は、イオン結合からなる結晶で、金属元素と非金属元素からなる(ウ)塩化ナトリウムと(キ)酸化アルミニウム。

参考 塩化アンモニウムは非金属元素のみからなるが、アンモニウムイオン NH_4^+ と塩化物イオン Cl^- からなるイオン結晶である。

(2) 分子結晶は、分子からなる結晶で、(カ)ヨウ素と(ク)ドライアイス。どちらも昇華する物質である。

(3) 共有結合の結晶は、多くの非金属元素の原子が共有結合で連なった結晶で、(ア)ダイヤモンドと(エ)黒鉛。

(4) 金属結晶は、金属元素の金属結合による結晶で、(イ)ナトリウムと(オ)鉛。

解答 (1) (ウ)と(キ)　(2) (カ)と(ク)　(3) (ア)と(エ)
(4) (イ)と(オ)

[8] 原子量

解説 (1) 金属元素の元素記号を M とすると,酸化物の組成式は MO で表される。

$$\frac{M}{MO} = \frac{x}{x+16} = \frac{a}{b}$$

$$x = \frac{16a}{b-a}$$

(2) 原子量 = 同位体の相対質量 × $\frac{存在比〔\%〕}{100}$ の和

この元素の原子量 = $M_1 \times \frac{X_1}{X_1+X_2+X_3}$

$+ M_2 \times \frac{X_2}{X_1+X_2+X_3}$

$+ M_3 \times \frac{X_3}{X_1+X_2+X_3}$

$= \frac{M_1X_1+M_2X_2+M_3X_3}{X_1+X_2+X_3}$

解答 (1) $x = \frac{16a}{b-a}$　(2) $\frac{M_1X_1+M_2X_2+M_3X_3}{X_1+X_2+X_3}$

[9] 原子量と分子量

解説 原子量や分子量は,$^{12}_{6}C$ を 12 とし,それを基準とした平均相対質量である。Ne の原子量 = 20,C_2H_6 の分子量 = $2\times12 + 6\times1.0 = 30$

$\frac{C_2H_6 \text{の質量}}{\text{Ne の質量}} = \frac{C_2H_6 \text{の分子量}}{\text{Ne の原子量}} = \frac{30}{20} = 1.5$

解答 1.5 倍

[10] 質量と物質量

解説 物質量〔mol〕= $\frac{質量〔g〕}{モル質量〔g/mol〕}$

質量〔g〕= 物質量〔mol〕× モル質量〔g/mol〕

(1) $H_2O = 18$ g/mol　$\frac{36}{18} = 2.0$〔mol〕

(2) $CO_2 = 44$ g/mol　$\frac{22}{44} = 0.50$〔mol〕

(3) $(NH_4)_2SO_4 = 132$ g/mol　$1.0\times132 = 132$〔g〕

(4) $NH_3 = 17$ g/mol　$0.20\times17 = 3.4$〔g〕

(5) $NaOH = 40$ g/mol　$0.10\times40 = 4.0$〔g〕

解答 (1) 2.0 mol　(2) 0.50 mol　(3) 132 g
(4) 3.4 g　(5) 4.0 g

[11] 粒子数と物質量

解説 物質量〔mol〕= $\frac{粒子数}{アボガドロ定数〔/mol〕}$

粒子数 = 物質量〔mol〕× アボガドロ定数〔/mol〕

(1) $\frac{1.2\times10^{23}}{6.0\times10^{23}} = 0.20$〔mol〕

(2) $\frac{1.5\times10^{23}}{6.0\times10^{23}} = 0.25$〔mol〕

(3) $0.20\times6.0\times10^{23} = 1.2\times10^{23}$〔個〕

(4) アンモニア NH_3 1 分子中に水素原子 3 個を含むので,アンモニア分子は $6.0\times10^{23}\times\frac{1}{3}$ 個で,

その物質量は $\frac{6.0\times10^{23}\times\frac{1}{3}}{6.0\times10^{23}} \fallingdotseq 0.33$〔mol〕

(5) 1 mol の $(NH_4)_2SO_4$ 中に 2 mol のアンモニウムイオンを含むので

$2.0\times2\times6.0\times10^{23} = 2.4\times10^{24}$〔個〕

(6) 1 mol の $(NH_4)_2SO_4$ 中に 8 mol の水素原子を含むので

$2.0\times8\times6.0\times10^{23} = 9.6\times10^{24}$〔個〕

解答 (1) 0.20 mol　(2) 0.25 mol
(3) 1.2×10^{23} 個　(4) 0.33 mol
(5) 2.4×10^{24} 個　(6) 9.6×10^{24} 個

[12] 質量と粒子数と原子量・分子量

解説 (1) 物質量を経由して求める。

$H_2O = 18$ g/mol

$\frac{9.0}{18}\times6.0\times10^{23} = 3.0\times10^{23}$〔個〕

(2) 物質量を経由して求める。$CO_2 = 44$ g/mol

1 mol の CO_2 中に 2 mol の酸素原子を含むので

$\frac{11}{44}\times2\times6.0\times10^{23} = 3.0\times10^{23}$〔個〕

(3) 物質量を経由して求める。$CO_2 = 44$ g/mol

$\frac{1.2\times10^{23}}{6.0\times10^{23}}\times44 = 8.8$〔g〕

(4) $H_2O = 18$ g/mol で,H_2O 18 g 中に 6.0×10^{23} 個の H_2O 分子が含まれるので

$\frac{18}{6.0\times10^{23}} = 3.0\times10^{-23}$〔g〕

(5) モル質量は

$5.0\times10^{-23}\times6.0\times10^{23} = 30$〔g/mol〕

よって,分子量は 30

(6) この金属元素のモル質量を x とすると

$4 : 4.2\times10^{-22} = 6.0\times10^{23} : x$

$x = 63$〔g/mol〕

よって,原子量は 63

解答 (1) 3.0×10^{23} 個　(2) 3.0×10^{23} 個
(3) 8.8 g　(4) 3.0×10^{-23} g　(5) 30
(6) 63

[13] 気体の体積と物質量と質量

解説 標準状態で 1 mol の気体の体積は，22.4 L を占める。

(1) $\dfrac{5.6}{22.4} = 0.25$ [mol]

$H_2 = 2.0$ g/mol　　$0.25 \times 2.0 = 0.50$ [g]

(2) 560 mL = 0.56 L　　$\dfrac{0.56}{22.4} = 0.025$ [mol]

$CO_2 = 44$ g/mol　　$0.025 \times 44 = 1.1$ [g]

(3) $0.050 \times 22.4 = 1.12$ [L]

(4) $CH_4 = 16$ g/mol　　$\dfrac{0.80}{16} \times 22.4 = 1.12$ [L]

解答 (1) 0.25 mol, 0.50 g　(2) 0.025 mol, 1.1 g
(3) 1.12 L　(4) 1.12 L

[14] 気体の密度

解説 標準状態で 1 mol の気体の体積は，22.4 L を占めるので，22.4 L の気体の質量が，気体分子のモル質量となる。$1.25 \times 22.4 = 28$ [g/mol]

したがって，この気体の分子量は 28 で，選択肢 ② の N_2。

解答 ②

[15] 物質量

解説 ①　$Fe = 56$ g/mol　　$\dfrac{56}{56} = 1.0$ [mol]

②　$\dfrac{33.6}{22.4} = 1.5$ [mol]

③　$1.0 \times \dfrac{300}{1000} = 0.30$ [mol]

④　$C_2H_6O + 3O_2 \longrightarrow 2CO_2 + 3H_2O$

1.0 mol の C_2H_6O から 2.0 mol の CO_2 が生成する。

解答 ④

[16] 溶液の濃度

解説 (1) $100 \times 1.1 = 110$ [g]

(2) $\dfrac{8.0}{110} \times 100 \fallingdotseq 7.3$ [%]

(3) $NaOH = 40$ g/mol　　$\dfrac{8.0}{40} = 0.20$ [mol]

(4) $0.20 \times \dfrac{1000}{100} = 2.0$ [mol/L]

解答 (1) 110 g　(2) 7.3%　(3) 0.20 mol
(4) 2.0 mol/L

[17] 濃度の換算

解説 1 L の塩化ナトリウム水溶液を考え，その中に溶けている塩化ナトリウムの物質量を求める。

1 L の塩化ナトリウム水溶液の質量は

$1000D$ [g]

1 L 中の塩化ナトリウムの質量は

$1000D \times \dfrac{A}{100}$ [g]

1 L 中の塩化ナトリウムの物質量は

$1000D \times \dfrac{A}{100} \times \dfrac{1}{M} = \dfrac{10DA}{M}$ [mol]

解答 $\dfrac{10DA}{M}$ [mol/L]

[18] 溶解度と結晶の析出

解説 40℃ で 100 g の水に 64 g 溶けるので

$\dfrac{64}{100 + 64} \times 100 = 39.0 \fallingdotseq 39$ [%]

60℃ の硝酸カリウム飽和水溶液 210 g（= 100 g + 110 g）を 40℃ に冷却すると，$110 - 64 = 46$ [g] の硝酸カリウムが析出する。500 g の硝酸カリウム飽和水溶液を 40℃ に冷却したとき析出する硝酸カリウムを x [g] とすると

$210 : 46 = 500 : x$　　$x \fallingdotseq 110$ [g]

解答 39%, 110 g

[19] 化学反応式①

解説 (1) 最も複雑な C_2H_6 の係数を 1 とおき，C, H, O の順に化学反応式の両辺の原子数をあわせる。

$1C_2H_6 + \dfrac{7}{2}O_2 \longrightarrow 2CO_2 + 3H_2O$

両辺を 2 倍して，分数を整数にする。

(2) 最も複雑な $CaCO_3$ の係数を 1 とおき，Ca, C, O, H の順に両辺の原子数をあわせ，Cl の原子数が合っているか確認する。

(3) 最も複雑な NH_3 の係数を 1 とおき，N, H, O の順に両辺の原子数をあわせる。

$1NH_3 + \dfrac{5}{4}O_2 \longrightarrow 1NO + \dfrac{3}{2}H_2O$

両辺を 4 倍して，分数を整数にする。

解答 (1) $2C_2H_6 + 7O_2 \longrightarrow 4CO_2 + 6H_2O$
(2) $1CaCO_3 + 2HCl \longrightarrow 1CaCl_2 + 1H_2O + 1CO_2$
(3) $4NH_3 + 5O_2 \longrightarrow 4NO + 6H_2O$

[20] 化学反応式②

解説 最初に，左辺に反応物，右辺に生成物を書く（この作業には，多くの化学的知識が必要となる）。次に，[19] のように反応式の係数をあわせる。

なお，↑印は気体の発生，↓印は沈殿の生成を意味する。

(3) 酸化マンガン(IV)は触媒で，化学反応式には書かない。

解答 (1) $CH_4 + 2O_2 \longrightarrow CO_2\uparrow + 2H_2O$
(2) $Zn + H_2SO_4 \longrightarrow ZnSO_4 + H_2\uparrow$
(3) $2H_2O_2 \longrightarrow 2H_2O + O_2\uparrow$
(4) $2NaHCO_3 \longrightarrow Na_2CO_3 + CO_2\uparrow + H_2O$

[21] 化学反応式と量的関係①

解説 $C_3H_8 + 5O_2 \longrightarrow 3CO_2 + 4H_2O$

気体のとき，反応式の係数は，反応する気体の体積の比を表しているので $C_3H_8 : O_2 = 1 : 5$

したがって，必要とする酸素は $3 \times 5 = 15 [L]$

解答 15 L

[22] 化学反応式と量的関係②

解説 $CH_4 + 2O_2 \longrightarrow CO_2 + 2H_2O$

$CH_4 = 16$ g/mol，$H_2O = 18$ g/mol，$O_2 = 32$ g/mol

(1) メタンの物質量は，$\dfrac{8.0}{16}$ mol

生成する水の物質量は，$\dfrac{8.0}{16} \times 2$ mol

生成する水の質量は $\dfrac{8.0}{16} \times 2 \times 18 = 18 [g]$

(2) メタンの物質量は，$\dfrac{8.0}{16}$ mol

発生する二酸化炭素の物質量は，$\dfrac{8.0}{16} \times 1$ mol

発生する二酸化炭素の標準状態での体積は

$\dfrac{8.0}{16} \times 1 \times 22.4 = 11.2 [L]$

(3) メタンの物質量は，$\dfrac{5.6}{22.4}$ mol

発生する二酸化炭素の物質量は，$\dfrac{5.6}{22.4} \times 1$ mol

発生する二酸化炭素の標準状態での体積は

$\dfrac{5.6}{22.4} \times 1 \times 22.4 = 5.6 [L]$

別解 気体反応のとき，反応式の係数比は気体の体積比に等しいので

$CH_4 : CO_2 = 1 : 1$

したがって，発生する二酸化炭素の体積は 5.6 L

(4) 生成した水の物質量は，$\dfrac{7.2}{18}$ mol

消費された酸素の物質量は，$\dfrac{7.2}{18} \times \dfrac{2}{2}$ mol

消費された質量は

$\dfrac{7.2}{18} \times \dfrac{2}{2} \times 32 = 12.8 \fallingdotseq 13 [g]$

解答 (1) 18 g (2) 11.2 L (3) 5.6 L
(4) 13 g

[23] 化学反応式と量的関係③

解説 CH_4 の物質量を x [mol]，エタン C_2H_6 の物質量を y [mol] とすると

$$\begin{cases} CH_4 + 2O_2 \longrightarrow CO_2 + 2H_2O \\ x[mol] \qquad\qquad\qquad 2x[mol] \\ C_2H_6 + \dfrac{7}{2}O_2 \longrightarrow 2CO_2 + 3H_2O \\ y[mol] \qquad\qquad\qquad 3y[mol] \end{cases}$$

CH_4，C_2H_6，H_2O のモル質量は，16 g/mol，30 g/mol，18 g/mol なので

$$\begin{cases} 16x + 30y = 7.6 \\ 2x + 3y = \dfrac{14.4}{18} \end{cases}$$

これより，$x = 0.10$ [mol]，$y = 0.20$ [mol]

よって，メタンの質量は $0.10 \times 16 = 1.6 [g]$

解答 1.6 g

[24] 化学反応式と量的関係④

解説

	$2CO$	$+ O_2$	$\longrightarrow 2CO_2$
反応前	20 L	20 L	0 L
反応量	−20 L	−10 L	+20 L
反応後	0 L	10 L	20 L

反応後，O_2 10 L，CO_2 20 L で

全体積 $= 10 + 20 = 30 [L]$

解答 全体積：30 L
体積組成：O_2 10 L，CO_2 20 L

[25] 酸と塩基

解説 ①，② HCl は，水に溶けて $H^+(H_3O^+)$ を出すので，酸に分類される。

③ NH_3 は，水に溶けて OH^- を出すので，塩基に分類される。

④ 酸の強弱は，電離度で決まり，酸の価数に無関係。

⑤ 弱酸の電離度は，濃度が小さくなると，大きくなる。

解答 ②

[26] pH

解説 (1) 塩酸は強酸で，電離度1
$$[H^+] = 0.010 \text{ mol/L} = 1.0 \times 10^{-2} \text{ mol/L}$$
$[H^+] = 1.0 \times 10^{-n} \text{ mol/L}$ のとき，pH $= n$ なので
pH $= 2$

(2) 酢酸水溶液は電離度0.010で，
$$[H^+] = 0.10 \times 0.010 = 1.0 \times 10^{-3} \text{ (mol/L)}$$
よって pH $= 3$

(3) 水酸化ナトリウムは強塩基で，電離度1
$$[OH^-] = 0.010 \text{ mol/L} = 1.0 \times 10^{-2} \text{ mol/L}$$
$[H^+][OH^-] = 1.0 \times 10^{-14} \text{ (mol/L)}^2$ より
$$[H^+] = \frac{1.0 \times 10^{-14}}{[OH^-]} = \frac{1.0 \times 10^{-14}}{1.0 \times 10^{-2}}$$
$$= 1.0 \times 10^{-12} \text{ (mol/L)}$$
よって pH $= 12$

解答 (1) **2**　(2) **3**　(3) **12**

[27] 中和滴定①

解説 (1) 一定体積をはかりとる器具でホールピペット。

(2) 中和の条件は
$$N \times C \times \frac{V}{1000} = n \times c \times \frac{v}{1000}$$
ここで，N：酸の価数，C：酸のモル濃度，V：酸の体積〔mL〕，n：塩基の価数，c：塩基のモル濃度，v：塩基の体積〔mL〕
うすめる前の酢酸のモル濃度を x〔mol/L〕とすると
$$1 \times \frac{x}{10} \times \frac{10.0}{1000} = 1 \times 0.100 \times \frac{7.20}{1000}$$
よって $x = 0.720$〔mol/L〕

解答 (1) **ホールピペット**　(2) **0.720 mol/L**

[28] 中和滴定②

解説 塩酸のモル濃度を x〔mol/L〕，水酸化ナトリウム水溶液のモル濃度を y〔mol/L〕とすると
$$2 \times 0.10 \times \frac{10}{1000} = 1 \times y \times \frac{7.5}{1000} \quad \cdots\cdots ①$$
$$1 \times x \times \frac{10}{1000} = 1 \times y \times \frac{15.0}{1000} \quad \cdots\cdots ②$$
①÷②より $\dfrac{2 \times 0.10}{x} = \dfrac{7.5}{15.0}$　$x = 0.40$〔mol/L〕

解答 **⑤**

[29] 塩の水溶液のpH

解説 A：塩化ナトリウムは，強酸の塩酸と強塩基の水酸化ナトリウムの塩なので，中性を示す。

B：炭酸水素ナトリウムは，弱酸の炭酸と強塩基の水酸化ナトリウムの塩なので，酸性塩であるが，塩基性を示す。

C：塩化アンモニウムは，強酸の塩酸と弱塩基のアンモニアの塩なので，酸性を示す。

pHは酸性側のほうが小さい値をとるので
　　B＞A＞C

解答 **③**

[30] 酸化・還元の定義

解説 (1) Aは酸素を失っているので，「還元された」，Bは酸素を得ているので，「酸化された」。

(2) Cは水素を失っているので，「酸化された」，Dは酸素を失っているので，「還元された」。

解答 A：**還元された**
B：**酸化された**
C：**酸化された**
D：**還元された**

[31] 酸化数

解説 酸化数の決め方
① 単体の酸化数は0とする。
② 単原子イオンはその価数を酸化数とする。
③ 化合物では，Hの酸化数+1，Oの酸化数-2を基準として，構成原子の酸化数の総和を0とする。
④ 多原子イオンでは，構成原子の酸化数の総和をそのイオンの価数とする。

下線上の原子の酸化数を x とすると
(1) $Na\underline{N}O_2$：$(+1) + x + 2 \times (-2) = 0$　$x = +3$
(2) $\underline{N}_2$：単体で　0
(3) $\underline{N}O_2$：$x + 2 \times (-2) = 0$　$x = +4$
(4) $H\underline{N}O_3$：$(+1) + x + 3 \times (-2) = 0$　$x = +5$
(5) $\underline{N}H_3$：$x + 3 \times (+1) = 0$　$x = -3$
(6) $H_2\underline{O}_2$：過酸化物中の酸素原子で　$x = -1$
(7) $K\underline{Mn}O_4$：$(+1) + x + 4 \times (-2) = 0$　$x = +7$
(8) $Na\underline{Cl}O$：$(+1) + x + (-2) = 0$　$x = +1$
(9) $\underline{Cl}O_3^-$：$x + 3 \times (-2) = -1$　$x = +5$
(10) $\underline{S}O_4^{2-}$：$x + 4 \times (-2) = -2$　$x = +6$
(11) $\underline{Cr}_2(SO_4)_3$：Cr^{3+}で　$+3$

解答 (1) **+3**　(2) **0**　(3) **+4**　(4) **+5**
(5) **-3**　(6) **-1**　(7) **+7**　(8) **+1**

(9) +5　(10) +6　(11) +3

[32] 還元剤

解説 還元剤は酸化されるので，下線上の物質中の原子の酸化数が増加するものを探す。

A　$\underline{S}O_2 \longrightarrow H_2\underline{S}O_4$　　　+4 ⟶ +6　還元剤
B　$\underline{S}O_2 \longrightarrow Na_2\underline{S}O_3$　　+4 ⟶ +4
　　　　　　　　　　　　　　還元剤でも酸化剤でもない。
C　$\underline{S}O_2 \longrightarrow \underline{S}$　　　　　+4 ⟶ 0　酸化剤
D　$\underline{S}O_2 \longrightarrow H_2\underline{S}O_4$　　　+4 ⟶ +6　還元剤
E　$\underline{S}O_2 \longrightarrow H_2\underline{S}O_3$　　　+4 ⟶ +4
　　　　　　　　　　　　　　還元剤でも酸化剤でもない。

解答 A，D

[33] 金属のイオン化傾向

解説 イオン化傾向の順は，
(1)より　A・C > B
(2)より　C > A
よって　C > A > B

解答 C，A，B

[34] 酸化剤・還元剤の量的関係

解説　$H_2O_2 \longrightarrow O_2 + 2H^+ + 2e^-$　……①
　　　$MnO_4^- + 8H^+ + 5e^- \longrightarrow Mn^{2+} + 4H_2O$　……②

①と②から e^- を消去する。
5×① + 2×② より
　$5H_2O_2 + 2MnO_4^- + 6H^+ \longrightarrow 5O_2 + 2Mn^{2+} + 8H_2O$

0.50 mol の H_2O_2 と反応する $KMnO_4$ は

$$\frac{2}{5} \times 0.50 = 0.20 \text{ [mol]}$$

解答 0.20 mol

第1部　物質の状態

第1章　化学結合と結晶

基本問題　p.11〜13

1 **解説** (1) ⑦ NH_4Cl は，NH_4^+ と Cl^- からなるイオン結晶であり，N と H の間は共有結合である。また，㋺ KNO_3 も K^+ と NO_3^- からなるイオン結晶で，N と O 間は共有結合である。

(2) ⑦ NH_4Cl は，NH_4^+ と Cl^- からなるイオン結晶であり，4つの N–H 結合のうち1つは，配位結合である。

(3) ㋑ CO_2（ドライアイス）の結晶は，分子間のファンデルワールス力による分子結晶。

(4) ㋕ C（ダイヤモンド）は，多数の炭素原子が共有結合によって結ばれた共有結合の結晶。

解答 (1) ⑦，㋺　(2) ⑦
(3) ㋑　(4) ㋕

2 **解説** 塩化ナトリウムや塩化カルシウムは，イオン結合によるイオン結晶で，一般に，融点が高く，硬くてもろい。

ダイヤモンドや二酸化ケイ素は，多数の原子が共有結合によって結ばれた共有結合の結晶で，一般に，きわめて硬く，融点は非常に高く，電気を通さない。一方，黒鉛は共有結合の結晶であるが，軟らかく，電気を通す。

鉄や銅は，自由電子を原子間で共有してできる金属結合による金属結晶で，電気をよく通す。

ヨウ素やナフタレンの結晶は，分子間力の一種であるファンデルワールス力と呼ばれる分子間にはたらく弱い引力による分子結晶で，軟らかく，融点が低く，昇華性がある。

解答 a, b　**陽イオン, 陰イオン**　（順不同）
(c)　**静電気（クーロン）**　(d) **原子**　(e) **共有電子対**
(f)　**自由電子**　(g) **分子**　(h) **ファンデルワールス**

3 **解説**

単位格子中の銀原子 = $\frac{1}{8} \times 8 + \frac{1}{2} \times 6 = 4$ [個]

単位格子の質量は，$a^3 d$ [g] であり，N_A 個の銀原子の質量は M [g] なので

$$4 : a^3d = N_A : M \quad M = \frac{a^3 d N_A}{4}$$

解答 $M = \dfrac{a^3 d N_A}{4}$

4 **解説** (1) 右図のように，単位格子の頂点に8個，中心に1個の原子があり，頂点にある原子は，$\dfrac{1}{8}$ 個が単位格子に含まれるので，単位格子に含まれる原子の数は

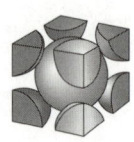

$$\frac{1}{8} \times 8 + 1 = 2 〔個〕$$

(2) 単位格子には，2個のナトリウム原子が含まれ，その質量は，$a^3 d〔g〕$ であり，N_A 個のナトリウム原子の質量は $M〔g〕$ なので

$$2 : a^3 d = N_A : M \quad N_A = \frac{2M}{a^3 d}$$

解答 (1) 2個　(2) $N_A = \dfrac{2M}{a^3 d}$

5 **解説** 単位格子内の原子を数える。

(1) A原子(●)：$\dfrac{1}{8} \times 8 = 1〔個〕$　B原子(○)：1個

　組成式　AB

(2) A原子：$\dfrac{1}{8} \times 8 + 1 = 2〔個〕$　B原子：4個

　A原子：B原子 $= 2:4 = 1:2$　組成式　AB_2

(3) A原子は，頂点に8個，面上に6個あるので

　A原子：$\dfrac{1}{8} \times 8 + \dfrac{1}{2} \times 6 = 4〔個〕$

　B原子は，辺上に12個，中心に1個あるので

　B原子：$\dfrac{1}{4} \times 12 + 1 = 4〔個〕$

　A原子：B原子 $= 4:4 = 1:1$　組成式　AB

解答 (1) AB　(2) AB_2　(3) AB

6 **解説** 重要例題3を参照。

(1) 体心立方格子の配位数は，8。

(2) 体心立方格子の原子半径 r と単位格子1辺の長さ a の関係は　$4r = \sqrt{3}\,a \quad r = \dfrac{\sqrt{3}}{4}a$

解答 (1) 8個　(2) $r = \dfrac{\sqrt{3}}{4}a$

7 **解説** (1) 次図は，面心立方格子を2つ描いたものである。図の中心にある原子は，12個の原子に隣接している。

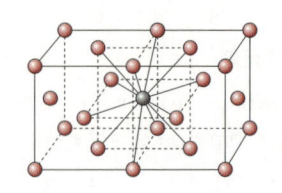

(2) 面心立方格子の r と a の関係は，右図のようになる。ACを r で表すと，$4r$ となり，一方，a で表すと，$\sqrt{2}\,a$ となる。

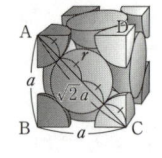

$$4r = \sqrt{2}\,a \quad r = \frac{\sqrt{2}}{4}a$$

解答 (1) 12個　(2) $r = \dfrac{\sqrt{2}}{4}a$

8 **解説** 次図のように，Na^+ のまわりにある Cl^- は，6個である。

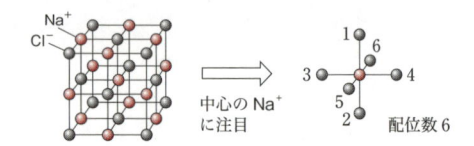

Na^+ のまわりにある Cl^- の配置と Cl^- のまわりにある Na^+ の配置は同じなので，Cl^- の配位数も6。

解答 Na^+ の配位数：6，Cl^- の配位数：6

応用問題　　　　　　　　p.14〜15

9 **解説** 塩化ナトリウムなどのイオン結晶は，イオン結合による結晶で，融点は高いが，もろい。ヨウ素やナフタレンのような分子結晶は，ファンデルワールス力による結晶で，軟らかく，融点が低く，昇華性のものも多い。

ダイヤモンドなどの共有結合の結晶は，一般に，非常に硬く，融点は非常に高く，電気を通さないが，同じ共有結合の結晶の黒鉛は，軟らかく，電気を通す。

金属結晶は，自由電子と原子間で共有してできる金属結合による結晶で，電気や熱をよく通す。

水やアルコールの結晶は，分子結晶であるが，これらの分子間には，水素結合が存在するため，分子量が同程度の無極性分子の結晶と比べ，異常に高い融点・沸点を示す。

解答 ㋐ (v)　㋑ (o)　㋒ (w)
㋓ (u)　㋔ (d)　㋕ (r)　㋖ (m)
㋗ (l)　㋘ (b)　㋙ (k)　㋚ (t)

> **POINT　結晶の電導性**
>
> イオン結晶…なし
> 　　ただし，融解した液体，水溶液はあり。
> 共有結合の結晶…なし
> 　　ただし，黒鉛はあり。
> 金属結晶…あり
> 分子結晶…なし

10 解説 (1) 単位格子の1辺の長さ a と原子半径 r の関係は，右図より

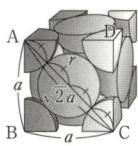

$$4r = \sqrt{2}\,a$$

$$r = \frac{\sqrt{2}}{4}a = \frac{1.4}{4} \times 4.0 \times 10^{-8}$$

$$= 1.4 \times 10^{-8} \text{(cm)}$$

(2) 単位格子中の Al 原子 $= \frac{1}{8} \times 8 + \frac{1}{2} \times 6 = 4$〔個〕

この単位格子の質量 $= 2.7 \times (4.0 \times 10^{-8})^3$〔g〕

Al 原子1個の質量 $= \dfrac{2.7 \times (4.0 \times 10^{-8})^3}{4}$

$$= 4.32 \times 10^{-23}$$

$$\fallingdotseq 4.3 \times 10^{-23} \text{(g)}$$

(3) Al 原子のモル質量は

$$4.32 \times 10^{-23}\text{g} \times 6.0 \times 10^{23}/\text{mol} \fallingdotseq 26\text{g/mol}$$

したがって，原子量は 26

解答 (1) 1.4×10^{-8} cm
(2) 4.3×10^{-23} g　(3) 26

11 解説 (1) 単位格子の1辺の長さ a と原子半径 r の関係は，右図より

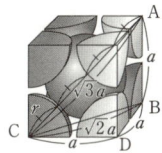

$$4r = \sqrt{3}\,a$$

$$r = \frac{\sqrt{3}}{4}a = \frac{1.7}{4} \times 4.3 \times 10^{-8}$$

$$= 1.8 \times 10^{-8} \text{(cm)}$$

(2) 単位格子中に含まれる Na 原子は2個で，単位格子の質量は $0.97 \times (4.3 \times 10^{-8})^3$ g

よって，Na 原子1個の質量は

$$\frac{0.97 \times (4.3 \times 10^{-8})^3}{2} = 3.9 \times 10^{-23} \text{(g)}$$

(3) Na 原子のモル質量は

$$3.9 \times 10^{-23}\text{g} \times 6.0 \times 10^{23}/\text{mol} \fallingdotseq 23\text{g/mol}$$

したがって，原子量は 23

解答 (1) 1.8×10^{-8} cm
(2) 3.9×10^{-23} g　(3) 23

> **POINT　原子半径 r と単位格子1辺の長さ a の関係**
>
> 体心立方格子：$4r = \sqrt{3}\,a$　　$r = \dfrac{\sqrt{3}}{4}a$
>
> 面心立方格子：$4r = \sqrt{2}\,a$　　$r = \dfrac{\sqrt{2}}{4}a$

12 解説 (1) Na$^+$ は，辺上に12個，中心に1個あるので，$\dfrac{1}{4} \times 12 + 1 = 4$〔個〕　Cl$^-$ は，頂点に8個，面上に6個あるので，$\dfrac{1}{8} \times 8 + \dfrac{1}{2} \times 6 = 4$〔個〕

(2) 右図は，単位格子の1辺上に Cl$^-$，Na$^+$，Cl$^-$ が配列した様子を表している。Na$^+$ のイオン半径を r とすると，図より

$$5.60 \times 10^{-8} = 1.67 \times 10^{-8} + 2r + 1.67 \times 10^{-8}$$

$$r = 1.13 \times 10^{-8} \text{(cm)}$$

(3) 単位格子中には NaCl が4個分含まれているので　$4 : a^3 d = N_A : M$　　$N_A = \dfrac{4M}{a^3 d}$

解答 (1) Na$^+$：4個，Cl$^-$：4個
(2) 1.13×10^{-8} cm　(3) $N_A = \dfrac{4M}{a^3 d}$

> **POINT　塩化ナトリウムの単位格子**
>
> $4 : a^3 d = N_A : M$　　$N_A = \dfrac{4M}{a^3 d}$
>
> NaCl の式量を M，
> 単位格子の1辺の長さを a〔cm〕，
> 結晶の密度を d〔g/cm^3〕，
> アボガドロ定数 N_A

13 解説 (1) 単位格子中には炭素原子が，頂点に8個，面上に6個，内部に4個配置されている。
よって，単位格子中に含まれる炭素原子の数は

$$\frac{1}{8} \times 8 + \frac{1}{2} \times 6 + 4 = 8 〔個〕$$

炭素の原子量を M とすると

$$8 : a^3 d = N_A : M \quad M = \frac{a^3 d N_A}{8}$$

(2) 次図より $AD = \sqrt{2} \times \dfrac{a}{2} = \dfrac{a}{\sqrt{2}}$

$$AB^2 = \left(\frac{a}{\sqrt{2}}\right)^2 + \left(\frac{a}{2}\right)^2 = \frac{3a^2}{4} \quad AB = \frac{\sqrt{3}}{2}a$$

原子間結合の長さ AC は $AB \times \dfrac{1}{2}$ に相当するので

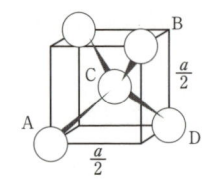

$$\frac{\sqrt{3}}{4}a$$

解答 (1) ①　(2) ②

14 **解説** 体心立方格子の単位格子中には2個の原子が含まれるので，単位格子中の原子の体積は，原子の半径が r なので，$\dfrac{4}{3}\pi r^3 \times 2$ となる。単位格子の1辺の長さは a なので，その体積は a^3 である。

一方，r と a には，$4r = \sqrt{3}a$ の関係があるので，充塡率は，次のようになる。

$$\frac{\frac{4}{3}\pi r^3 \times 2}{a^3} \times 100 = \frac{\frac{4}{3}\pi \times \frac{3\sqrt{3}a^3}{64} \times 2}{a^3} \times 100$$

$$= \frac{\sqrt{3}\pi}{8} \times 100$$

解答 ④

第2章　物質の状態変化

基本問題　p.17〜19

15 **解説** 物質は粒子（原子・分子・イオン）からできており，固体は粒子が集合し，互いに決まった位置で振動している。液体は粒子が互いに集合しているが，熱運動が粒子間の引力に打ち勝って流動性をもつ。気体は熱運動が激しく，自由に空間を動き回る。

解答 (1) **気体**　(2) **気体**　(3) **液体**

(4) **固体**

16 **解説** (1) 外の冷たい空気に熱を奪われ，水蒸気が水になった。

(2) 熱を放出する，つまり熱運動が弱くなる。

(3) 固体から液体にならず直接気体になった。

(4) 蒸発は吸熱反応である。

(5) 雪（固体）が熱を吸収して融け，水になった。

解答 (1) **(エ)**　(2) **(イ)**　(3) **(オ)**　(4) **(ウ)**

(5) **(ア)**

POINT　状態変化とエネルギー

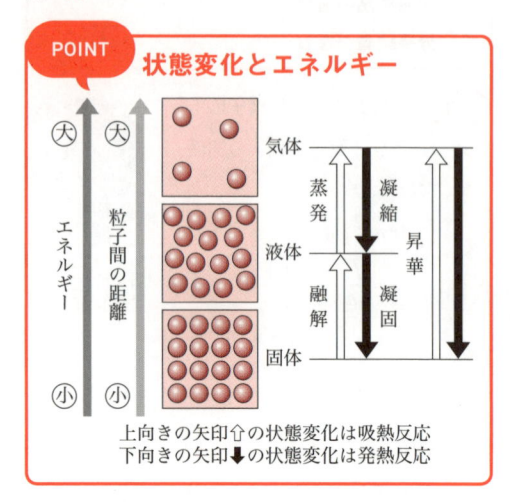

上向きの矢印⇑の状態変化は吸熱反応
下向きの矢印⇓の状態変化は発熱反応

17 **解説** 水のモル質量は 18 g/mol なので，氷 180 g は 10 mol である。0℃ の氷が融解して 0℃ の水になり（①），その後 100℃ の水になり（②），さらに蒸発して 100℃ の水蒸気になる（③）。

① 6.0 kJ/mol × 10 mol = 60 kJ

② 水の比熱は 4.2 J/(g·K) なので，180 g の水の温度を 100 K（℃）上げるのに必要な熱量は

　4.2 J/(g·K) × 180 g × 100 K = 75600 J = 75.6 kJ

③ 41 kJ/mol × 10 mol = 410 kJ

よって

　$60 + 75.6 + 410 = 545.6 ≒ 5.5 \times 10^2$〔kJ〕

解答 5.5×10^2 **kJ**

18 **解説** 蒸気圧とは，気液平衡時の蒸気の圧力のことで，これが大気圧と等しくなったときに液体は沸騰する。

② グラフでは，温度が高くなるほど蒸気圧の変化量が大きくなっている。

解答 ②

19 **解説** (1) 温度が高くなるほど熱運動が激

しくなり，分子は動きやすくなる。
(3) 大気圧下で固体(ドライアイス)は液体にならず，直接気体になる。

解答 (1) Ⅰ **固体** Ⅱ **液体** Ⅲ **気体**
(2) **ドライアイス** (3) **下**

> **POINT 昇華する物質**
> 二酸化炭素(ドライアイス)，ヨウ素，ナフタレン

20 **解説** (1) すべて無極性分子なので，分子量が小さいほど分子間力も小さくなる。
(2) すべて極性分子だが，特に極性の大きいフッ化水素は水素結合をしているので沸点が最も高い。ほかは(1)と同じ。
(3) 融点は共有結合の結晶である二酸化ケイ素が高く，分子結晶のベンゼンは低い。また，塩化ナトリウムはイオン結晶，銅は金属結晶である。

解答 (1) **フッ素，塩素，臭素，ヨウ素**
(2) **塩化水素，臭化水素，ヨウ化水素，フッ化水素**
(3) 低いもの：**ベンゼン，**
  高いもの：**二酸化ケイ素(水晶)**

応用問題 p.20〜21

21 **解説** (1),(2) グラフで温度が上がっていないときは，加えた熱が状態変化のみに使われていて，複数の状態が共存している。T_1は融点，T_2は沸点である。
(3) 沸点は蒸気圧が外圧と等しくなるときの温度で，蒸気圧は温度が高いほど大きい。
(4) 融解はBのときに起こっており，その間に加えられた熱量は，y〔kJ/分〕×(t_2-t_1)〔分〕で，x〔mol〕の固体が融解しているので，$\dfrac{(t_2-t_1)y}{x}$〔kJ/mol〕である。

解答 (1) **沸点** (2) **B** (3) **高くなる**
(4) $\dfrac{(t_2-t_1)y}{x}$〔kJ/mol〕

22 **解説** (1) 凝固は発熱反応である。
(2) 温度は等しいが，物質が凝固するときは凝固点，融解するときは融点と使い分ける。

(3) 融点は粒子の熱運動が粒子間の引力に打ち勝ち，互いに位置を変えられるようになる温度のことである。
(4) 正しい。そのときの温度を融点と呼ぶ。
(5),(6) 水は例外で，融解すると体積は小さくなる。
(7) 凝縮する分子と蒸発する分子の数が等しい状態を気液平衡という。

解答 (1) × (2) ○ (3) ○ (4) ○
(5) × (6) × (7) ○

23 **解説**
(2) $1.0 \times 10^5 : 760 = 9.5 \times 10^4 : x$
  $x = 722$〔mm〕
(3) 水銀柱の圧力と蒸気圧の和が大気圧と等しい。

解答 (1) **気液(平衡)** (2) **722 mm**
(3) **60 mmHg**

24 **解説** (3) 3つの曲線の交点Oを三重点という。
(4) xから真上に移動する。

解答 (1) T_1：**融点(凝固点)**，T_2：**沸点**
(2) ①→②：**昇華**，③→④：**凝固**
(3) **固体と液体と気体の3つが共存して平衡状態になっている。**
(4) **液体になること。**

25 **解説** 分子間力は，水素結合＞極性による引力＞ファンデルワールス力 であり，分子間力が強いほど沸点は高くなる。
16族の水素化合物は折れ線型で，15族の水素化合物は三角錐型で，いずれも極性をもつ。

解答 (1) ○ (2) × (3) × (4) ○

> **POINT 水素結合をする元素**
> 特に電気陰性度が強いF，O，NがH原子と結合している場合，水素結合をする。

実戦問題① p.22〜23

1 **解説** (1) $AgNO_3$は，Ag^+とNO_3^-とからなるイオン結晶で，NO_3^-のNとO間は共有結合。また，NH_4Clは，NH_4^+とCl^-とからなるイオン結晶で，NH_4^+のNとH間は，共有結合。
(2) NH_4^+の4つのN-H結合のうち1つは，配位

第1部 物質の状態

結合によって形成される。ただし，区別できない。
(3) 電導性がある共有結合の結晶は，C(黒鉛)。
(4) 水素結合は，HF，H₂O，NH₃およびアルコールやカルボン酸にある結合。
(5) CH₄中には，共有結合が存在する。ファンデルワールス力のみからなる結晶は，希ガスの結晶であるAr。

解答 (1) ア，ウ　(2) ウ　(3) カ
(4) イ，オ　(5) エ

配点各4点(合計20点)

2 **解説** (2) 頂点に8個，中心に1個の原子があるので
$$\frac{1}{8} \times 8 + 1 = 2 〔個〕$$

(3) 原子量をxとすると
$$2 : (3.0 \times 10^{-8})^3 \times 6.0 = 6.0 \times 10^{23} : x$$
$$x = \frac{(3.0 \times 10^{-8})^3 \times 6.0 \times 6.0 \times 10^{23}}{2} ≒ 49$$

(4) 体心立方格子では，単位格子の1辺の長さaと原子の半径rの間には，$4r = \sqrt{3}a$の関係がある。
$$r = \frac{\sqrt{3}}{4}a = \frac{\sqrt{3}}{4} \times 3.0 \times 10^{-8} ≒ 1.3 \times 10^{-8} 〔cm〕$$

解答 (1) 体心立方格子　(2) 2個　(3) 49
(4) 1.3×10^{-8} cm

配点(1)4点，(2)〜(4)各5点(合計19点)

3 **解説** (1) ㋐●のCl⁻に注目すると，面心立方子。㋑，㋒面心立方格子中には，4個の原子(ここではイオン)が存在する。㋓塩化ナトリウムでは，配位数は6。㋔次図のように配位数は8。

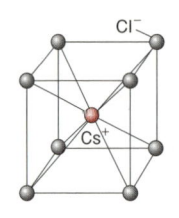

(2) ① 単位格子の1辺の長さa
　＝2×Na⁺のイオン半径＋2×Cl⁻のイオン半径
　＝$2 \times 1.16 \times 10^{-8} + 2 \times 1.67 \times 10^{-8}$
　＝5.66×10^{-8}〔cm〕

② 次図のABの長さに相当する。
$$1.16 \times 10^{-8} + 1.67 \times 10^{-8} = 2.83 \times 10^{-8} 〔cm〕$$

別解 $AB = \frac{1}{2}a = \frac{1}{2} \times 5.66 \times 10^{-8}$
$= 2.83 \times 10^{-8}$〔cm〕

③ 最近接にあるCl⁻どうしの中心距離に同じ。したがって，次図のACの長さに相当する。
$$\sqrt{2} \times 2.83 \times 10^{-8} = 3.99 \times 10^{-8} 〔cm〕$$

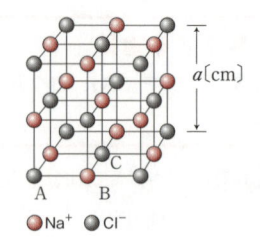

解答 (1) ㋐面心立方　㋑4　㋒4　㋓6　㋔8
(2) ① 5.66×10^{-8} cm　② 2.83×10^{-8} cm
③ 3.99×10^{-8} cm

配点各3点(合計24点)

4 **解説** 状態変化についてしっかりと理解を深めておく。

解答 ㋐温度　㋑水素結合　㋒融解　㋓蒸発
㋔蒸発熱　㋕凝縮　㋖気液平衡
㋗(飽和)蒸気圧　㋘沸騰　㋙沸点　㋚90

配点各2点(合計22点)

5 **解説** (2) 水銀柱の圧力とヘキサンの蒸気圧の和が大気圧と等しくなっている。つまり，ヘキサンの飽和蒸気圧の分だけ水銀柱は低くなる。
25℃におけるヘキサンの蒸気圧は，グラフから0.2×10^5 Pa，相当する水銀柱の高さは152 mmである。

(3) 大気圧と蒸気圧が等しくなったとき，沸騰が起こる。

解答 (1) 気液(平衡)　(2) 152 mm　(3) 65℃

配点各5点(合計15点)

探究活動 対策問題 p.24〜25

1 **解説** (1) 面心立方格子の場合，2つ単位格子を重ねたときの接触面にある中心の原子には，12個の原子が接しているのがわかる。

(2) 面心立方格子の単位格子＝$\frac{1}{8} \times 8 + \frac{1}{2} \times 6$
　　　　　　　　　　　　　＝4〔個〕

体心立方格子の単位格子 = $\frac{1}{8} \times 8 + 1 = 2$〔個〕

(3) 発泡ポリスチレン球の半径を r、ポリ塩化ビニルの1辺の長さを a とすると、
面心立方格子では、$4r = \sqrt{2}\,a$、
体心立方格子では、$4r = \sqrt{3}\,a$ の関係がある。したがって、面心立方格子では

$$4 \times 15 = \sqrt{2}\,a \quad a = \frac{4 \times 15}{\sqrt{2}} = 30\sqrt{2}$$
$$\fallingdotseq 42 \text{〔mm〕}$$

体心立方格子では $4 \times 15 = \sqrt{3}\,a$

$$a = \frac{4 \times 15}{\sqrt{3}} = 20\sqrt{3} \fallingdotseq 35 \text{〔mm〕}$$

解答 （面心立方格子、体心立方格子の順に）
(1) **12個、8個** (2) **4個、2個**
(3) **42 mm、35 mm**

2 **解説** A〜Bは液体、B〜Dは液体と固体、D〜Eは固体の状態である。
外気温のほうが低く、パルミチン酸の温度はどんどん下がっていくが、B〜Cでは凝固による発熱量のほうが、周囲に奪われる熱量よりも多く、温度は凝固点まで上がる。
そして、C〜Dではその2つが等しく、温度変化がなくなっているが、Dですべて固体になり、また温度がどんどん下がっていく。

解答 (1) **B** (2) **D** (3) **60℃**
(4) **過冷却、B**
発展 (1) **発熱反応である凝固が急に始まったから。**

第3章　気体の性質

基本問題　p.27〜29

26 **解説** ボイルの法則 $PV = k$（一定）を使う。
(1) $1.5 \times 10^5 \text{Pa} \times 5.0 \text{L} = P\text{〔Pa〕} \times 3.0 \text{L}$
$$P = 2.5 \times 10^5 \text{〔Pa〕}$$
(2) $2.0 \times 10^5 \text{Pa} \times 6.0 \text{L} = 2.4 \times 10^5 \text{Pa} \times V\text{〔L〕}$
$$V = 5.0 \text{〔L〕}$$
(3) $3.0 \times 10^2 \text{hPa} = 3.0 \times 10^4 \text{Pa}$ である。
$3.0 \times 10^4 \text{Pa} \times 1.0 \text{L} = 1.0 \times 10^4 \text{Pa} \times V\text{〔L〕}$
$$V = 3.0 \text{〔L〕}$$

解答 (1) **2.5×10^5Pa** (2) **5.0 L** (3) **3.0 L**

27 **解説** シャルルの法則 $\frac{V}{T} = k'$（一定）を使う。
絶対温度 T〔K〕 = セルシウス温度 t〔℃〕+ 273 である。

(1) $\frac{8.0 \text{L}}{320 \text{K}} = \frac{V\text{〔L〕}}{360 \text{K}}$　$V = 9.0$〔L〕
(2) $\frac{3.6 \text{L}}{300 \text{K}} = \frac{V\text{〔L〕}}{400 \text{K}}$　$V = 4.8$〔L〕
(3) $\frac{9.1 \text{L}}{273 \text{K}} = \frac{10.0 \text{L}}{T\text{〔K〕}}$　$T = 300$〔K〕
$300 \text{K} = t\text{〔℃〕} + 273$
$t = 27$〔℃〕

解答 (1) **9.0 L** (2) **4.8 L** (3) **27℃**

28 **解説** ボイル・シャルルの法則 $\frac{PV}{T} = k''$ （T は絶対温度）を使う。

(1) $\frac{1.0 \times 10^5 \text{Pa} \times 5.0 \text{L}}{320 \text{K}} = \frac{7.5 \times 10^4 \text{Pa} \times V\text{〔L〕}}{288 \text{K}}$
$$V = 6.0 \text{〔L〕}$$
(2) $\frac{1.2 \times 10^5 \text{Pa} \times 3.0 \text{L}}{300 \text{K}} = \frac{P\text{〔Pa〕} \times 7.0 \text{L}}{280 \text{K}}$
$$P = 4.8 \times 10^4 \text{〔Pa〕}$$
(3) 標準状態は 0℃（273 K）、1.0×10^5Pa なので
$$\frac{2.0 \times 10^5 \text{Pa} \times 4.0 \text{L}}{364 \text{K}} = \frac{1.0 \times 10^5 \text{Pa} \times V\text{〔L〕}}{273 \text{K}}$$
$$V = 6.0 \text{〔L〕}$$

解答 (1) **6.0 L** (2) **4.8×10^4Pa** (3) **6.0 L**

29 **解説** 気体の状態方程式 $PV = nRT$ を使う。これ以降、途中式では基本的に単位を省略する。

(1) $P \times 1.0 = 0.10 \times 8.3 \times 10^3 \times 300$
$$P = 2.49 \times 10^5 \fallingdotseq 2.5 \times 10^5 \text{〔Pa〕}$$
(2) 酸素の分子量は 32 なので
$$2.0 \times 10^5 \times V = \frac{3.2}{32} \times 8.3 \times 10^3 \times 400$$
$$V = 1.66 \fallingdotseq 1.7 \text{〔L〕}$$
(3) 窒素の分子量は 28 なので、窒素 14 g は、
$\frac{14}{28} = 0.50$ mol である。
$$2.0 \times 10^5 \times 8.3 = 0.50 \times 8.3 \times 10^3 \times T$$
$$T = 400 \text{〔K〕}$$

解答 (1) **2.5×10^5Pa** (2) **1.7 L** (3) **400 K**

30 **解説** 気体の状態方程式を使って、まず体積 V〔L〕を求め、それから密度 d〔g/L〕を求める。

ア　水素の分子量は2.0なので，水素4.0gは2.0molである。
$$8.3 \times 10^5 \times V = 2.0 \times 8.3 \times 10^3 \times 300$$
$$V = 6.0 \text{(L)}$$
$$d = \frac{4.0}{6.0} ≒ 0.67 \text{(g/L)}$$

イ　窒素の分子量は28なので，窒素7.0gは0.25molである。
$$2.0 \times 10^5 \times V = 0.25 \times 8.3 \times 10^3 \times 400$$
$$V = 4.15 ≒ 4.2 \text{(L)}$$
$$d = \frac{7.0}{4.15} ≒ 1.7 \text{(g/L)}$$

ウ　酸素の分子量は32なので，酸素8.0gは0.25molである。
標準状態は1.01×10^5Pa，273Kとすると
$$1.01 \times 10^5 \times V = 0.25 \times 8.3 \times 10^3 \times 273$$
$$V = 5.61 ≒ 5.6 \text{(L)}$$
$$d = \frac{8.0}{5.61} ≒ 1.4 \text{(g/L)}$$

標準状態で1molの気体は22.4Lなので，0.25molは5.6Lと考えてもよい。

エ　二酸化炭素の分子量は44なので，二酸化炭素0.88gは0.020molである。
$$2.0 \times 10^4 \times V = 0.020 \times 8.3 \times 10^3 \times 400$$
$$V = 3.32 ≒ 3.3 \text{(L)}$$
$$d = \frac{0.88}{3.32} ≒ 0.27 \text{(g/L)}$$

解答 (1) ア，ウ，イ，エ　(2) イ，ウ，ア，エ

31 解説　その気体の分子量をM，質量をwとすると，その物質量は$\frac{w}{M}$，気体の状態方程式は
$$PV = \frac{w}{M}RT \text{ となり}$$
$$M = \frac{wRT}{PV} \quad \cdots\cdots ①$$

また，密度d〔g/L〕は1Lあたりの質量なので
$d = \frac{w}{V}$ と表せ，①は
$$M = \frac{w}{V} \times \frac{RT}{P} = \frac{dRT}{P} \quad \cdots\cdots ②$$
と，さらに変形できる。

(1) ①に代入して $M = \dfrac{20 \times 8.3 \times 10^3 \times 300}{1.5 \times 10^5 \times 8.3} = 40$

(2) ②に代入して $M = \dfrac{2.0 \times 8.3 \times 10^3 \times 280}{8.3 \times 10^4} = 56$

$V = 1.0$〔L〕，$w = 2.0$〔g〕として①に代入しても，同じ式になる。

解答 (1) 40　(2) 56

32 解説　(1) 温度は一定で，体積が変化しているので，ボイルの法則より
$$1.0 \times 10^5 \text{Pa} \times 3.0 \text{L} = P_{O_2}\text{(Pa)} \times 5.0 \text{L}$$
$$P_{O_2} = 6.0 \times 10^4 \text{(Pa)}$$
$$2.0 \times 10^5 \text{Pa} \times 2.0 \text{L} = P_{H_2}\text{(Pa)} \times 5.0 \text{L}$$
$$P_{H_2} = 8.0 \times 10^4 \text{(Pa)}$$

(2) 全圧は各分圧の和なので
$$P = P_{O_2} + P_{H_2} = 6.0 \times 10^4 + 8.0 \times 10^4$$
$$= 1.4 \times 10^5 \text{(Pa)}$$

解答 (1) 酸素：6.0×10^4Pa，水素：8.0×10^4Pa

(2) 1.4×10^5Pa

33 解説　ア，イ，ウ　実在気体は理想気体と違って，分子間力と分子自身の体積があり，理想気体に近づけるためには，それらの影響を小さくすればよい。温度を高くすることによって熱運動を激しくすれば，分子間力の影響は小さくなり，低圧にする(体積を大きくする)ことによって，分子間の距離を大きくすれば，分子間力の影響も分子自身の体積の影響も小さくなる。

エ　分子間力が弱い，無極性の気体を選ぶ。

解答 ア 1　イ 4　ウ 3　エ 7

応用問題　p.30〜31

34 解説　(イ)・(ウ)・(エ)・(オ)

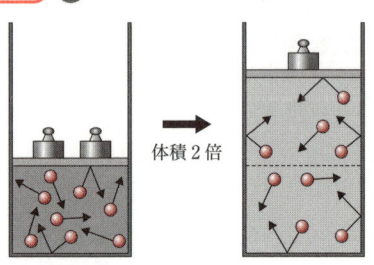

体積を2倍にする→単位体積中の分子数が$\frac{1}{2}$倍になる→衝突回数が$\frac{1}{2}$倍になる→圧力が$\frac{1}{2}$倍になる。

C　物質量n〔mol〕は，質量w〔g〕をモル質量M〔g/mol〕で割ったものなので$n = \dfrac{w}{M}$と表され，

気体の状態方程式に代入すると
$$PV = \frac{w}{M}RT$$
となる。

解答 (ア) **反比例** (イ) **反比例** (ウ) $\dfrac{1}{n}$ (エ) $\dfrac{1}{n}$

(オ) $\dfrac{1}{n}$ (カ) **比例**

A：$P_1V_1 = P_2V_2$, B：$V_1T_2 = V_2T_1$,

C：$PV = \dfrac{wRT}{M}$

35 **解説** (1) 気体の状態方程式に代入して
$$1.2 \times 10^5 \times 16.6 = n \times 8.3 \times 10^3 \times 300$$
$$n = 0.80 \text{〔mol〕}$$

(2) $6.0 \times 10^{23}/\text{mol} \times 0.80 \text{ mol} = 4.8 \times 10^{23}$ 個

(3) 分子量を M とすると $\dfrac{32}{M} = 0.80$
$$M = 40$$

解答 (1) **0.80 mol** (2) **4.8×10^{23} 個** (3) **40**

36 **解説** (1) 温度は一定で、体積が変化しているので、ボイルの法則を使って各気体の分圧を求め、足せばよい。
$$2.0 \times 10^5 \times 1.0 = P_{O_2} \times 1.5$$
$$P_{O_2} = \frac{4}{3} \times 10^5 \fallingdotseq 1.33 \times 10^5 \text{〔Pa〕}$$
$$1.0 \times 10^5 \times 0.50 = P_{CO_2} \times 1.5$$
$$P_{CO_2} = \frac{1}{3} \times 10^5 \fallingdotseq 0.33 \times 10^5 \text{〔Pa〕}$$
$$P = P_{O_2} + P_{CO_2} \fallingdotseq 1.7 \times 10^5 \text{〔Pa〕}$$

(2) 分圧の比が物質量の比になるので
$$n_{O_2} : n_{CO_2} = \frac{4}{3} \times 10^5 : \frac{1}{3} \times 10^5$$
$$= 4 : 1$$
よって、酸素のモル分率は
$$\frac{4}{4+1} = \frac{4}{5} = 0.80$$

(3) 酸素の分子量は 32、二酸化炭素の分子量は 44 なので
$$32 \times 0.80 + 44 \times 0.20 = 34.4 \fallingdotseq 34$$

解答 (1) **1.7×10^5 Pa** (2) **0.80** (3) **34**

POINT　モル分率と分圧、平均分子量

混合気体の全圧・分圧の比と物質量の比は一致する。
$$P : P_A : P_B = (n_A + n_B) : n_A : n_B$$
つまり、全圧にモル分率をかければ分圧が求まる。
$$P_A = P \times \frac{n_A}{n_A + n_B}$$
また、平均分子量は、各成分気体の分子量にそのモル分率をかけたものの和である。

37 **解説** (1) 水位が一致していないと、水圧を考えなくてはならなくなる。

(2) 容器内の圧力は大気圧と等しく、発生させた気体と水蒸気との混合気体になっているので
$$P = P_{大気圧} - P_{H_2O} = 9.96 \times 10^4 - 3.6 \times 10^3$$
$$= 9.6 \times 10^4 \text{〔Pa〕}$$

(3) 気体の状態方程式に代入して
$$9.6 \times 10^4 \times \frac{830}{1000} = n \times 8.3 \times 10^3 \times 300$$
$$n = 3.2 \times 10^{-2} \text{〔mol〕}$$

解答 (1) **容器内の圧力を大気圧と一致させるため。**

(2) **9.6×10^4 Pa** (3) **3.2×10^{-2} mol**

38 **解説** 実在気体と理想気体の違いの(1)をしっかり意識して、それ以降の問題を考える。

(3) A は分子間力が非常に小さいので 1.0 より小さくならず、水素である。B は分子間力の影響で最初は 1.0 より小さくなるが、その後、分子自身の大きさの影響で 1.0 より大きくなっていくことから、メタンである。C は分子間力が最も大きい二酸化炭素である。

(4) 圧力が高いと分子間の距離が小さくなって、分子間力がはたらきやすくなり、さらに分子自身の体積の影響も大きくなる。温度が高いと熱運動が激しくなり、分子間力の影響が小さくなる。

解答 (1) **分子間力がはたらいている。分子自身に体積がある。**

(2) **表において下の気体ほど、分子間力が大きいから。**

(3) **A：水素，B：メタン，C：二酸化炭素**

(4) **圧力が高いほど、ずれは大きくなる。温度が高いほど、ずれは小さくなる。**

> **POINT 実在気体と理想気体**
>
> | | 実在気体 | 理想気体 |
> |---|---|---|
> | 気体の状態方程式 | 厳密にはしたがわない | 厳密にしたがう |
> | 分子間力 | ある | ない |
> | 分子自身の体積 | ある | ない |
>
> 無極性分子で分子量の小さい実在気体ほど，理想気体に近い。分子間力や分子自身の体積の影響が小さくなる高温で低圧の状態ならば，実在気体は理想気体に近づく。

第4章 溶液

基本問題　p.33〜35

39 解説　一般に，極性の大きい溶質は極性溶媒には溶けやすいが，無極性溶媒には溶けにくく，極性の小さい溶質は，極性溶媒には溶けにくいが，無極性溶媒には溶けやすい。
溶解したときに電離する物質(塩化ナトリウム，酢酸，塩化水素など)を電解質，電離しない物質(エタノール，グルコースなど)を非電解質という。

解答　ア　極性　イ　イオン　ウ　大き
エ　分子間力　オ　ヘンリー　カ　一定

40 解説　これらの値が純粋な溶媒に比べてどのくらい変化するかは，溶質の種類に関係なく，溶質粒子の質量モル濃度に比例するので，電解質かどうかを考え，電解質ならば電離式を考える。
式量 NaCl＝58.5，MgCl$_2$＝95，分子量 C$_6$H$_{12}$O$_6$＝180 より，いずれも質量モル濃度は 0.10 mol/kg となる。

(ア)　NaCl ⟶ Na$^+$＋Cl$^-$ より，イオンの質量モル濃度は

$$0.10 \text{ mol/kg} \times 2 = 0.20 \text{ mol/kg}$$

(イ)　MgCl$_2$ ⟶ Mg^{2+}＋2Cl$^-$ より，イオンの質量モル濃度は

$$0.10 \text{ mol/kg} \times 3 = 0.30 \text{ mol/kg}$$

(ウ)　非電解質であるから，0.10 mol/kg
よって，質量モル濃度は　(イ)＞(ア)＞(ウ)

(1) 溶液の蒸気圧は下がるので，質量モル濃度が小さいほど高くなる。

(2) 溶液の沸点は上がるので，質量モル濃度が大きいほど高くなる。

(3) 溶液の凝固点は下がるので，質量モル濃度が小さいほど高くなる。

解答 (1)　ウ，ア，イ　　(2)　イ，ア，ウ
(3)　ウ，ア，イ

41 解説　溶液の浸透圧 Π は，溶質粒子のモル濃度 C と絶対温度 T に比例し，$\Pi = CRT$ (R：気体定数)で表される。

(1) 尿素は分子量60で非電解質なので，溶質粒子のモル濃度は

$$\frac{18.0 \text{ g}}{60 \text{ g/mol}} \times \frac{1}{0.5 \text{ L}} = 0.60 \text{ mol/L}$$

よって　$\Pi = 0.60 \times 8.3 \times 10^3 \times 300 = 1.494 \times 10^6$
$\fallingdotseq 1.5 \times 10^6 \text{ [Pa]}$

(2) 水酸化ナトリウムは式量40の電解質で，NaOH ⟶ Na$^+$＋OH$^-$ のように電離するので，溶質粒子のモル濃度は

$$\frac{10.0 \text{ g}}{40 \text{ g/mol}} \times \frac{1}{1 \text{ L}} \times 2 = 0.50 \text{ mol/L}$$

よって　$\Pi = 0.50 \times 8.3 \times 10^3 \times 300 = 1.245 \times 10^6$
$\fallingdotseq 1.2 \times 10^6 \text{ [Pa]}$

(3) デンプンは非電解質で，分子量を M とすると，溶質粒子のモル濃度は

$$\frac{10 \text{ g}}{M \text{ [g/mol]}} \times \frac{1}{1 \text{ L}} = \frac{10}{M} \text{ [mol/L]}$$

この水溶液の浸透圧は 320 Pa なので

$$320 \text{ Pa} = \frac{10}{M} \times 8.3 \times 10^3 \times 320$$

よって　$M = 8.3 \times 10^4$

解答 (1)　1.5×10^6 Pa　(2)　1.2×10^6 Pa
(3)　8.3×10^4

> **POINT 希薄溶液の性質**
>
> 蒸気圧降下度
> 沸点上昇度　溶質粒子の質量モル濃度に比例。
> 凝固点降下度
>
> 浸透圧➡溶質粒子のモル濃度と絶対温度に比例。

42 解説　コロイドの基本知識を確認する。

(ウ)　FeCl$_3$＋3H$_2$O ⟶ Fe(OH)$_3$＋3HCl
セロハンには小さな穴があいており，その穴をH$_2$O や H$^+$，Cl$^-$ などは通過できるが，コロイド粒子の Fe(OH)$_3$ は大きいので通過できない。な

お，コロイド粒子を Fe(OH)$_3$ としたが，実際は複雑な組成の物質である。

解答 ア ⑨ イ ⑩ ウ ⑫ エ ⑦ オ ①
カ ⑧ キ ④

> **POINT　凝析と塩析**
> 電解質を少量加えると沈殿する(凝析)コロイドを疎水コロイド，電解質を多量に加えて沈殿する(塩析)コロイドを親水コロイドという。

応用問題　p.36〜39

43 **解説** 水は極性溶媒なので極性分子やイオン結晶をよく溶かし，ベンゼンは無極性溶媒なので無極性分子をよく溶かす。

解答 (ア) ② (イ) ① (ウ) ② (エ) ① (オ) ①

44 **解説** (1) 硫酸の分子量は 98 である。
1 L (1000 cm^3) で考えると

$$1000 \text{ cm}^3 \times 1.84 \text{ g/cm}^3 \times \frac{98}{100} \times \frac{1}{98 \text{ g/mol}} = 18.4 \text{ mol}$$

濃硫酸 1 L の質量 ←
濃硫酸 1 L 中の硫酸の質量 ←
濃硫酸 1 L 中の硫酸の物質量 ←

1 L 中に硫酸は 18.4 mol 存在するので，モル濃度は 18.4 mol/L

(2) 希釈する前と後で含まれる硫酸の物質量は変わらないので，必要な濃硫酸の体積を x [mL] とし

$$18.4 \text{ mol/L} \times \frac{x}{1000} [\text{L}] = 1.0 \text{ mol/L} \times \frac{500}{1000} \text{ L}$$

$$x \fallingdotseq 27.2 \text{ [mL]}$$

解答 (1) 18.4 mol/L　(2) 27.2 mL

45 **解説** CuSO$_4$・5H$_2$O 375 g 中の CuSO$_4$ は

$$375 \text{ g} \times \frac{160}{250} = 240 \text{ g}$$

$$240 \text{ g} \times \frac{1}{160 \text{ g/mol}} = 1.5 \text{ mol}$$

この水溶液の質量は

$$1.1 \text{ g/cm}^3 \times 1100 \text{ cm}^3 = 1210 \text{ g}$$

このうち，水(溶媒)の質量は　1210 − 240 = 970 [g]

質量パーセント濃度　$\frac{240}{1210} \times 100 \fallingdotseq 19.8$ [%]

モル濃度　$1.5 \text{ mol} \times \frac{1}{1.1 \text{ L}} \fallingdotseq 1.36$ mol/L

質量モル濃度　$1.5 \text{ mol} \times \frac{1}{0.97 \text{ kg}} \fallingdotseq 1.55$ mol/kg

解答 質量パーセント濃度：**19.8%**，モル濃度：**1.36 mol/L**，質量モル濃度：**1.55 mol/kg**

46 **解説** (1) 40℃の水 200 g なので，グラフの値の 2 倍の質量を溶かすことができる。よって，溶け残っているのは塩化カリウムで

$$100 − 40 \times 2 = 20 \text{ [g]}$$

(2) 40℃の水 200 g に硝酸カリウムは 100 g，塩化カリウムは 80 g 溶けている。これを 0℃に下げると，硝酸カリウムは $13 \times 2 = 26$ g 溶けるので，100 − 26 = 74 [g]，塩化カリウムは $28 \times 2 = 56$ g 溶けるので，80 − 56 = 24 [g] 析出する。

(3) 塩化カリウムの 0℃における溶解度は，28 なので，析出しない。硝酸カリウムの 0℃における溶解度は 13 なので　74 − 13 = 61 [g]

解答 (1) **20 g**
(2) 塩化カリウム：**24 g**，硝酸カリウム：**74 g**
(3) **硝酸カリウム，61 g**
(4) **再結晶**

47 **解説** (1) 0℃，1.0×10^5 Pa で 1 L の水に溶ける水素の物質量は

$$\frac{22 \times 10^{-3} \text{ L}}{22.4 \text{ L/mol}} = 0.982 \times 10^{-3} \text{ mol}$$

温度一定で，一定量の水に溶ける気体の物質量は，圧力に比例する(ヘンリーの法則)ので

$$0.982 \times 10^{-3} \text{ mol} \times \frac{4.0 \times 10^5 \text{ Pa}}{1.0 \times 10^5 \text{ Pa}} \times \frac{10 \text{ L}}{1 \text{ L}}$$

$$= 39.28 \times 10^{-3} \fallingdotseq 3.9 \times 10^{-2} \text{ mol}$$

(2) 温度一定で，一定量の水に溶ける気体の体積は，圧力に関係なく一定(ヘンリーの法則)なので

$$22 \text{ mL} \times \frac{10 \text{ L}}{1 \text{ L}} = 220 = 2.2 \times 10^2 \text{ mL}$$

(3) 分圧の法則により，水素の分圧は

$$1.0 \times 10^6 \text{ Pa} \times \frac{1}{1+1} = 5.0 \times 10^5 \text{ Pa}$$

(1)と同様にして

$$0.982 \times 10^{-3} \text{ mol} \times \frac{5.0 \times 10^5 \text{ Pa}}{1.0 \times 10^5 \text{ Pa}} \times \frac{5 \text{ L}}{1 \text{ L}}$$

$$= 2.455 \times 10^{-2} \text{ mol}$$

水素の分子量は 2.0 なので

$$2.455 \times 10^{-2} \text{ mol} \times 2.0 \text{ g/mol} = 0.0491$$

$$\fallingdotseq 4.9 \times 10^{-2} \text{ g}$$

第 1 部　物質の状態

(4) 水によく溶ける気体(極性がある気体)や水と反応する気体はヘンリーの法則にしたがわない。

解答 (1) $3.9×10^{-2}$ mol　(2) $2.2×10^2$ mL
(3) $4.9×10^{-2}$ g　(4) **アンモニア，塩化水素**

> **POINT ヘンリーの法則**
> 温度一定で，一定量の水に溶ける気体の質量と物質量はその気体の圧力(分圧)に比例するが，体積はその圧力(分圧)においては一定である。

48 **解説** (1) 0℃，$1.0×10^5$ Pa で 1 L の水に溶ける窒素の体積は

$$1.0×10^{-3} \text{mol} × 22.4 \text{L/mol} = 22.4×10^{-3}$$
$$= 2.24×10^{-2} \text{L}$$

温度一定で，一定量の水に溶ける気体の体積は，圧力に関係なく一定なので

$$2.24×10^{-2} \text{L} × \frac{2.00 \text{L}}{1 \text{L}} = 4.48×10^{-2}$$
$$≒ 4.5×10^{-2} \text{L}$$

(2) 0℃で溶けていた窒素の物質量は $2.0×10^{-3}$ mol，80℃で溶けることのできる窒素の物質量は $8.6×10^{-4}$ mol なので，出ていった窒素の物質量は

$$2.0×10^{-3} - 8.6×10^{-4} = 11.4×10^{-4}$$
$$= 1.14×10^{-3} \text{[mol]}$$

その体積は　$1.14×10^{-3}$ mol $× 22.4$ L/mol
$$= 25.536×10^{-3} ≒ 2.6×10^{-2} \text{L}$$

(3) 分圧の法則により，窒素の分圧は

$$1.0×10^5 \text{Pa} × \frac{4}{4+1} = 8.0×10^4 \text{Pa}$$

温度一定で，一定量の水に溶ける気体の物質量は，圧力に比例する(ヘンリーの法則)ので

$$1.0×10^{-3} \text{mol} × \frac{8.0×10^4 \text{Pa}}{1.0×10^5 \text{Pa}} × \frac{2.00 \text{L}}{1 \text{L}}$$
$$= 1.6×10^{-3} \text{mol}$$

窒素の分子量は 28 なので

$$1.6×10^{-3} \text{mol} × 28 \text{g/mol} = 44.8×10^{-3}$$
$$≒ 4.5×10^{-2} \text{g}$$

解答 (1) $4.5×10^{-2}$ L　(2) $2.6×10^{-2}$ L
(3) $4.5×10^{-2}$ g

49 **解説** (1) 不揮発性の溶質の溶液は，純粋な溶媒に比べて蒸気圧は下がる(蒸気圧降下)。

(2) 沸点は，蒸気圧が大気圧と等しくなるときの温度である。

(4) 沸点上昇は，溶質粒子の質量モル濃度に比例する。

$$Na_2SO_4 \longrightarrow 2Na^+ + SO_4^{2-}$$

よって，溶質粒子の質量モル濃度 m は 0.30 mol/kg となり

$$\Delta t = K_b m = 0.52 \text{K·kg/mol} × 0.30 \text{mol/kg}$$
$$= 0.156 ≒ 0.16 \text{K}$$

解答 (1) A　(2) $t_3 - t_2$　(3) **蒸気圧降下度**
(4) **100.16℃**

50 **解説** (1) このベンゼン溶液のヨウ素の質量モル濃度 m は，ヨウ素の分子量が 254 なので

$$m = \frac{2.54 \text{g}}{254 \text{g/mol}} × \frac{1}{0.1 \text{kg}} = 0.10 \text{mol/kg}$$

よって　$\Delta t = K_f m = 5.0$ K·kg/mol $× 0.10$ mol/kg
$$= 0.50 \text{K}$$

凝固点は　$5.5 - 0.50 = 5.0$ [℃]

(2) この非電解質の分子量を M とすると，この水溶液の溶質粒子の質量モル濃度は $\frac{36}{M}$ [mol/kg] となる。

塩化ナトリウムは　$NaCl \longrightarrow Na^+ + Cl^-$　と完全に電離しているので，0.10 mol/kg の塩化ナトリウム水溶液の溶質粒子の質量モル濃度は

$$0.10 × 2 = 0.20 \text{[mol/kg]}$$

この 2 つが等しいので

$$\frac{36}{M} = 0.20 \quad M = 180$$

解答 (1) 5.0℃　(2) 180

51 **解説** (2) 実際に得られた結果をもとに，その範囲外で予想される数値を求めることを外挿という。

(3) $m = \frac{9.00 \text{g}}{180 \text{g/mol}} × \frac{1}{0.5 \text{kg}} = 0.100$ mol/kg

よって　$\Delta t = K_f m = 1.85$ K·kg/mol $× 0.100$ mol/kg
$$= 0.185 \text{K}$$

解答 (1) **過冷却**　(2) B　(3) -0.185℃

52 **解説** (1) $1.0×10^5$ Pa は水銀の柱で 76 cm なので，1cm^2 あたりにかかる質量は

$$13.5 \text{g/cm}^3 × 76 \text{cm} = 1026 \text{g/cm}^2$$

水溶液の柱で x [cm] になるとすると

$$1.0 \text{ g/cm}^3 \times x\text{(cm)} = 1026 \text{ g/cm}^2$$
$$x = 1026 \text{(cm)}$$

(2) 浸透圧 Π は $\Pi = CRT$（ファントホッフの法則）で求められる。

$$C = \frac{9.0 \times 10^{-3} \text{g}}{180 \text{ g/mol}} \times \frac{1}{0.5 \text{ L}} = 1.0 \times 10^{-4} \text{(mol/L)}$$

よって $\Pi = 1.0 \times 10^{-4} \times 8.3 \times 10^3 \times 300$
$$= 249 \fallingdotseq 2.5 \times 10^2 \text{(Pa)}$$

(3) $1.0 \times 10^5 : 1026 = 249 : h$
$$h = 2.55 \fallingdotseq 2.6 \text{(cm)}$$

解答 (1) **1026 cm**　(2) **2.5×10^2 Pa**
(3) **2.6 cm**

53 **解説** (2) $\Pi = CRT$ なので，
$$7.7 \times 10^5 = C \times 8.3 \times 10^3 \times 310$$
$$C = 0.299 \fallingdotseq 0.30 \text{(mol/L)}$$

(3) NaCl は，NaCl ⟶ Na$^+$ + Cl$^-$ のように電離するので，x(mol/L) の食塩水の溶質粒子のモル濃度は $2x$(mol/L)

したがって $2x = 0.299$
$$x = 0.1495 \text{(mol/L)}$$

よって $58.5 \times 0.1495 \fallingdotseq 8.7$(g)

注意 有効数字2ケタの問題なので，途中の計算は3ケタまで求めて計算すればよい。つまり，$x = 0.149$ で計算してもよいし，4ケタ目を四捨五入して $x = 0.150$ で計算してもよい。ただし，$x = 0.150$ では 8.8 g となる。

(4) この有機化合物の分子量を M とすると，この水溶液の溶質粒子のモル濃度は
$$\frac{7.7 \text{ g}}{M \text{(g/mol)}} \times \frac{1}{0.1 \text{ L}} = \frac{77}{M} \text{(mol/L)}$$

よって $\dfrac{77}{M} = 0.299$
$$M = 257 \fallingdotseq 2.6 \times 10^2$$

あるいは，$\Pi = \dfrac{w}{M} RT$ に代入し
$$M = 257.3 \fallingdotseq 2.6 \times 10^2$$

解答 (1) (ア) $\dfrac{w}{M}$ (イ) $\dfrac{wRT}{\Pi}$ (ウ) $\dfrac{n}{V}$ (エ) V
(オ) nR

(2) **0.30 mol/L**　(3) **8.7 g (8.8 g)**
(4) **2.6×10^2**

54 **解説** 凝析が電解質を少量加えるだけで起こるのは，水和水の少ないコロイド（疎水コロイド）をくっつければよいからであり，塩析が電解質を多量に加えないと起こらないのは，水和水が多いコロイド（親水コロイド）から，まず水和水を奪う必要があるからである。

解答 (ア) **ゾル**　(イ) **ゲル**　(ウ) **チンダル**
(エ) **ブラウン**　(オ) **透析**　(カ) **電気泳動**　(キ) **疎水**
(ク) **凝析**　(ケ) **親水**　(コ) **塩析**

55 **解説** ① ミセルコロイドは会合コロイドともいう。

② 親水基を外側に向けて水と触れさせ，疎水基を内側に向けて水と触れないようにしている。

③ チンダル現象において，ブラウン運動は関係なく，光が散乱されるので光の進路が見える。

⑤ 疎水コロイドの溶液に親水コロイドの溶液を加えると，親水コロイドが疎水コロイドを囲み，凝析しにくくなる。このような作用をする親水コロイドを保護コロイドという。

解答 **①，④**

56 **解説** $\Pi = CRT$ なので
$$8.3 \times 10^3 = C \times 8.3 \times 10^3 \times 300$$
$$C = \frac{1}{300} \text{(mol/L)}$$

このコロイド溶液の体積は 500 mL なので，これに含まれる金のコロイドは
$$\frac{1}{300} \text{ mol/L} \times \frac{500}{1000} \text{ L} = \frac{1}{600} \text{ mol}$$

よって $\dfrac{1}{600} \text{ mol} \times 6.0 \times 10^{23} \text{/mol} = 1.0 \times 10^{21}$ 個

解答 **1.0×10^{21} 個**

実戦問題② p.40〜41

1 **解説** (1) ボイルの法則により，メタンの分圧 P_{CH_4} と酸素の分圧 P_{O_2} は
$$1.0 \times 10^5 \text{Pa} \times 2.0 \text{ L} = P_{\text{CH}_4} \times 5.0 \text{ L}$$
$$P_{\text{CH}_4} = 4.0 \times 10^4 \text{(Pa)}$$
$$1.5 \times 10^5 \text{Pa} \times 3.0 \text{ L} = P_{\text{O}_2} \times 5.0 \text{ L}$$
$$P_{\text{O}_2} = 9.0 \times 10^4 \text{(Pa)}$$

よって，全圧は
$$4.0 \times 10^4 \text{Pa} + 9.0 \times 10^4 \text{Pa} = 1.3 \times 10^5 \text{Pa}$$

(3) $\quad CH_4 \quad + \quad 2O_2 \quad \longrightarrow \quad CO_2 \quad + \quad 2H_2O$

$\quad\quad 4.0\times10^4Pa \quad 9.0\times10^4Pa \quad\quad 0 \quad\quad\quad 0$

$\underline{)\ -4.0\times10^4Pa \ \ -8.0\times10^4Pa \ \ +4.0\times10^4Pa \ \ +8.0\times10^4Pa}$

$\quad\quad 0 \quad\quad\quad 1.0\times10^4Pa \quad 4.0\times10^4Pa \quad 8.0\times10^4Pa$

ここで，液体の水が容器内に存在していたということは，H_2O の分圧は飽和蒸気圧分しかないということである。よって，全圧は

$$1.0\times10^4Pa + 4.0\times10^4Pa + 3.6\times10^3Pa$$
$$= 5.36\times10^4 \fallingdotseq 5.4\times10^4 Pa$$

【解答】(1) 1.3×10^5Pa

(2) $CH_4 + 2O_2 \longrightarrow CO_2 + 2H_2O$ (3) 5.4×10^4Pa

配点各4点（合計12点）

POINT　気体の量的計算

温度と体積が一定ならば，分圧の比と物質量の比は等しいので，分圧を量的計算に使うことができる。

2 【解説】実在気体は理想気体と違い，分子間力があり，分子自身に体積がある。

(1) 低温では熱運動の影響が小さく，分子間力によって $\dfrac{PV}{nRT}$ は1.0より小さくなりやすい。ただし，水素やヘリウムなど分子間力が小さい気体では，1.0より小さくならないこともある。

(2) 高圧では単位体積中の分子の数が多くなり，分子自身の占める体積の影響が大きくなって，それ以上圧縮できなくなり，$\dfrac{PV}{nRT}$ は1.0よりも大きくなる。

【解答】(1) エ　(2) ウ

(3) **高温では熱運動が激しく，運動速度が大きくなり，分子間力の影響が小さくなるため。**

配点(1),(2)各4点，(3)5点（合計13点）

3 【解説】(1) $175\times\dfrac{40}{100+40} = 50$ 〔g〕

(2) 125 g の水に 50 g の硫酸銅(II)無水物が溶けているので

$$\dfrac{50\ g}{160\ g/mol} \times \dfrac{1}{0.125\ kg} = 2.5\ mol/kg$$

【別解】飽和水溶液なので，問題の表の値を使うと

$$\dfrac{40\ g}{160\ g/mol} \times \dfrac{1}{0.100\ kg} = 2.5\ mol/kg$$

(3) 析出する硫酸銅(II)五水和物の質量を x〔g〕とすると，そのうち硫酸銅(II)の質量は $\dfrac{160}{250}x$〔g〕である。

また，結晶が析出したとき，20℃における飽和溶液になっているので

$$\dfrac{50-\dfrac{160}{250}x}{175-x} = \dfrac{20}{100+20}$$

$$x = 44.0 \fallingdotseq 44\ 〔g〕$$

【解答】(1) 50 g　(2) 2.5 mol/kg　(3) 44 g

配点各5点（合計15点）

POINT　水和水を含む結晶の析出

水和水を含む結晶が析出するときは，析出する結晶の質量を x〔g〕とおいて無水物の質量を x を用いて表し，飽和溶液であるので水溶液の質量と溶質の質量の比を使う。

4 【解説】(1) 酸素の分圧 P_{O_2} は

$$2.0\times10^5Pa \times \dfrac{5}{2+5} = \dfrac{10}{7}\times10^5Pa$$

ヘンリーの法則により，水に溶ける気体の物質量は圧力に比例するので

$$49\ mL \times \dfrac{10}{7} = 70\ mL$$

(2) 水素の分圧 P_{H_2} は

$$2.0\times10^5Pa \times \dfrac{2}{2+5} = \dfrac{4}{7}\times10^5Pa$$

(1)と同様に考えて　$21\ mL \times \dfrac{4}{7} = 12\ mL$

(3) 体積と物質量は比例するので

$$\dfrac{70}{12} = 5.83 \fallingdotseq 5.8\ 〔倍〕$$

(4) $\dfrac{70\times10^{-3}L}{22.4\ L/mol} \times 32\ g/mol = 0.10\ g$

【解答】(1) 70 mL　(2) 12 mL　(3) 5.8 倍

(4) 0.10 g

配点各5点（合計20点）

5 【解説】(6) 水溶液を冷やすとき，溶質は最初は氷には含まれず，水溶液中に残るので，水溶液の質量モル濃度は大きくなり，その結果，凝固点降下度もどんどん大きくなる。

(7) 凝固点降下度 Δt は $\Delta t = K_f m$ で表される。グルコースの分子量を M とおくと，グルコース水溶

液の最初の質量モル濃度 m は
$$m = \frac{5.0\,g}{M[g/mol]} \times \frac{1000}{95\,kg}$$

水を $x[g]$ 加えたあとは
$$m' = \frac{5.0\,g}{M[g/mol]} \times \frac{1000}{(95+x)\,kg}$$

よって $0.54 = K_f \dfrac{5}{M} \times \dfrac{1000}{95}$

$0.43 = K_f \dfrac{5}{M} \times \dfrac{1000}{95+x}$

左辺どうし, 右辺どうしを割って
$$\frac{0.54}{0.43} = \frac{K_f \dfrac{5}{M} \times \dfrac{1000}{95}}{K_f \dfrac{5}{M} \times \dfrac{1000}{95+x}}$$

これを計算すると $\dfrac{54}{43} = \dfrac{95+x}{95}$ $x ≒ 24.3[g]$

解答 (1) ア **凝固点降下度** イ **過冷却**

(2) **c** (3) $T_2 - t_3$

(4) **エ**

(5) **過冷却の状態を脱して一斉に凝固が始まり, 放出される凝固熱が, 冷やされて奪われる熱量を上回ったため。**

(6) **生じる氷にグルコースは含まれず, 水溶液の濃度が大きくなり, 凝固点もさらに下がるため。**

(7) **24.3 g**

配点各5点(合計40点)

探究活動 対策問題

p.42〜43

1 **解説** (1) アルミニウム箔の穴は小さく, 気体の無理な出入りはなく, 液体のヘキサンがなくなったら, フラスコ内の気体のヘキサンは, フラスコ外に出ていかないと考えられる。

(3) (2)の状態に気体の状態方程式を当てはめる。ヘキサンの分子量を M とすると
$$1.0 \times 10^5 \times \frac{166}{1000} = \frac{0.49}{M} \times 8.3 \times 10^3 \times 350$$
$$M = 85.75 ≒ 86$$

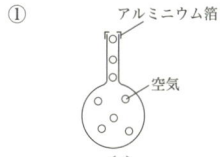

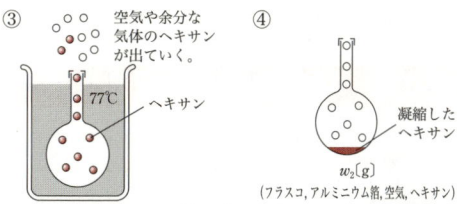

ただし, 厳密には, ②, ④は液体のヘキサンが存在しているので飽和蒸気圧の分ヘキサンが蒸発し, 気体のヘキサン(●)も存在しており, ①のときより存在する空気は少ない。

解答 (1) **0.49 g**

(2) 体積：**166 mL**, 圧力：**1.0×10^5 Pa**, 温度：**77℃**

(3) **86**

発展 (1) **気体のヘキサン**

2 **解説** 普通, 水酸化鉄(Ⅲ)は沈殿する(コロイドよりも大きくなる)が, この実験では温度が高いので, 一斉に(1)の反応が起こり, すぐに塩化鉄(Ⅲ)がなくなってしまうため, どの水酸化鉄(Ⅲ)も大きくなれず, コロイドのサイズで成長が止まってしまうのである。

(1) この反応は塩の加水分解といい, 中和と逆の反応である。詳しくは「化学平衡」で学ぶ。

(3) $Ag^+ + Cl^- \longrightarrow AgCl$

(5) $NaCl \longrightarrow Na^+ + Cl^-$, $CaCl_2 \longrightarrow Ca^{2+} + 2Cl^-$
$Na_2SO_4 \longrightarrow 2Na^+ + SO_4^{2-}$

硫酸ナトリウム水溶液を加えたときだけ沈殿が生じたということは, 価数の大きい陰イオン SO_4^{2-} によってコロイド粒子が集合したということである。つまり, 水酸化鉄(Ⅲ)のコロイドの表面は正に帯電していると推定される。

解答 (1) $FeCl_3 + 3H_2O \longrightarrow Fe(OH)_3 + 3HCl$

(2) **透析** (3) **塩化物イオン** (4) **酸性**

(5) **正**

第2部 物質の変化と化学平衡

第1章 化学変化とエネルギー

基本問題　p.45〜47

57　解説
(1) C_3H_8 のモル質量 44.0 g/mol より
$$\frac{8.8}{44.0} \times 2220 = 444 \text{(kJ)}$$

(2) $\frac{5.6}{22.4} \times 2220 = 555 \text{(kJ)}$

解答　(1) 444 kJ　(2) 555 kJ

58　解説　(1) $\frac{18.0}{3.6} \times 8.8 = 44 \text{(kJ/mol)}$

(2) $\frac{56}{7.0} \times 6.7 = 53.6 \text{(kJ/mol)}$

(3) $\frac{22.4}{0.448} \times 28.2 = 1410 \text{(kJ/mol)}$

解答　(1) $H_2O(液) = H_2O(気) - 44 \text{ kJ}$

(2) $KOH(固) + aq = KOHaq + 53.6 \text{ kJ}$

(3) $C_2H_4 + 3O_2 = 2CO_2 + 2H_2O(液) + 1410 \text{ kJ}$

59　解説　(1) CH_3COOH 1 mol を多量の水に溶かしたときにともなう熱量を示しているから，「CH_3COOH の水に対する溶解熱」を表す熱化学方程式である。

(2) CH_3COOH 1 mol を，その成分元素の単体から生成するときの反応熱を示しているから，「CH_3COOH の生成熱」を表す熱化学方程式である。

(3) CH_3COOH 1 mol を完全に燃焼したとき発生する熱量を示しているから，「CH_3COOH の燃焼熱」を表す熱化学方程式である。

解答　(1) 溶解熱

(2) 生成熱

(3) 燃焼熱

重要例題 14 の 別解

$C_6H_{12}O_6(固)$ の生成熱を $x \text{(kJ/mol)}$ とすると

$6C(黒鉛) + 6H_2 + 3O_2$
$\qquad = C_6H_{12}O_6(固) + x \text{(kJ)}$　……④

④にない CO_2, $H_2O(液)$ を①，②，③から消去する。③−①×6

$C_6H_{12}O_6(固) + \cancel{6O_2}$
$\qquad = \cancel{6CO_2} + 6H_2O(液) + 2840 \text{ kJ}$
$-) \ 6C(黒鉛) + \cancel{6O_2} = \cancel{6CO_2} + 394 \times 6 \text{ kJ}$
$\overline{C_6H_{12}O_6(固) - 6C(黒鉛)}$
$\qquad = 6H_2O(液) + 2840 \text{ kJ} - 394 \times 6 \text{ kJ}$　……⑤

整理して，⑤−②×6

$C_6H_{12}O_6(固) - 6C(黒鉛)$
$\qquad = \cancel{6H_2O(液)} + 476 \text{ kJ}$
$-) \ 6H_2 + 3O_2 = \cancel{6H_2O(液)} + 286 \times 6 \text{ kJ}$
$\overline{C_6H_{12}O_6(固) - 6C(黒鉛) - 6H_2 - 3O_2}$
$\qquad = 476 \text{ kJ} - 286 \times 6 \text{ kJ}$

$6C(黒鉛) + 6H_2 + 3O_2 = C_6H_{12}O_6(固) + 1240 \text{ kJ}$

60　解説　$H_2O(液)$ および NO の生成熱は，①および②より，それぞれ $\frac{572}{2} = 286 \text{(kJ/mol)}$，$-\frac{180}{2} = -90 \text{(kJ/mol)}$ で，アンモニア NH_3 の生成熱を $x \text{(kJ/mol)}$ として，③に，(反応熱) = (生成物の生成熱の総和) − (反応物の生成熱の総和) を適用する。

$1154 = (-90 \times 4 + 286 \times 6) - 4x \quad x = 50.5$

別解　②$\times \frac{1}{2}$ + ①$\times \frac{3}{4}$ − ③$\times \frac{1}{4}$ より

$\frac{1}{2} N_2 + \frac{3}{2} H_2 = NH_3 + 50.5 \text{ kJ}$

解答　$\frac{1}{2} N_2 + \frac{3}{2} H_2 = NH_3 + 50.5 \text{ kJ}$

POINT　反応熱

(反応熱) = (生成物の生成熱の総和)
　　　　 − (反応物の生成熱の総和)

熱化学方程式に上式を適用すると，反応熱，または関与している物質の生成熱のいずれか1つが未知でも，それを算出できる。

POINT　ヘスの法則

熱化学方程式は，ふつうの代数式と同じように，加減乗除ができる。
➡ 連立方程式と同じような扱いができる。

61　解説　CH_4 および CH_3OH の生成熱が「示されて」または「与えられて」いないので，
(反応熱) = (生成物の生成熱の総和) − (反応物の

生成熱の総和）が使えない。よって，重要例題14の別解の連立方程式方式を使う。

①－②×$\frac{1}{2}$ より

$$CH_4 + \frac{1}{2}O_2 = CH_3OH(液) + 166 \text{ kJ}$$

解答 $Q = 166$ kJ

62 **解説** C_2H_6 の燃焼熱を x [kJ/mol] とすると

$$C_2H_6 + \frac{7}{2}O_2 = 2CO_2 + 3H_2O(液) + x \text{ [kJ]}$$

この熱化学方程式に（反応熱）＝（生成物の生成熱の総和）－（反応物の生成熱の総和）を適用すると

$$x = 394 \times 2 + 286 \times 3 - 86 \quad x = 1560 \text{ [kJ/mol]}$$

C_2H_6 のモル質量は 30 g/mol であるから，求める熱量は $\dfrac{1.5 \times 10^3}{30} \times 1560 = 7.8 \times 10^4$ [kJ]

解答 $C_2H_6 + \dfrac{7}{2}O_2 = 2CO_2 + 3H_2O(液) + 1560 \text{ kJ}$，$7.8 \times 10^4$ kJ

重要例題15(2)の別解 エネルギー図による解法

O－H の結合エネルギーを x [kJ/mol] とすると

```
2H+O
 ↑
 |   432+494×1/2
H₂+1/2 O₂            2x
 ↓
 |   242
H₂O(気)
```

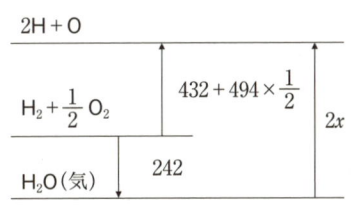

上図より

$$2x = 432 + 494 \times \frac{1}{2} + 242$$

$$x = 460.5 \text{ [kJ/mol]}$$

63 **解説** HBr の生成熱を x [kJ/mol]，NH_3 の生成熱を y [kJ/mol] とする。気体反応においては，次の関係が成り立つ。

（反応熱）＝（生成物の結合エネルギーの総和）
　　　　－（反応物の結合エネルギーの総和）

この関係を利用して，x，y を求める。

$\dfrac{1}{2}H_2 + \dfrac{1}{2}Br_2 = HBr + x$ [kJ] について

$$x = 368 - \left(432 \times \frac{1}{2} + 192 \times \frac{1}{2}\right)$$

$$= 56 \text{ [kJ/mol]}$$

$\dfrac{1}{2}N_2 + \dfrac{3}{2}H_2 = NH_3 + y$ [kJ] について

$$y = 386 \times 3 - \left(945 \times \frac{1}{2} + 432 \times \frac{3}{2}\right)$$

$$= 37.5 \text{ [kJ/mol]}$$

別解 生成熱と結合エネルギーとの関係をエネルギー図で示すと，それぞれ次のようになる。

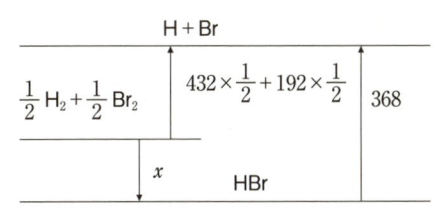

```
H+Br
 ↑
 |  432×1/2+192×1/2
1/2 H₂+1/2 Br₂                368
 ↓ x
HBr
```

よって $x = 368 - \left(432 \times \dfrac{1}{2} + 192 \times \dfrac{1}{2}\right)$

$$= 56 \text{ [kJ/mol]}$$

```
N+3H
 ↑
 |  945×1/2+432×3/2
1/2 N₂+3/2 H₂                386×3
 ↓ y
NH₃
```

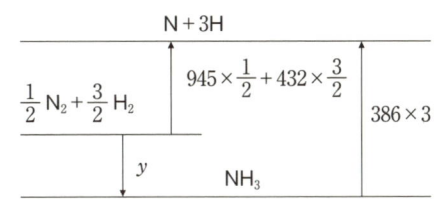

よって $y = 386 \times 3 - \left(945 \times \dfrac{1}{2} + 432 \times \dfrac{3}{2}\right)$

$$= 37.5 \text{ [kJ/mol]}$$

解答 HBr：56 kJ/mol，NH_3：37.5 kJ/mol

POINT　気体反応の反応熱

気体反応について，次の関係が成り立つ。
（反応熱）＝（生成物の結合エネルギーの総和）
　　　　－（反応物の結合エネルギーの総和）

64 **解説** ①に，（反応熱）＝（生成物の結合エネルギーの総和）－（反応物の結合エネルギーの総和）を適用する。CH_4 の C－H の結合エネルギーを x [kJ/mol] とすると

$$75 = 4x - (705 + 432 \times 2) \quad x = 411 \text{ [kJ/mol]}$$

別解 エネルギー図による解法

CH_4 の C－H の結合エネルギーを x [kJ/mol] とすると

```
C(気)+4H
 ↑
 |   705+432×2
C(黒鉛)+2H₂                  4x
 ↓   75
CH₄
```

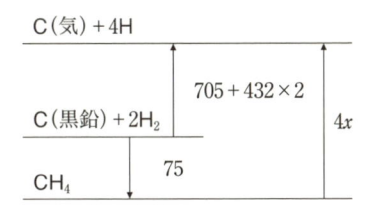

上図より

$$4x = 705 + 432 \times 2 + 75 \quad x = 411 \text{ [kJ/mol]}$$

解答 411 kJ/mol

65 解答 ア 光化学　イ 化学

応用問題　p.48〜49

66 解説

(1) 物質量と体積は比例するので
$$\frac{1120 \times 0.40}{22.4} \times 286 + \frac{1120 \times 0.20}{22.4} \times 890$$
$$+ \frac{1120 \times 0.20}{22.4} \times 283 = 17450 \text{〔kJ〕}$$

(2) 混合気体 1120 L 中の CH_4, C_2H_6 の物質量を x〔mol〕, y〔mol〕とすると
$$(x+y) \times 22.4 = 1120$$
$$890x + 1560y = 7.13 \times 10^4$$
$$x = 10.0 \text{〔mol〕}　y = 40.0 \text{〔mol〕}$$

物質量と体積は比例するので，CH_4 の体積組成は
$$\frac{10.0}{10.0+40.0} \times 100 = 20.0 \text{〔％〕}$$

解答 (1) 1.75×10^4 kJ　(2) 20.0%

67 解説　各物質の燃焼熱を熱化学方程式で示すと

$C（黒鉛）+ O_2 = CO_2 + 394$ kJ　　……①

$H_2 + \frac{1}{2} O_2 = H_2O + 286$ kJ　　……②

$C_2H_6 + \frac{7}{2} O_2 = 2CO_2 + 3H_2O + 1560$ kJ　……③

$C_2H_4 + 3O_2 = 2CO_2 + 2H_2O + 1411$ kJ　　……④

(1) CO_2 の生成熱は，C（黒鉛）の燃焼熱に等しい。
①より，394 kJ/mol

(2) CO_2, H_2O の生成熱はそれぞれ，①と②より，394 kJ/mol, 286 kJ/mol で，C_2H_6 の生成熱を a〔kJ/mol〕とすると，③より
$$1560 = 394 \times 2 + 286 \times 3 - a$$
$$a = 86 \text{〔kJ/mol〕}$$

(3) C_2H_4 の生成熱を b〔kJ/mol〕とすると，④より
$$1411 = 394 \times 2 + 286 \times 2 - b$$
$$b = -51 \text{〔kJ/mol〕}$$

(4) C_2H_6, C_2H_4 の生成熱は，それぞれ 86 kJ/mol, -51 kJ/mol で，したがって
$$x = 86 - (-51) = 137 \text{〔kJ〕}$$

別解

(2) ①×2+②×3−③より
$$2C（黒鉛） + 3H_2 = C_2H_6 + 86 \text{ kJ}　……⑤$$

(3) ①×2+②×2−④より
$$2C（黒鉛） + 2H_2 = C_2H_4 - 51 \text{ kJ}　……⑥$$

(4) ⑤−⑥より
$$C_2H_4 + H_2 = C_2H_6 + 137 \text{ kJ}$$

解答 (1) 394 kJ/mol　(2) 86 kJ/mol
(3) -51 kJ/mol　(4) $x = 137$ kJ

68 解説　$C（黒鉛） + O_2 = CO_2 + 394$ kJ　……①
$CO + \frac{1}{2} O_2 = CO_2 + 283$ kJ　　……②

①より，CO_2 の生成熱は，394 kJ/mol で，CO の生成熱を x〔kJ/mol〕とすると，①，②より
$$283 = 394 - x　x = 111 \text{〔kJ/mol〕}$$

CO, CO_2 のモル質量は，28.0 g/mol, 44.0 g/mol であるから
$$\frac{7.00}{28.0} \times 111 + \frac{33.0}{44.0} \times 394 ≒ 323 \text{〔kJ〕}$$

解答 ③

69 解説　NaOH（固）1.0 mol を水に溶解させたことによる発熱量は
$$(35-15) \times 500 \times 1.0 \times 4.2 = 4.2 \times 10^4 \text{〔J〕}$$
$$= 42 \text{〔kJ〕}$$

よって，溶解熱は次の熱化学方程式で表される。
$$\text{NaOH（固）} + aq = \text{NaOHaq} + 42 \text{ kJ}　……①$$

また，水酸化ナトリウム水溶液と塩酸による反応熱（中和熱）は
$$(43-30) \times (500+500) \times 1.0 \times 4.2$$
$$= 5.46 \times 10^4 \text{〔J〕} ≒ 55 \text{〔kJ〕}$$

2.0 mol/L の塩酸 500 mL の中の HCl の物質量は 1.0 mol であるから，この中和反応は，次の熱化学方程式で表される。
$$\text{HClaq} + \text{NaOHaq} = \text{NaClaq} + H_2O + 55 \text{ kJ}$$
　　　　　　　　　　　　　　　……②

ヘスの法則を応用して，①+②より，次の熱化学方程式を導くことができる。
$$\text{HClaq} + \text{NaOH（固）} = \text{NaClaq} + H_2O + 97 \text{ kJ}$$

よって，求める反応熱は　97 kJ

解答 (イ)

70 解説 (1) ③に，(反応熱)＝(生成物の結合エネルギーの総和)−(反応物の結合エネルギーの総和)を適用する。O−Hの結合エネルギーをx〔kJ/mol〕とすると

$$242 = 2x - \left(432 + 494 \times \frac{1}{2}\right) \quad x \fallingdotseq 461 \text{〔kJ/mol〕}$$

(2) エタンC_2H_6は，右の構造式で表される。C−Cの結合エネルギーをx〔kJ/mol〕とすると，熱化学方程式④とC−Hの結合エネルギー411 kJ/molより，次の式が成り立つ。

$$411 \times 6 + x = 2826$$
$$x = 360 \text{〔kJ/mol〕}$$

(3) 黒鉛の解離エネルギーをy〔kJ/mol〕とすると
$$C(黒鉛) = C(気) - y \text{〔kJ〕} \quad \cdots\cdots ⑦$$
②に⑦，⑤，④を代入すると
$$2 \times (-y) + 3 \times (-432) = -2826 + 84$$
$$y = 723 \text{〔kJ/mol〕}$$

C＝Oの結合エネルギーをz〔kJ/mol〕とすると，①より
$$394 = 2z - (723 + 494) \quad z = 805.5 \text{〔kJ/mol〕}$$

解答 (1) (ア)
(2) 360 kJ/mol
(3) 723 kJ/mol, 805.5 kJ/mol

第2章 電池と電気分解

基本問題 p.51〜53

71 解説 ① S 単体で0
② H_2S Sの酸化数をxとすると
$$(+1) \times 2 + x = 0 \quad x = -2$$
③ SO_2 $x + (-2) \times 2 = 0 \quad x = +4$
④ H_2SO_4 $(+1) \times 2 + x + (-2) \times 4 = 0 \quad x = +6$
⑤ Na_2SO_3 $(+1) \times 2 + x + (-2) \times 3 = 0$
$$x = +4$$

解答 ① 0 ② −2 ③ +4
④ +6 ⑤ +4

POINT 酸化数の決め方
(a) 単体中の原子の酸化数は，0とする。
(b) 化合物中の水素原子，酸素原子の酸化数をそれぞれ+1，−2とし，これらを酸化数の基準とする。H＝+1，O＝−2 例外：過酸化物中の酸素原子は，−1とする（H_2O_2：−1）。
(c) 化合物を構成する原子の酸化数の総和は，0とする。
(d) 単原子イオンの原子の酸化数は，そのイオンの価数に等しい。
(e) 多原子イオンを構成する原子の酸化数の総和は，そのイオンの価数に等しい。

72 解説 (1)
$$2KMnO_4 + 5H_2O_2 + 3H_2SO_4$$
$$\longrightarrow 2MnSO_4 + K_2SO_4 + 5O_2 + 8H_2O$$

$KMnO_4$
Mnの酸化数をxとすると
$$(+1) + x + (-2) \times 4 = 0$$
$$x = +7$$

$MnSO_4$
SO_4^{2-}のイオン価は−2なので，MnはMn^{2+}となり，その酸化数は+2。

(2) この反応のH_2O_2は還元剤：$H_2O_2 \longrightarrow O_2$
酸化数の変化：−1 → 0（増加➡還元剤）

(3) $H_2O_2 + 2KI + H_2SO_4 \longrightarrow 2H_2O + I_2 + K_2SO_4$
この反応のH_2O_2は酸化剤：$H_2O_2 \longrightarrow H_2O$
酸化数の変化：−1 → −2（減少➡酸化剤）

解答 (1) ア +7 イ +2
(2) A 増加 B 減少 C 還元剤
D 酸化剤
(3) $H_2O_2 + 2KI + H_2SO_4 \longrightarrow 2H_2O + I_2 + K_2SO_4$

73 解説 アルカリマンガン乾電池は，マンガン乾電池の電解質のかわりに，ZnOを飽和させたKOHaqを用いた乾電池で，マンガン乾電池に比べ，大きな電流を長時間安定的に取り出せる。
$$(-)Zn | KOHaq | MnO_2(+)$$

解答 (ア) ダニエル電池 (イ) 燃料電池
(ウ) マンガン乾電池 (エ) 鉛蓄電池

74 解説 ① イオン化傾向の大きいほうが酸化されやすく，酸化反応が起こる負極にイオン化傾向の大きい金属が使われる。誤り。
② イオン化傾向の差が大きいほど，起電力は大きい。正しい。
③ 鉛蓄電池では，負極で，鉛が水に溶けない硫酸鉛(Ⅱ)になり，質量が増加する。誤り。
④ 負極で負極活物質が酸化され，外部に電子が流れ出し，正極で正極活物質がその電子を受け取り還元される。正しい。

解答 ① 誤り　② 正しい
③ 誤り　④ 正しい

POINT　イオン化傾向と電極
金属AとB（イオン化傾向A＞B）を電解質溶液に浸したとき，電池が形成され
　　Aは負極　　Bは正極

POINT　電池の電極反応
　　負極：酸化反応
　　正極：還元反応

75 解説 放電時の全体の反応は，〔C〕で H_2SO_4 が消費されるため，電解液の密度は減少する。

解答 (ア) 鉛　(イ) 酸化鉛(Ⅳ)
(ウ) 減少　(エ) 二次

〔A〕$Pb + SO_4^{2-} \longrightarrow PbSO_4 + 2e^-$
〔B〕$PbO_2 + 4H^+ + SO_4^{2-} + 2e^- \longrightarrow PbSO_4 + 2H_2O$
〔C〕$Pb + PbO_2 + 2H_2SO_4 \longrightarrow 2PbSO_4 + 2H_2O$

POINT　鉛蓄電池の放電
鉛蓄電池が放電する ⇒ H_2SO_4 が消費される
　　　　　　　　　　⇒ 電解液の密度が減少する

重要例題 18 (2) の 別解
　この重要例題のように，(1)で，電極反応がわかっている場合は，本編に示したように解答するのがよいが，陰極・陽極での水の還元・酸化のように，電極反応が複雑なときなど，電極反応を使わず解答する方法を解説する。この方法を理解すると，時間をかけずに答えに達することが多い。

電気分解の生成量（ファラデーの法則）
電子1 mol が流れると，イオン・元素は還元・酸化され，このとき生成する元素の物質量は，$\frac{1}{価数}$ mol である。
① Cu^{2+} が還元される場合
　　$Cu^{2+} \longrightarrow Cu\ \frac{1}{2}\ mol \longrightarrow \frac{63.5}{2}\ g$
② O^{2-} (H_2O, OH^-) が酸化される場合
　　$O^{2-} \longrightarrow O\ \frac{1}{2}\ mol \longrightarrow O_2\ \frac{1}{4}\ mol$
　　$\longrightarrow \frac{32.0}{4}\ g$
生成する酸素原子Oは，$\frac{1}{2}$ mol，酸素分子では $\frac{1}{4}$ mol である。

注意　H_2O 中のO-H結合は共有結合であるが，電気陰性度の大きいOに共有電子対を割り振り，O^{2-}，H^+ とする。

(2) 電子1 mol で，Cu は $\frac{1}{2}$ mol 生成するので，析出する銅は
　　$0.12 \times \frac{1}{2} \times 63.5 = 3.81$〔g〕
電子1 mol で，O_2 は
　　$O^{2-} \longrightarrow \frac{1}{2}\ O\ mol \longrightarrow O_2\ \frac{1}{4}\ mol$
発生する O_2 の体積は
　　$0.12 \times \frac{1}{4} \times 22.4 = 0.672$〔L〕

76 解説 電気分解においては，陰極で還元反応，陽極で酸化反応が起こる。
① 陰極では，イオン化傾向の大きい Na^+ は，還元されず，水が還元される。陽極では，OH^- が酸化される。
② 陰極では，H^+ が還元される。陽極では，SO_4^{2-} は，酸化されにくく，水が酸化される。
③ 陰極では，イオン化傾向の小さい Cu^{2+} が還元され，陽極では，Cl^- が酸化される。
④ 陰極では，イオン化傾向の小さい Ag^+ が還元され，陽極では，NO_3^- は，酸化されにくく，水が酸化される。

⑤ 陰極では，イオン化傾向の小さい Cu^{2+} が還元され，陽極では，電極の銅が酸化される。

⑥ 陰極では，イオン化傾向の大きい Na^+ は，還元されず，水が還元される。陽極では，Cl^- が酸化される。

⑦ 陰極では，水が存在しないので，Na^+ が還元され，陽極では，Cl^- が酸化される。

⑧ 陰極では，水が存在しないので，Al^{3+} が還元され，陽極では，電極の炭素が酸化される。

解答

① 陰極：$2H_2O + 2e^- \longrightarrow 2OH^- + H_2$
　陽極：$4OH^- \longrightarrow 2H_2O + O_2 + 4e^-$

② 陰極：$2H^+ + 2e^- \longrightarrow H_2$
　陽極：$2H_2O \longrightarrow 4H^+ + O_2 + 4e^-$

③ 陰極：$Cu^{2+} + 2e^- \longrightarrow Cu$
　陽極：$2Cl^- \longrightarrow Cl_2 + 2e^-$

④ 陰極：$Ag^+ + e^- \longrightarrow Ag$
　陽極：$2H_2O \longrightarrow 4H^+ + O_2 + 4e^-$

⑤ 陰極：$Cu^{2+} + 2e^- \longrightarrow Cu$
　陽極：$Cu \longrightarrow Cu^{2+} + 2e^-$

⑥ 陰極：$2H_2O + 2e^- \longrightarrow 2OH^- + H_2$
　陽極：$2Cl^- \longrightarrow Cl_2 + 2e^-$

⑦ 陰極：$Na^+ + e^- \longrightarrow Na$
　陽極：$2Cl^- \longrightarrow Cl_2 + 2e^-$

⑧ 陰極：$Al^{3+} + 3e^- \longrightarrow Al$
　陽極：$C + O^{2-} \longrightarrow CO + 2e^-$
　　または　$C + 2O^{2-} \longrightarrow CO_2 + 4e^-$

POINT　水溶液の電気分解反応

陰極：還元反応が起こる。
イオン化傾向の小さい Cu^{2+}，Ag^+ が存在するとき，Cu^{2+} や Ag^+ が還元される。
$$Cu^{2+} + 2e^- \longrightarrow Cu$$
$$Ag^+ + e^- \longrightarrow Ag$$
イオン化傾向の大きい K^+，Na^+，Ca^{2+}，Al^{3+} しかないとき，中性・塩基性では H_2O，酸性では，H^+ が還元される。
$$2H_2O + 2e^- \longrightarrow 2OH^- + H_2$$
$$2H^+ + 2e^- \longrightarrow H_2$$
陽極：酸化反応が起こる。
酸化されやすさ
$$I^- > Br^- > Cl^- > OH^- > H_2O \gg SO_4^{2-}, NO_3^-$$

(1) 電極が Pt または C のとき
　I^-，Br^-，Cl^- が存在するとき，それらが酸化される。
$$2Cl^- \longrightarrow Cl_2 + 2e^-$$
　I^-，Br^-，Cl^- が存在しないとき，中性・酸性では H_2O が酸化され，塩基性では OH^- が酸化される。
$$2H_2O \longrightarrow 4H^+ + O_2 + 4e^-$$
$$4OH^- \longrightarrow 2H_2O + O_2 + 4e^-$$

(2) 電極が Cu，Ag などのとき，それらが酸化されて溶ける。
$$Cu \longrightarrow Cu^{2+} + 2e^-$$

---

77 **解説** (1) 流れた電気量は
$$6.00 \times (16 \times 60 + 5) = 5790 〔C〕$$
流れた電子の物質量は
$$\frac{5790}{9.65 \times 10^4} = 0.0600 〔mol〕$$

(2) 陰極で H_2O が還元され，陽極で H_2O が酸化される。

陰極：$2H_2O + 2e^- \longrightarrow 2OH^- + H_2$
陽極：$2H_2O \longrightarrow 4H^+ + O_2 + 4e^-$

(3) 陰極では，電子 2 mol が流れたとき，H_2 1 mol が発生するので，発生する H_2 の体積は
$$0.0600 \times \frac{1}{2} \times 22.4 = 0.672 〔L〕$$

陽極では，電子 4 mol が流れたとき，O_2 1 mol が発生するので，発生する O_2 の体積は

$$0.0600 \times \frac{1}{4} \times 22.4 = 0.336 \text{(L)}$$

別解 電子 1 mol で

陰極：$H^+ \longrightarrow H\ 1\ \text{mol} \longrightarrow H_2\ \frac{1}{2}\ \text{mol}$

よって　$0.0600 \times \frac{1}{2} \times 22.4 = 0.672\ \text{(L)}$

陽極：$O^{2-} \longrightarrow O\ \frac{1}{2}\ \text{mol} \longrightarrow O_2\ \frac{1}{4}\ \text{mol}$

よって　$0.0600 \times \frac{1}{4} \times 22.4 = 0.336\ \text{(L)}$

解答 (1) 0.0600 mol

(2) 陰極：$2H_2O + 2e^- \longrightarrow 2OH^- + H_2$

　　陽極：$2H_2O \longrightarrow 4H^+ + O_2 + 4e^-$

(3) 陰極：0.672 L，陽極：0.336 L

応用問題　p.54〜57

78 **解説** 鉛蓄電池の負極での反応，正極での反応，全反応は，次のようになる。

負極：$Pb + SO_4^{2-} \longrightarrow PbSO_4 + 2e^-$　……Ⅰ

正極：$PbO_2 + 4H^+ + SO_4^{2-} + 2e^-$
$\longrightarrow PbSO_4 + 2H_2O$　……Ⅱ

全反応：$Pb + PbO_2 + 2H_2SO_4$
$\longrightarrow 2PbSO_4 + 2H_2O$　……Ⅲ

① 酸化数の変化は

負極：$\underline{Pb} \longrightarrow \underline{Pb}SO_4$　　$0 \to +2$

正極：$\underline{Pb}O_2 \longrightarrow \underline{Pb}SO_4$　　$+4 \to +2$

放電すると，ⅠとⅡより，両極の表面に $PbSO_4$ が析出する。Ⅲより，硫酸の濃度は低くなる。

② Ⅰ，Ⅱ，Ⅲより，2 mol 電子が取り出されると，2 mol の H_2SO_4 が反応し，2 mol の H_2O が生成する。

a　流れた電子の物質量は

$$\frac{1.93 \times 10^4}{9.65 \times 10^4} = 0.200\ \text{(mol)}$$

したがって，$H_2O(18.0)$ も 0.200 mol 生成するので　$0.200 \times 18.0 = 3.60\ \text{(g)}$

b　消費される $H_2SO_4(98.0)$ も 0.200 mol で

$0.200 \times 98.0 = 19.6\ \text{(g)}$

放電後の硫酸の質量は

$2000 \times \frac{30.0}{100} - 19.6 = 580\ \text{(g)}$

また，放電後の電解液の質量は

$2000 - 19.6 + 3.60 = 1984 ≒ 1980\ \text{(g)}$

よって，放電後の硫酸の質量パーセント濃度は

$\frac{580}{1980} \times 100 ≒ 29\ \text{(%)}$

解答 ①　ア　0　イ　+2　ウ　+4　エ　+2
A　硫酸鉛(Ⅱ)　B　低

(1) PbO_2　(2) H_2SO_4

(3), (4) $PbSO_4$, H_2O （順不同）

②　a　3.60 g　b　29%

79 **解説** 負極と正極は，次のように変化する。

負極：$Pb + SO_4^{2-} \longrightarrow PbSO_4 + 2e^-$

正極：$PbO_2 + 4H^+ + SO_4^{2-} + 2e^-$
$\longrightarrow PbSO_4 + 2H_2O$

2 mol の電子が流れたとき，負極Aでは，SO_4（$=PbSO_4-Pb$）1 mol 分の 96 g（SO_4 の式量 96）の質量が増加し，正極Bでは，SO_2（$=PbSO_4-PbO_2$）1 mol 分の 64 g（SO_2 の式量 64）の質量が増加する。正極Bが，40 mg 増加したとき，負極Aの増加量は

$$\frac{96}{64} \times 40 = 60\ \text{(mg)}$$

したがって，答えは①

解答 ①

POINT　鉛蓄電池の放電時における両極の質量増加比

負極：正極＝96：64＝SO_4：SO_2

80 **解説** (1), (2)　電極Cに銅が析出したので，電極Cは陰極で，鉛蓄電池の電極Bは負極となる。したがって，電極Aが正極，電極Dが陽極である。これらの電極反応は次のとおり。

電極A：$PbO_2 + 4H^+ + SO_4^{2-} + 2e^-$
$\longrightarrow PbSO_4 + 2H_2O$

電極B：$Pb + SO_4^{2-} \longrightarrow PbSO_4 + 2e^-$

電極C：$Cu^{2+} + 2e^- \longrightarrow Cu$

電極D：$2Cl^- \longrightarrow Cl_2 + 2e^-$

(3)　上の電極BとCの反応より，電子 2 mol が流れたとき，電極Cで Cu 1 mol が析出し，電極Bで SO_4（式量 96.0）1 mol 分の質量が増加する。したがって，0.32 g の銅が析出したときの増加量は

$$\frac{0.32}{63.5} \times 96.0 ≒ 0.48 \text{〔g〕}$$

解答 (1) 電極A：PbO_2

電極B：Pb

(2) 電極A：

$$PbO_2 + 4H^+ + SO_4^{2-} + 2e^- \longrightarrow PbSO_4 + 2H_2O$$

電極D：$2Cl^- \longrightarrow Cl_2 + 2e^-$

(3) **0.48 g**

81 **解説** アルカリ形燃料電池の各電極の反応，および全反応は次のとおり。

負極：$H_2 + 2OH^- \longrightarrow 2H_2O + 2e^-$

正極：$O_2 + 2H_2O + 4e^- \longrightarrow 4OH^-$

全反応：$2H_2 + O_2 \longrightarrow 2H_2O$

77.2 A の電流を 1 日取り出すと，流れる電子の物質量は $\dfrac{77.2 \times 24 \times 60 \times 60}{9.65 \times 10^4} = 69.12$〔mol〕

(ア) 反応式より，4 mol の電子を取り出すと，1 mol の O_2 が消費されるので，19 日間運転するのに必要な液体酸素(分子量 32.0，密度 1.14 g/cm³)の体積は

$$\frac{69.12 \times 19 \times \frac{1}{4} \times 32.0}{1.14} ≒ 9220 \text{〔cm}^3\text{〕}$$

$$= 9.22 \text{〔L〕}$$

(イ) 4 mol の電子が流れて，2 mol の水が生成するので，1 日に生じる水(分子量 18.0，密度 1.00 g/cm³)の体積は

$$\frac{69.12 \times \frac{2}{4} \times 18.0}{1.00} ≒ 622 \text{〔cm}^3\text{〕} = 0.622 \text{〔L〕}$$

解答 (ア) **9.22** (イ) **0.622**

82 **解説** 陰極では，次の反応が起こる。

陰極：$2H_2O + 2e^- \longrightarrow 2OH^- + H_2$

2 mol の電子によって，2 mol の OH^- が生成する。この OH^- と陽極側から移動してくる Na^+ とから，NaOH(式量 40)が生成する。生成する OH^- の物質量は，$\dfrac{2.00}{40} = 0.050$〔mol〕 流れた電子の物質量も 0.050 mol で，流れた電流を x〔A〕とすると

$$0.050 \times 9.65 \times 10^4 = x \times 1 \times 60 \times 60$$

$$x ≒ 1.34 \text{〔A〕}$$

解答 **②**

83 **解説** 各電極では，次の反応が起こる。

電極A：$Ag^+ + e^- \longrightarrow Ag$

電極B：$2H_2O \longrightarrow 4H^+ + O_2 + 4e^-$

電極C：$Cu^{2+} + 2e^- \longrightarrow Cu$

電極D：$2Cl^- \longrightarrow Cl_2 + 2e^-$

(1) 電極Aの電極反応より，1 mol の電子によって，1 mol の Ag が析出する。流れた電子の物質量は，$\dfrac{1.0 \times t}{F} = \dfrac{t}{F}$〔mol〕 Ag も $\dfrac{t}{F}$〔mol〕析出し，原子量は M なので，$\dfrac{t}{F} = \dfrac{x}{M}$ $F = \dfrac{tM}{x}$

(2) 直列接続なので，各電極を流れる電子の物質量は等しい。電極反応から，4 mol の電子が流れたとき，析出する金属および発生する気体は，

Ag = 4 mol, O_2 = 1 mol, Cu = 2 mol,

Cl_2 = 2 mol

別解 (1) A極では，$Ag^+ \longrightarrow Ag$ となり Ag が析出する。電子 1 mol が流れたとき

$Ag^+ \longrightarrow Ag$ 1 mol

したがって，流れた電子の物質量は，$\dfrac{x}{M}$〔mol〕

一方，1.0 A の電流を t 秒間流したときの，電子の物質量は，$\dfrac{1.0 \times t}{F}$ である。

よって $\dfrac{x}{M} = \dfrac{1.0 \times t}{F}$ $F = \dfrac{tM}{x}$

(2) A, B, C, D極で析出する金属または発生する気体は，Ag, O_2, Cu, Cl_2 である。電子 1 mol が流れたとき，生成するそれぞれの物質の物質量は，次のとおり。

Ag：$Ag^+ \longrightarrow Ag$ 1 mol

O_2：$O^{2-} \longrightarrow O \dfrac{1}{2}$ mol $\longrightarrow O_2 \dfrac{1}{4}$ mol

Cu：$Cu^{2+} \longrightarrow Cu \dfrac{1}{2}$ mol

Cl_2：$Cl^- \longrightarrow Cl$ 1 mol $\longrightarrow Cl_2 \dfrac{1}{2}$ mol

Ag : O_2 : Cu : Cl_2

$= 1 : \dfrac{1}{4} : \dfrac{1}{2} : \dfrac{1}{2}$

$= 4 : 1 : 2 : 2$

解答 (1) $F = \dfrac{tM}{x}$

(2) Ag : O_2 : Cu : Cl_2 = 4 : 1 : 2 : 2

> **POINT** 直列接続（電解槽Ⅰ，Ⅱ）の電気分解
>
> 電解槽Ⅰを流れる電子の物質量
> ＝電解槽Ⅱを流れる電子の物質量

> **POINT** 電子1 mol による電解生成物の物質量
>
> e^- : H_2 : O_2 : Ag : Cu : Cl_2
> 　　(H^+)(O^{2-})(Ag^+)(Cu^{2+})(Cl^-)
> $= 1 : \dfrac{1}{2} : \dfrac{1}{4} : 1 : \dfrac{1}{2} : \dfrac{1}{2}$

84 [解説] 電極A～Dで起こる反応は次のとおりである。

電極A：$2H^+ + 2e^- \longrightarrow H_2$
電極B：$2H_2O \longrightarrow 4H^+ + O_2 + 4e^-$
電極C：$Cu^{2+} + 2e^- \longrightarrow Cu$
電極D：$Ag^+ + e^- \longrightarrow Ag$

直列接続なので，各電極を流れる電子の物質量は等しい。

(1) 4 mol の電子が流れたとき，H_2 は，2 mol 発生し，O_2 は 1 mol 発生する。気体の物質量と体積は比例するので，A(H_2)：B(O_2) ＝ 2：1 のものを選ぶ。よって，②

(2) 2 mol の電子が流れたとき，Cu（原子量64）は，1 mol 析出し，Ag（原子量108）は 2 mol 析出する。析出する質量比は

$$C(Cu) : D(Ag) = 1 \times 64 : 2 \times 108 = 1 : 3.37$$

となり，答えは ⑤

[別解] (1) 電極Aと電極Bでは，電子 1 mol が流れるし，それぞれ H_2 と O_2 が次のように発生する。

H_2：$H^+ \longrightarrow H$ 1 mol $\longrightarrow H_2 \dfrac{1}{2}$ mol

O_2：$O^{2-} \longrightarrow O \dfrac{1}{2}$ mol $\longrightarrow O_2 \dfrac{1}{4}$ mol

気体の物質量と体積は比例するので，体積比は

$$H_2 : O_2 = \dfrac{1}{2} : \dfrac{1}{4} = 2 : 1$$

[解答] (1) ②　(2) ⑤

85 [解説] (1) 放電時，鉛蓄電池の正極では次の反応が起こる。

$$PbO_2 + 4H^+ + SO_4^{2-} + 2e^- \longrightarrow PbSO_4 + 2H_2O$$

1 mol の PbO_2 が 1 mol の $PbSO_4$ に変化すると，2 mol の電子が流れ，正極は SO_2（式量64.0）1 mol 分質量が増加した。したがって，

流れた電子の物質量は $\dfrac{1.92}{64.0} \times 2 = 0.0600$ 〔mol〕

放電した時間を x〔秒〕とすると

$$3.00 \times x = 0.0600 \times 9.65 \times 10^4$$

$$x = 1930 〔秒〕$$

(2) 減少する電解液の質量は，両極の質量の増加に等しい。鉛蓄電池の負極では次の反応が起こる。

$$Pb + SO_4^{2-} \longrightarrow PbSO_4 + 2e^-$$

電子 2 mol が流れ出すと，負極で SO_4（式量96.0）1 mol 分，正極で SO_2 1 mol 分の質量が増加する。したがって，減少する電解液の質量は

$$0.0600 \times \dfrac{1}{2} \times (96.0 + 64.0) = 4.80 〔g〕$$

(3) 電解槽Aの陰極では次の反応が起こる。

$$Cu^{2+} + 2e^- \longrightarrow Cu$$

よって，電解槽Aを流れた電子の物質量は

$$\dfrac{1.14}{63.5} \times 2 \fallingdotseq 0.0359 〔mol〕$$

電解槽Bを流れる電子の物質量は

$$0.0600 - 0.0359 = 0.0241 〔mol〕$$

電解槽Bの陽極では次の反応が起こる。

$$2H_2O \longrightarrow 4H^+ + O_2 + 4e^-$$

したがって，発生する酸素の体積は

$$0.0241 \times \dfrac{1}{4} \times 22.4 \fallingdotseq 0.13 〔L〕$$

[解答] (1) 1.9×10^3 秒
(2) 4.8 g 減少　(3) 0.13 L

> **POINT** 並列接続による電気分解
>
> $n_W = n_A + n_B$
> n_W：電源から流れ出した電子の物質量
> n_A：電解槽Aを流れた電子の物質量
> n_B：電解槽Bを流れた電子の物質量

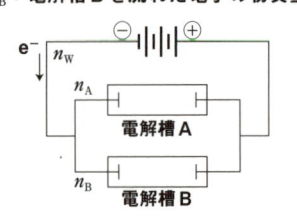

86 解説 電池から流れ出す電子の物質量は

$$\frac{0.500 \times (96 \times 60 + 30)}{9.65 \times 10^4} = 0.0300 \text{(mol)}$$

(1) 電極(d)では，次の反応が起こる。

$$\text{Ag}^+ + e^- \longrightarrow \text{Ag}$$

析出する Ag と流れた電子の物質量は等しく，その値は

$$\frac{2.16}{108} = 0.0200 \text{(mol)}$$

電極(c)では，次の反応が起こる。

$$2\text{H}_2\text{O} \longrightarrow 4\text{H}^+ + \text{O}_2 + 4e^-$$

よって，発生する O_2 は

$$0.0200 \times \frac{1}{4} \times 22.4 \doteqdot 0.112 \text{(L)}$$

(2) 電解槽Ⅰを流れた電子の物質量は，電池から流れ出した電子の物質量と電解槽Ⅱを流れた電子の物質量の差であるので

$$0.0300 - 0.0200 = 0.0100 \text{(mol)}$$

電極(a)では，銅が溶け出し，次の反応を起こす。

$$\text{Cu} \longrightarrow \text{Cu}^{2+} + 2e^-$$

溶け出す銅の質量は

$$0.0100 \times \frac{1}{2} \times 63.5 \doteqdot 0.318 \text{(g)}$$

(3) 電解槽Ⅱ，Ⅲは直列で，流れる電子の物質量は等しく，電解槽Ⅲを流れる電子は，0.0200 mol である。電極(f)では，次の反応が起こる。

$$2\text{H}_2\text{O} + 2e^- \longrightarrow \text{H}_2 + 2\text{OH}^-$$

よって，OH^- は，0.0200 mol 生成するので，必要な塩酸を x 〔mL〕とすると

$$0.0200 = 1 \times 1.00 \times \frac{x}{1000} \quad x = 20.0 \text{(mL)}$$

解答 (1) **0.112 L**　(2) **0.318 g 減少**

(3) **20.0 mL**

別解 (1) 電極(d)では，電子 1 mol が流れると，Ag 1 mol が析出する ($\text{Ag}^+ \longrightarrow \text{Ag}$) ので，流れた電子の物質量は $\frac{2.16}{108} = 0.0200 \text{(mol)}$

電極(c)では，電子 1 mol が流れると

$$\text{O}^{2-} \longrightarrow \text{O} \frac{1}{2} \text{mol} \longrightarrow \text{O}_2 \frac{1}{4} \text{mol}$$

したがって，発生する酸素の体積は

$$0.0200 \times \frac{1}{4} \times 22.4 \doteqdot 0.112 \text{(L)}$$

実戦問題③　p.58〜59

1 解説 (1) 生成熱は，化合物 1 mol がその成分元素の単体から生成するときの反応熱。熱化学方程式の係数は，物質量を表している。

(2) NH_3(気) 1 mol が生成するときの生成熱は

$$\frac{18.4}{0.40} = 46 \text{(kJ/mol)}$$

(3) C(式量 12.0) 6.0 g は，$\frac{6.0}{12.0} = 0.50 \text{(mol)}$ で，C 1 mol が完全燃焼したときの反応熱は

$$\frac{197}{0.50} = 394 \text{(kJ/mol)}$$

(4) 外からエネルギーを加えて，解離させるので，吸熱反応である。

解答 (1) $\text{C}(黒鉛) + 2\text{H}_2 = \text{CH}_4(気) + 74.9 \text{ kJ}$

(2) $\frac{1}{2}\text{N}_2 + \frac{3}{2}\text{H}_2 = \text{NH}_3(気) + 46 \text{ kJ}$

(3) $\text{C}(黒鉛) + \text{O}_2 = \text{CO}_2(気) + 394 \text{ kJ}$

(4) $\text{H}_2\text{O}(気) = 2\text{H}(気) + \text{O}(気) - 926 \text{ kJ}$

配点各 3 点(合計12点)

2 解説 メタンとエタンの物質量をそれぞれ x〔mol〕，y〔mol〕とすると

$$\begin{cases} x + y = \dfrac{44.8}{22.4} \\ 890x + 1560y = 2785 \end{cases}$$

$$x = 0.500 \text{(mol)} \quad y = 1.500 \text{(mol)}$$

解答 **0.500 mol**

配点 7 点

3 解説 (1) ②より，H_2 1 mol が完全燃焼すると，286 kJ の熱が発生するので，6.72 L が完全燃焼したとき発生する熱量は

$$\frac{6.72}{22.4} \times 286 = 85.8 \text{(kJ)}$$

(2) $\text{C}_2\text{H}_2 + 2\text{H}_2 = \text{C}_2\text{H}_6 + Q$〔kJ〕に，
(反応熱) = (生成物の生成熱の総和) − (反応物の生成熱の総和)を適用すると

$$Q = 79 - (-230) = 309 \text{(kJ)}$$

(3) $\text{C}_2\text{H}_2 + \frac{5}{2}\text{O}_2 = 2\text{CO}_2 + \text{H}_2\text{O}(液) + Q$〔kJ〕に，
(反応熱) = (生成物の生成熱の総和) − (反応物の生成熱の総和)を適用すると

$$Q = (394 \times 2 + 286) - (-230) = 1304 \text{(kJ/mol)}$$

(4) ③に，(反応熱) = (生成物の結合エネルギーの総和) − (反応物の結合エネルギーの総和) を適用する。C(黒鉛)の結合エネルギーに相当するエネルギーは，⑤より 705 kJ/mol であるので，C_2H_2 の炭素の三重結合の結合エネルギーを x 〔kJ/mol〕とすると

$$-230 = (x + 414 \times 2) - (705 \times 2 + 435)$$

$$x = 787 \text{〔kJ/mol〕}$$

別解 C_2H_2 の炭素の三重結合の結合エネルギーを x 〔kJ/mol〕とすると，次のエネルギー図となる。

```
         2C(気) + 2H
         ↑
    x + 414 × 2
         C_2H_2
                   705 × 2 + 435
         ↓
         230
         2C(黒鉛) + H_2
```

図より

$$x + 414 \times 2 + 230 = 705 \times 2 + 435$$

$$x = 787 \text{〔kJ/mol〕}$$

解答 (1) 85.8 kJ

(2) $C_2H_2 + 2H_2 = C_2H_6 + 309$ kJ

(3) 1304 kJ/mol (4) 787 kJ/mol

配点各4点(合計16点)

4 **解説** (1) Zn 極が負極で，Cu 極が正極である。

Zn 極：$Zn \longrightarrow Zn^{2+} + 2e^-$

Cu 極：$Cu^{2+} + 2e^- \longrightarrow Cu$

(2) (1)の電極反応より，2 mol の電子が流れると，Zn 極で Zn(65.4) 1 mol が溶解し，Cu 極で Cu(63.5) 1 mol が析出するので

Zn 極での質量の減少量 $= 65.4 \times \dfrac{1}{2} = 32.7$ 〔g〕

Cu 極での質量の増加量 $= 63.5 \times \dfrac{1}{2} ≒ 31.8$ 〔g〕

解答 (1) Zn 極：$Zn \longrightarrow Zn^{2+} + 2e^-$

Cu 極：$Cu^{2+} + 2e^- \longrightarrow Cu$

(2) Zn 極：−32.7 g，Cu 極：+31.8 g

配点各5点(合計10点)

5 **解説** 鉛蓄電池を放電すると，次の反応が起こる。

負極：$Pb + SO_4^{2-} \longrightarrow PbSO_4 + 2e^-$

正極：$PbO_2 + 4H^+ + SO_4^{2-} + 2e^-$
$\longrightarrow PbSO_4 + 2H_2O$

流れた電子の物質量は，$\dfrac{9.65 \times 10^3}{9.65 \times 10^4} = 0.100$ 〔mol〕

前述の反応式より，2 mol の電子が流れると，負極では SO_4(式量96.0) 1 mol 分の 96.0 g が増え，正極では SO_2(式量64.0) 1 mol 分の 64.0 g が増える。したがって，各極での質量の増加量は

負極の増加量 $= \dfrac{96.0}{2} \times 0.100 = 4.80$ 〔g〕

正極の増加量 $= \dfrac{64.0}{2} \times 0.100 = 3.20$ 〔g〕

解答 負極：$Pb + SO_4^{2-} \longrightarrow PbSO_4 + 2e^-$

正極：$PbO_2 + 4H^+ + SO_4^{2-} + 2e^-$
$\longrightarrow PbSO_4 + 2H_2O$

負極：4.80 g の増加，正極：3.20 g の増加

配点8点

6 **解説** 流れた電子の物質量は

$$\dfrac{5.00 \times (6 \times 60 + 26)}{9.65 \times 10^4} = 0.0200 \text{〔mol〕}$$

各電極では，次の反応が起こる。

陰極：$Cu^{2+} + 2e^- \longrightarrow Cu$

陽極：$2Cl^- \longrightarrow Cl_2 + 2e^-$

2 mol の電子が流れると，陰極で Cu(63.5) 1 mol が析出し，陽極で Cl_2 が 1 mol 発生する。よって

析出した銅 $= 0.0200 \times \dfrac{1}{2} \times 63.5 = 0.635$ 〔g〕

発生した塩素 $= 0.0200 \times \dfrac{1}{2} \times 22.4 = 0.224$ 〔L〕

解答 析出した銅：0.635 g，発生した塩素：0.224 L

配点8点

7 **解説** ① 陰極では，Na^+ は還元されにくいので，H_2O が還元される。陽極では，SO_4^{2-} が酸化されず，H_2O が酸化される。

② 陰極では，Na^+ は還元されにくいので，H_2O が還元される。陽極では，I^- が酸化される。

③ 陰極では，Cu^{2+} が還元される。陽極では，電極の Cu が酸化される。

解答 ① 陰極：$2H_2O + 2e^- \longrightarrow 2OH^- + H_2$

陽極：$2H_2O \longrightarrow 4H^+ + O_2 + 4e^-$

② 陰極：$2H_2O + 2e^- \longrightarrow 2OH^- + H_2$

陽極：$2I^- \longrightarrow I_2 + 2e^-$

③ 陰極：$Cu^{2+} + 2e^- \longrightarrow Cu$

陽極：$Cu \longrightarrow Cu^{2+} + 2e^-$

配点各3点(合計9点)

8 解説 各電極では，次の反応が起こる。

A：$Ag^+ + e^- \longrightarrow Ag$ ……①

B：$2H_2O \longrightarrow 4H^+ + O_2 + 4e^-$ ……②

C：$Cu^{2+} + 2e^- \longrightarrow Cu$ ……③

D：$2H_2O \longrightarrow 4H^+ + O_2 + 4e^-$ ……④

(1) 電極Aでは，$\dfrac{0.540}{108} = 5.00 \times 10^{-3}$〔mol〕の銀が析出したので，①より，流れた電子の物質量も 5.00×10^{-3} mol である。直列接続なので電解槽I，IIを流れる電子の物質量は等しく，③より，電極Cで析出するCu(63.5)は

$$5.00 \times 10^{-3} \times \dfrac{1}{2} \times 63.5 \fallingdotseq 0.159 \text{〔g〕}$$

(2) 電極Bと電極Dでは，②と④のようにまったく同じ反応が起こり，4 mol の電子が流れると 1 mol の O_2 が発生する。したがって，発生する O_2 は

$$5.00 \times 10^{-3} \times \dfrac{1}{4} \times 22.4 = 2.80 \times 10^{-2} \text{〔L〕}$$

解答 (1) 0.159 g

(2) 電極B：2.80×10^{-2} L，電極D：2.80×10^{-2} L

配点各7点（合計14点）

9 解説 (1) 各電極では，次の反応が起こる。

電解槽Aの陰極：

$Cu^{2+} + 2e^- \longrightarrow Cu$ ……①

電解槽Aの陽極：

$2H_2O \longrightarrow 4H^+ + O_2 + 4e^-$ ……②

電解槽Bの陰極：

$Ag^+ + e^- \longrightarrow Ag$ ……③

電解槽Bの陽極：

$2H_2O \longrightarrow 4H^+ + O_2 + 4e^-$ ……④

電解槽Aの陰極では，①より，Cu(63.5)が析出し，電解槽Aを流れた電子の物質量は

$$\dfrac{1.27}{63.5} \times 2 = 4.00 \times 10^{-2} \text{〔mol〕}$$

電解槽Aの陽極で発生する O_2 は，②より

$$4.00 \times 10^{-2} \times \dfrac{1}{4} \times 22.4 = 0.224 \text{〔L〕}$$

電解槽Bの陰極では，③より，Ag(108)が析出し，電解槽Bを流れた電子の物質量は

$$\dfrac{2.16}{108} \times 1 = 2.00 \times 10^{-2} \text{〔mol〕}$$

電解槽Bの陽極で発生する O_2 は，④より

$$2.00 \times 10^{-2} \times \dfrac{1}{4} \times 22.4 = 0.112 \text{〔L〕}$$

(2) 鉛蓄電池から流れ出した電子の物質量は

$$0.0400 + 0.0200 = 0.0600 \text{〔mol〕}$$

鉛蓄電池の負極と正極では次の反応が起こる。

負極：$Pb + SO_4^{2-} \longrightarrow PbSO_4 + 2e^-$

正極：$PbO_2 + 4H^+ + SO_4^{2-} + 2e^-$
$\longrightarrow PbSO_4 + 2H_2O$

負極では，2 mol の電子が流れると，SO_4（式量 96.0）1 mol 分の 96.0 g 増加する。

したがって

$$\dfrac{96.0}{2} \times 0.0600 = 2.88 \text{〔g〕}$$

正極では，2 mol の電子が流れると，SO_2（式量 64.0）1 mol 分の 64.0 g 増加する。

したがって $\dfrac{64.0}{2} \times 0.0600 = 1.92$〔g〕

解答 (1) 電解槽Aの陽極：0.224 L

電解槽Bの陽極：0.112 L

(2) 負極：+2.88 g，正極：+1.92 g

配点各8点（合計16点）

探究活動 対策問題　p.60〜61

1 解説 (1) 発熱量〔J〕
= 水溶液の質量〔g〕× 4.2〔J/(g·K)〕× Δt〔K〕

よって　$104 \times 4.2 \times 22.5 = 9828$〔J〕$\fallingdotseq 9.8$〔kJ〕

HCl と NaOH とが 0.10 mol ずつ反応したことになるので

反応熱 $Q_1 = \dfrac{9.82}{0.10} \fallingdotseq 98$〔kJ/mol〕

HClaq + NaOH（固）= NaClaq + H_2O（液）+ 98 kJ

(2) 発熱量 = $104 \times 4.2 \times 9.5 = 4149.6$〔J〕$\fallingdotseq 4.1$〔kJ〕

溶解熱 $Q_2 = \dfrac{4.14}{0.10} \fallingdotseq 41$〔kJ/mol〕

NaOH（固）+ aq = NaOHaq + 41 kJ

(3) 発熱量 = $100 \times 4.2 \times 6.5 = 2730$〔J〕$\fallingdotseq 2.7$〔kJ〕

HCl，NaOH は，それぞれ 0.050 mol どうしが反応するので

中和熱 $Q_3 = \dfrac{2.73}{0.050} \fallingdotseq 55$〔kJ/mol〕

HClaq + NaOHaq = NaClaq + H_2O（液）+ 55 kJ

解答 (1) 発熱量：9.8 kJ，反応熱 Q_1：98 kJ/mol

(2) 発熱量：4.1 kJ，溶解熱 Q_2：41 kJ/mol

(3) 発熱量：2.7 kJ，中和熱 Q_3：55 kJ/mol
(4) $Q_1 = 98$ kJ/mol と $Q_2 + Q_3 = 96$ kJ/mol はほぼ等しく，ヘスの法則は検証された。

2 解説 (2) 負極では酸化反応が起こり，正極では，還元反応が起こる。

　　負極：$Zn \longrightarrow Zn^{2+} + 2e^-$
　　正極：$Cu^{2+} + 2e^- \longrightarrow Cu$

(3) (2)の2つのイオン反応式を足し算して，e^- を消去すると，次の全反応のイオン式が導ける。

　　$Zn + Cu^{2+} \longrightarrow Zn^{2+} + Cu$

(4) 硫酸亜鉛水溶液と硫酸銅(Ⅱ)水溶液が混合すると

　　$Zn + Cu^{2+} \longrightarrow Zn^{2+} + Cu$

この反応が，亜鉛板上で起こり，電流を取り出すことができなくなる。

解答 (1) **検流計の読みより銅板から亜鉛板に電流が流れていることがわかるので，銅板が正極，亜鉛板が負極である。**

(2) 負極：$Zn \longrightarrow Zn^{2+} + 2e^-$
　　正極：$Cu^{2+} + 2e^- \longrightarrow Cu$

(3) $Zn + Cu^{2+} \longrightarrow Zn^{2+} + Cu$

(4) **セロハンは半透膜なので，その細孔を通ってイオンの移動が可能で，電気的に電極をつなぎ，硫酸亜鉛水溶液と硫酸銅(Ⅱ)水溶液の拡散による混合を防ぐはたらき。**

第3章　反応の速さとしくみ

基本問題　　p.63〜64

87 解説 (1) 各物質の反応速度の比は，化学反応式の係数比と同じであるので
　　$v_A : v_B = 4 : 1$

(2) 反応速度は，$v = \dfrac{\text{反応物の濃度の減少量}}{\text{反応時間}}$ より

　　$v = \dfrac{-(c_2 - c_1)}{t_2 - t_1}$

(3) 反応開始200〜400秒後の平均の反応速度は

　　$v = \dfrac{-(1.56 - 1.77)}{400 - 200}$
　　　$= 1.05 \times 10^{-3}$ [mol/(L·s)]

(4) はじめに反応速度と濃度の関係を確かめる。

	$\overline{v} = -\dfrac{\Delta[N_2O_5]}{\Delta t}$	$\overline{c}$	$\overline{v}/\overline{c}$
0〜100	1.20×10^{-3}	1.94	6.2×10^{-4}
100〜200	1.10×10^{-3}	1.83	6.0×10^{-4}
200〜400	1.05×10^{-3}	1.67	6.3×10^{-4}
400〜800	8.75×10^{-4}	1.39	6.3×10^{-4}
800〜1200	6.38×10^{-4}	1.08	5.9×10^{-4}
1200〜1800	5.02×10^{-4}	0.805	6.2×10^{-4}

$\overline{v}/\overline{c}$ の値がほぼ一定の値をとっているため，$\overline{v}$ と $\overline{c}$ が比例関係にあることがわかる。
よって　$\overline{v} = k\overline{c}$

$k = \dfrac{\overline{v}}{\overline{c}}$ なので，上の表の平均をとると
　　$k ≒ 6.2 \times 10^{-4}$ [/s]

解答 (1) $v_A : v_B = 4 : 1$

(2) $v = -\dfrac{c_2 - c_1}{t_2 - t_1}$

(3) 1.05×10^{-3} mol/(L·s)

(4) $v = k[N_2O_5]$，
　　$k = 6.2 \times 10^{-4}$/s

88 解説 (1) 温度が高くなると，活性化エネルギー以上のエネルギーをもった粒子の割合が増加する。活性化エネルギー以上のエネルギーをもった粒子が反応するので，速度定数も大きくなる。温度が高くなっても，活性化エネルギー，反応熱は変化しない。

(2) 触媒を用いると，活性化エネルギーが小さい，異なる反応経路を通る。よって，活性化エネルギー以上のエネルギーをもった粒子の割合が増加する。触媒を用いても反応熱は変化しない。

解答 (1) ①　(2) ②

応用問題　　p.65

89 解説 (1) (Ⅲ) $2HI \longrightarrow H_2 + I_2$ より
　　$-\Delta[HI] : \Delta[H_2] = 2 : 1$ である。
　　よって　$\overline{v'} = \dfrac{1}{2}\overline{v}$

(2) 表で，[HI] が2倍，3倍と変化すると，v は，4倍(2^2倍)，9倍(3^2倍)になる。
　　よって，v は [HI] の2乗に比例しているので，
　　$v = k[HI]^2$ となる。

(3) T [K] における k を k_T とすると，

$k_T = k_{600} \times 1.8^{\frac{T-600}{10}}$ とおける。

よって $k_{630} = k_{600} \times 1.8^{\frac{630-600}{10}}$

$= 5.4 \times 10^{-6} \times 1.8^3$

$\fallingdotseq 3.1 \times 10^{-5}$〔L/(mol·s)〕

解答 (1) (II) $-\dfrac{[HI]_2 - [HI]_1}{t_2 - t_1}$

(III) $\dfrac{1}{2}\bar{v}$

(2) $v = k[HI]^2$

(3) $k = 3.1 \times 10^{-5}$ L/(mol·s)

(4) 高温では低温に比べて活性化エネルギー E_a 以上のエネルギーをもつ分子の割合が急激に増加するため。

90 **解説** (3) 0 分〜2 分の分解速度 v は

$v_{0\sim2} = -\dfrac{\varDelta[A]}{\varDelta t} = -\dfrac{(5.40 - 6.00)\,\text{mol/L}}{(2-0)\,\text{min}}$

$= 3.0 \times 10^{-1}$〔mol/(L·min)〕

0 分から 2 分の A の平均濃度 $[\bar{A}]$ は

$[\bar{A}]_{0\sim2} = \dfrac{6.00 + 5.40}{2} = 5.70$〔mol/L〕

(4) $v = k[A]$ より

$k_{0\sim2} = \dfrac{v_{0\sim2}}{[\bar{A}]_{0\sim2}} = \dfrac{3.0 \times 10^{-1}\,\text{mol/(L·min)}}{5.70\,\text{mol/L}}$

$= 5.26 \times 10^{-2} \fallingdotseq 5.3 \times 10^{-2}$/min

(5) 各時間間隔での分解速度は

$v_{2\sim4} = -\dfrac{4.80 - 5.40}{4-2} = 3.0 \times 10^{-1}$〔mol/(L·min)〕

$v_{4\sim6} = -\dfrac{4.30 - 4.80}{6-4} = 2.5 \times 10^{-1}$〔mol/(L·min)〕

$v_{6\sim8} = -\dfrac{3.80 - 4.30}{8-6} = 2.5 \times 10^{-1}$〔mol/(L·min)〕

各時間間隔での平均濃度は

$[\bar{A}]_{2\sim4} = \dfrac{5.40 + 4.80}{2} = 5.10$〔mol/L〕

$[\bar{A}]_{4\sim6} = \dfrac{4.80 + 4.30}{2} = 4.55$〔mol/L〕

$[\bar{A}]_{6\sim8} = \dfrac{4.30 + 3.80}{2} = 4.05$〔mol/L〕

各時間間隔での反応速度定数は

$k_{2\sim4} = \dfrac{3.0 \times 10^{-1}\,\text{mol/(L·min)}}{5.10\,\text{mol/L}} = 5.88 \times 10^{-2}$/min

$k_{4\sim6} = \dfrac{2.5 \times 10^{-1}\,\text{mol/(L·min)}}{4.55\,\text{mol/L}} = 5.49 \times 10^{-2}$/min

$k_{6\sim8} = \dfrac{2.5 \times 10^{-1}\,\text{mol/(L·min)}}{4.05\,\text{mol/L}} = 6.17 \times 10^{-2}$/min

よって，反応速度定数の平均値は

$\bar{k} = \dfrac{(5.26 + 5.88 + 5.49 + 6.17) \times 10^{-2}}{4}$

$= 5.70 \times 10^{-2}$〔/min〕

(6) A の濃度は，$[A] = [A]_0 e^{-kt}$ と表される。

$[A] = \dfrac{1}{2}[A]_0$ のとき，$t = T$ とすると

$\dfrac{1}{2}[A]_0 = [A]_0 e^{-kT}$

$\dfrac{1}{2} = e^{-kT}$

両辺で自然対数をとると

$\log_e \dfrac{1}{2} = \log_e e^{-kT}$

$-\log_e 2 = -kT$

$T = \dfrac{\log_e 2}{k} = \dfrac{0.693}{5.70 \times 10^{-2}} \fallingdotseq 12.2$〔min〕

解答 (1) $v = -\dfrac{\varDelta[A]}{\varDelta t}$

(2) $v = k[A]$

(3) 分解速度：3.0×10^{-1} mol/(L·min)

平均濃度：5.70 mol/L

(4) 5.3×10^{-2}/min

(5) 5.7×10^{-2}/min

(6) 12.2 min

(7) 触媒を用いると活性化エネルギーが小さくなり，活性化エネルギー以上のエネルギーをもった粒子の数が急激に増加するため。

第4章 化学平衡

基本問題 p.67〜69

91 **解説**

(2)

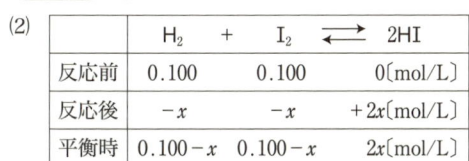

	H_2	$+$	I_2	$\rightleftarrows$	$2HI$
反応前	0.100		0.100		0〔mol/L〕
反応後	$-x$		$-x$		$+2x$〔mol/L〕
平衡時	$0.100 - x$		$0.100 - x$		$2x$〔mol/L〕

平衡時の HI の物質量は 0.154 mol より

$0.154 = 2x$ $x = 0.077$〔mol〕

容器の体積は 1 L なので

$[H_2] = \dfrac{0.100 - 0.077}{1} = 0.023$〔mol/L〕

$[I_2] = 0.023$ mol/L

$$[HI] = \frac{0.154}{1} = 0.154 \text{[mol/L]}$$

よって，平衡定数 K は

$$K = \frac{[HI]^2}{[H_2][I_2]} = \frac{0.154^2}{0.023 \times 0.023} \fallingdotseq 44.8$$

解答 (1) $\dfrac{[HI]^2}{[H_2][I_2]}$ (2) 44.8

92 **解説** (1) 触媒を加えると，正・逆の反応速度は大きくなるが，平衡は移動しない。

(2) 温度を上げると，吸熱反応の方向に平衡は移動する。

(3) 圧力を上げると，減圧の方向(気体の粒子数が減少する方向)に平衡は移動する。

(4) 反応物である酸素を加えたので，酸素が減少する方向に平衡は移動する。

(5) 体積一定でアルゴンを加えても，反応に関与する各気体のモル濃度は変化しない。よって，平衡は移動しない。

解答 (1) 移動しない (2) 左 (3) 右
(4) 右 (5) 移動しない

93 **解説** (1) 温度を高くすると，吸熱方向(左方向)に平衡は移動する。

(2) 水素を加えると，水素を減らす方向(右方向)に平衡は移動し，アンモニアの生成量が増加する。

(3) 圧力を上げると，圧力を下げる方向(右方向)に平衡は移動する。

(4) 触媒を用いると，活性化エネルギーが小さくなるので，正反応，逆反応の反応速度は増加する。

(5) 触媒の使用で，平衡は移動しない。

解答 (3), (4)

94 **解説**

(1)

	HA $\underset{}{\overset{\alpha}{\rightleftarrows}}$ H$^+$	+ A$^-$
電解前	c	0	0
変化量	$-c\alpha$	$+c\alpha$	$+c\alpha$
電離後	$c(1-\alpha)$	$c\alpha$	$c\alpha$

化学平衡の法則より $K_a = \dfrac{[H^+][A^-]}{[HA]}$ (ア)

上の表より

$$K_a = \frac{[H^+][A^-]}{[HA]} = \frac{c\alpha \cdot c\alpha}{c(1-\alpha)} = \frac{c\alpha^2}{1-\alpha} \quad (イ)$$

$1 \gg \alpha$ より $1-\alpha \fallingdotseq 1$ と近似できるので

$$K_a = \frac{c\alpha^2}{1-\alpha} \fallingdotseq c\alpha^2$$

よって $\alpha = \sqrt{\dfrac{K_a}{c}}$ (ウ)

$$[H^+] = c\alpha = c \times \sqrt{\frac{K_a}{c}} = \sqrt{cK_a} \quad (エ)$$

(2) $1 \gg \alpha$ より

$$K_a = c\alpha^2 = 0.10 \times 0.016^2 = 2.6 \times 10^{-5} \text{[mol/L]}$$
$$[H^+] = c\alpha = 0.10 \times 0.016 = 1.6 \times 10^{-3} \text{[mol/L]}$$
$$\text{pH} = -\log[H^+] = -\log(1.6 \times 10^{-3})$$
$$= -(\log 1.6 + \log 10^{-3}) = -0.2 + 3 = 2.8$$

解答 (1) ア $\dfrac{[H^+][A^-]}{[HA]}$ イ $\dfrac{c\alpha^2}{1-\alpha}$
ウ $\sqrt{\dfrac{K_a}{c}}$ エ $\sqrt{cK_a}$

(2) $K_a = 2.6 \times 10^{-5}$ mol/L, $[H^+] = 1.6 \times 10^{-3}$ mol/L,
pH = 2.8

> **POINT** 弱酸の電離度と水素イオン濃度
>
> c [mol/L]の弱酸水溶液，電離度を α，電離定数 K_a
>
> $\alpha = \sqrt{\dfrac{K_a}{c}}$ $\quad [H^+] = c\alpha \text{[mol/L]} = \sqrt{cK_a}$

95 **解説**

CH_3COOH と CH_3COONa の混合水溶液

$$CH_3COOH \rightleftarrows CH_3COO^- + H^+ \quad \cdots\cdots ①$$
$$CH_3COONa \longrightarrow CH_3COO^- + Na^+ \quad \cdots\cdots ②$$

この混合溶液に酸を加えると，酸から生じた H^+ は，②で生じた CH_3COO^- と結びつき CH_3COOH となる。また塩基を加えると，OH^- は①の CH_3COOH と反応する。よって，酸や塩基を少量加えても，pH がほぼ一定に保たれる。このような溶液を緩衝液という。

解答 (1) (a) CH_3COO^- (b) H^+ (c) Na^+
(d) 緩衝液

(2) 少量の酸を加えても，酸によって生じた H^+ は，CH_3COONa が電離して生じた CH_3COO^- と結びつき CH_3COOH となるため，pH はほぼ一定である。

96 **解説** (1) 加水分解の反応式は

$$CH_3COO^- + H_2O \rightleftarrows CH_3COOH + OH^-$$

(2) 加水分解定数 K_h は

$$K_h = \frac{[CH_3COOH][OH^-]}{[CH_3COO^-]}$$

(3) (2)の式の分母，分子に$[H^+]$をかけると

$$K_h = \frac{[CH_3COOH][OH^-]}{[CH_3COO^-]} \times \frac{[H^+]}{[H^+]}$$

$$= \frac{[CH_3COOH]}{[CH_3COO^-][H^+]} \cdot [OH^-][H^+]$$

$$= \frac{1}{K_a} \cdot K_w = \frac{K_w}{K_a}$$

解答 (1) $CH_3COO^- + H_2O \rightleftarrows CH_3COOH + OH^-$

(2) $K_h = \dfrac{[CH_3COOH][OH^-]}{[CH_3COO^-]}$ (3) $K_h = \dfrac{K_w}{K_a}$

97 **解説** (3) 水 1 L = 1000 g に溶ける AgCl の質量は，

$$0.19 \times 10^{-3} \times \frac{1000}{100} = 1.9 \times 10^{-3} [g]$$

$AgCl \rightleftarrows Ag^+ + Cl^-$ より，溶けた AgCl の物質量と，Ag^+，Cl^- の物質量は等しい。

AgCl = 108 + 35.5 = 143.5 より

$$[Ag^+] = [Cl^-] = \frac{1.9 \times 10^{-3}}{143.5}$$

$$= 1.32 \times 10^{-5} [mol/L]$$

よって，溶解度積 $K_{sp} = (1.32 \times 10^{-5})^2$

$$= 1.7 \times 10^{-10} [(mol/L)^2]$$

解答 (1) (a) Ag^+ (b) Cl^- (順不同)

(2) $K_{sp} = [Ag^+][Cl^-]$ (3) $1.7 \times 10^{-10} (mol/L)^2$

応用問題 p.70〜73

98 **解説** N_2O_4 の変化量を x [mol] とすると

	N_2O_4	$\rightleftarrows$	$2NO_2$
反応前	0.5		0
変化量	$-x$		$+2x$
平衡時	$0.5-x$		$2x$

体積は 10 L なので

$$[N_2O_4] = \frac{0.5-x}{10} [mol/L]$$

$$[NO_2] = \frac{2x}{10} [mol/L]$$

よって $K = \dfrac{[NO_2]^2}{[N_2O_4]} = \dfrac{\left(\frac{2x}{10}\right)^2}{\frac{0.5-x}{10}} = 0.4$

$x^2 + x - 0.5 = 0$ $x = \dfrac{-1 \pm \sqrt{3}}{2}$

$x > 0$ より $x = \dfrac{-1+\sqrt{3}}{2} = \dfrac{-1+1.73}{2} = \dfrac{0.73}{2}$

$[NO_2] = \dfrac{2x}{10} = \dfrac{2}{10} \times \dfrac{0.73}{2} = 7.3 \times 10^{-2} [mol/L]$

解答 7.3×10^{-2} mol/L

99 **解説** (2) 生成したアンモニアを x [mol] とする。

(H_2SO_4 が出した H^+ の物質量) = (アンモニアが出した OH^- の物質量) + (水酸化ナトリウムが出した OH^- の物質量) より

$$2 \times 0.50 \times \frac{500}{1000} = 1 \times x + 1 \times 0.40 \times \frac{30.0}{1000} \times \frac{500}{20.0}$$

よって $x = 0.20$

(4) アンモニアが 0.20 mol 生成したので

	N_2	$+$	$3H_2$	$\rightleftarrows$	$2NH_3$
反応前	0.35		1.30		0
変化量	-0.10		-0.30		$+0.20$
平衡時	0.25		1.00		0.20

化学平衡の法則より

$$K = \frac{[NH_3]^2}{[N_2][H_2]^3} = \frac{\left(\frac{0.20 \text{ mol}}{0.50 \text{ L}}\right)^2}{\frac{0.25 \text{ mol}}{0.50 \text{ L}} \times \left(\frac{1.00 \text{ mol}}{0.50 \text{ L}}\right)^3}$$

$$= 4.0 \times 10^{-2} [(L/mol)^2]$$

解答 (1) $2NH_3 + H_2SO_4 \longrightarrow (NH_4)_2SO_4$

(2) 2.0×10^{-1} mol (3) $K = \dfrac{[NH_3]^2}{[N_2][H_2]^3}$

(4) $K = 4.0 \times 10^{-2} (L/mol)^2$

100 **解説** (1)

	CH_3COOH	$\overset{\alpha}{\rightleftarrows}$	CH_3COO^-	$+$	H^+
電離前	C		0		0
変化量	$-C\alpha$		$+C\alpha$		$+C\alpha$
電離後	$C(1-\alpha)$		$C\alpha$		$C\alpha$

電離定数 $K_a = \dfrac{[CH_3COO^-][H^+]}{[CH_3COOH]}$ (a)

表より $[CH_3COO^-] = [H^+] = C\alpha$ (b)

$[CH_3COOH] = C(1-\alpha)$ (c)

よって $K_a = \dfrac{[CH_3COO^-][H^+]}{[CH_3COOH]} = \dfrac{C\alpha \cdot C\alpha}{C(1-\alpha)}$

$$= \frac{C\alpha^2}{1-\alpha} \quad (d)$$

$\alpha \ll 1$ のとき $1 - \alpha \fallingdotseq 1$ と近似できるので

$$K_a = \frac{C\alpha^2}{1-\alpha} \fallingdotseq C\alpha^2$$

これを α について解くと

$$\alpha = \sqrt{\frac{K_a}{C}} \quad (e)$$

また $[H^+] = C\alpha = C \times \sqrt{\dfrac{K_a}{C}} = \sqrt{CK_a}$ (f)

(2) 酢酸のモル濃度が $2C$ [mol/L] のとき，電離度が α' であるとすると
$$\alpha' = \sqrt{\frac{K_a}{2C}} = \frac{1}{\sqrt{2}} \times \sqrt{\frac{K_a}{C}} = \frac{1}{\sqrt{2}}\alpha$$
$$\frac{1}{\sqrt{2}} = \frac{\sqrt{2}}{2} = \frac{1.41}{2} \fallingdotseq 0.71$$

(3) $[H^+] = \sqrt{CK_a}$ に $[H^+] = 1.3 \times 10^{-3}$, $K_a = 2.6 \times 10^{-5}$ を代入すると
$$1.3 \times 10^{-3} = \sqrt{C \times 2.6 \times 10^{-5}}$$
$$C = \frac{1.3^2 \times 10^{-6}}{2.6 \times 10^{-5}} = 6.5 \times 10^{-2} \text{[mol/L]}$$

(4) $K_a = \dfrac{C\alpha^2}{1-\alpha}$ に $K_a = 2.6 \times 10^{-5}$, $\alpha = 0.50$ を代入すると
$$2.6 \times 10^{-5} = \frac{C \times 0.50^2}{1 - 0.50}$$
$$C = \frac{2.6 \times 10^{-5} \times 0.50}{0.250} = 5.2 \times 10^{-5} \text{[mol/L]}$$
よって $[H^+] = C\alpha = 5.2 \times 10^{-5} \times 0.50$
$$= 2.6 \times 10^{-5} \text{[mol/L]}$$

解答 (1) (a) $\dfrac{[CH_3COO^-][H^+]}{[CH_3COOH]}$ (b) $C\alpha$

(c) $C(1-\alpha)$ (d) $\dfrac{C\alpha^2}{1-\alpha}$ (e) $\sqrt{\dfrac{K_a}{C}}$

(f) $\sqrt{CK_a}$

(2) 0.71 (3) $6.5 \times 10^{-2}\,\text{mol/L}$

(4) $2.6 \times 10^{-5}\,\text{mol/L}$

101 **解説** (1)

	$CH_3COOH \xrightleftharpoons{\alpha}$	CH_3COO^-	$+$	H^+
電解前	c	0		0
変化量	$-c\alpha$	$+c\alpha$		$+c\alpha$
電離後	$c(1-\alpha)$	$c\alpha$		$c\alpha$

化学平衡の法則より
$$K_a = \frac{[CH_3COO^-][H^+]}{[CH_3COOH]} = \frac{c\alpha \cdot c\alpha}{c(1-\alpha)}$$
$$= \frac{c\alpha^2}{1-\alpha}$$

酢酸は弱酸なので，$1 \gg \alpha$ よって，$1 - \alpha \fallingdotseq 1$ と近似できるから
$$K_a = \frac{c\alpha^2}{1-\alpha} \fallingdotseq c\alpha^2$$
よって $\alpha = \sqrt{\dfrac{K_a}{c}}$

また $[H^+] = c\alpha = c \times \sqrt{\dfrac{K_a}{c}} = \sqrt{cK_a}$

(2) $\alpha = \sqrt{\dfrac{K_a}{c}}$ より

$$\alpha = \sqrt{\frac{2.8 \times 10^{-5}}{0.10}} = 1.7 \times 10^{-2}$$
また $[H^+] = c\alpha$ より
$[H^+] = 0.10 \times 1.7 \times 10^{-2}$
$\quad = 1.7 \times 10^{-3}\,\text{[mol/L]}$

解答 (1) $\alpha = \sqrt{\dfrac{K_a}{c}}$, $[H^+] = \sqrt{cK_a}$

(2) $\alpha = 1.7 \times 10^{-2}$, $[H^+] = 1.7 \times 10^{-3}\,\text{mol/L}$

102 **解説** (2) CH_3COOH のほうが $NaOH$ よりも過剰にあるため，反応して生成した CH_3COONa と未反応の CH_3COOH の混合溶液になっている。
$$CH_3COOH \rightleftharpoons CH_3COO^- + H^+ \quad \cdots\cdots ①$$
$$CH_3COONa \longrightarrow CH_3COO^- + Na^+ \quad \cdots\cdots ②$$
CH_3COOH は弱酸なので，①の平衡は左にかたよっている。
CH_3COONa は完全に電離しているので
$$[CH_3COONa] = [CH_3COO^-]$$
よって，生成した CH_3COO^- の濃度は
$$[CH_3COO^-] = \frac{0.10 \times \frac{60.0}{1000}\,\text{mol}}{\frac{40.0 + 60.0}{1000}\,\text{L}}$$
$$= 6.0 \times 10^{-2}\,\text{mol/L}$$
未反応の CH_3COOH の濃度は
$[CH_3COOH]$
$$= \frac{0.20 \times \frac{40.0}{1000}\,\text{mol} - 0.10 \times \frac{60.0}{1000}\,\text{mol}}{\frac{40.0 + 60.0}{1000}\,\text{L}}$$
$$= 2.0 \times 10^{-2}\,\text{mol/L}$$

(3) 電離定数 $K_a = \dfrac{[CH_3COO^-][H^+]}{[CH_3COOH]}$
$$= \frac{6.0 \times 10^{-2}}{2.0 \times 10^{-2}}[H^+] = 3.0[H^+]$$
$$= 2.8 \times 10^{-5}\,\text{[mol/L]}$$
よって $[H^+] = \dfrac{2.8}{3.0} \times 10^{-5}\,\text{mol/L}$
$$pH = -\log_{10}[H^+] = -\log_{10}\left(\frac{2.8}{3.0} \times 10^{-5}\right)$$
$$= 5 + \log_{10}3.0 - \log_{10}2.8$$
$$= 5 + 0.48 - 0.44$$
$$= 5.04 \fallingdotseq 5.0$$

解答

(1) $CH_3COOH + NaOH \longrightarrow CH_3COONa + H_2O$

(2) $[CH_3COOH] = 2.0 \times 10^{-2} \text{mol/L}$
$[CH_3COO^-] = 6.0 \times 10^{-2} \text{mol/L}$

(3) 5.0

103 解説

$$CH_3COOH \rightleftharpoons CH_3COO^- + H^+ \quad \cdots\cdots ①$$
$$CH_3COONa \longrightarrow CH_3COO^- + Na^+$$

CH_3COOH は弱酸なので，①の平衡は左にかたよっている。よって，混合溶液中では
$[CH_3COOH]$ は酢酸の濃度，
$[CH_3COO^-]$ は酢酸ナトリウムの濃度と近似できる。

$K_a = \dfrac{[CH_3COO^-][H^+]}{[CH_3COOH]}$ において

pH = 5 より $[H^+] = 1.0 \times 10^{-5} \text{mol/L}$

よって $2.8 \times 10^{-5} = \dfrac{[CH_3COO^-]}{[CH_3COOH]} \times 1.0 \times 10^{-5}$

$\dfrac{[CH_3COO^-]}{[CH_3COOH]} = 2.8$

したがって $[CH_3COOH] : [CH_3COO^-] = 1 : 2.8$
$= 5 : 14$

解答 5 : 14

POINT 緩衝液のpHの求め方

酢酸と酢酸ナトリウムの混合水溶液の場合

$K_a = \dfrac{[CH_3COO^-]\ \leftarrow\text{混合溶液中の酢酸ナトリウムの濃度}}{[CH_3COOH]\ \leftarrow\text{混合溶液中の酢酸の濃度}}$

$[H^+]$ より pH を計算する。

104 解説

(1) $CH_3COONa \longrightarrow CH_3COO^- + Na^+$ 電離
$CH_3COO^- + H_2O \rightleftharpoons CH_3COOH + OH^-$
加水分解

(2) $CH_3COO^- + H_2O \rightleftharpoons CH_3COOH + OH^-$

$K_h = \dfrac{[CH_3COOH][OH^-]}{[CH_3COO^-]} \times \dfrac{[H^+]}{[H^+]} = \dfrac{K_w}{K_a}$

$= \dfrac{1.0 \times 10^{-14}}{2.8 \times 10^{-5}} = \dfrac{1}{2.8} \times 10^{-9} \text{[mol/L]}$

また，$[CH_3COOH] = [OH^-]$，$[CH_3COO^-] \fallingdotseq$ (酢酸ナトリウムのモル濃度) より

$K_h = \dfrac{[CH_3COOH][OH^-]}{[CH_3COO^-]} = \dfrac{[OH^-]^2}{0.10}$

$= \dfrac{1}{2.8} \times 10^{-9} \text{[mol/L]}$

よって $[OH^-] = \dfrac{1}{\sqrt{2.8}} \times 10^{-5} \text{mol/L}$

水のイオン積より

$[H^+] = \dfrac{K_w}{[OH^-]} = \dfrac{1.0 \times 10^{-14}}{\dfrac{1}{\sqrt{2.8}} \times 10^{-5}}$

$= \sqrt{2.8} \times 10^{-9} \text{[mol/L]}$

したがって $\text{pH} = -\log_{10}(\sqrt{2.8} \times 10^{-9})$

$= 9 - \dfrac{1}{2} \times 0.45 \fallingdotseq 8.8$

解答 (1) 酢酸ナトリウムが電離して生じた酢酸イオンが加水分解し，水酸化物イオンが生じるため。

(2) 8.8

105 解説 (1)

	NH_3 + H_2O $\rightleftharpoons$ NH_4^+ + OH^-		
電離前	c	0	0
変化量	$-c\alpha$	$+c\alpha$	$+c\alpha$
平衡時	$c(1-\alpha)$	$c\alpha$	$c\alpha$

$K = \dfrac{[NH_4^+][OH^-]}{[NH_3][H_2O]}$

ここで，$[H_2O]$ は一定と見なせるので

$K_b = K[H_2O] = \dfrac{[NH_4^+][OH^-]}{[NH_3]}$ (ア)

$= \dfrac{c\alpha \cdot c\alpha}{c(1-\alpha)} = \dfrac{c\alpha^2}{1-\alpha}$ (イ)

NH_3 は弱塩基なので，$1 \gg \alpha$ よって，$1-\alpha \fallingdotseq 1$ と近似できる。

したがって $K_b \fallingdotseq c\alpha^2$ (ウ)

α について解くと $\alpha = \sqrt{\dfrac{K_b}{c}}$

よって $[OH^-] = c\alpha = c \times \sqrt{\dfrac{K_b}{c}} = \sqrt{cK_b}$ (エ)

水のイオン積より

$[H^+] = \dfrac{K_w}{[OH^-]} = \dfrac{K_w}{\sqrt{cK_b}}$ (オ)

NH_3 の加水分解の反応式は

$NH_4^+ + H_2O \rightleftharpoons NH_3$ (カ) $+ H_3O^+$ (キ)

となり，弱酸性を示す。(ク)

(4) 加水分解定数 K_h は

$K_h = \dfrac{[NH_3][H^+]}{[NH_4^+]}$

分母，分子に $[OH^-]$ をかけると

$K_h = \dfrac{[NH_3][H^+]}{[NH_4^+]} \times \dfrac{[OH^-]}{[OH^-]} = \dfrac{K_w}{K_b}$

(5) NH_3 の物質量 $= 0.20 \times \dfrac{100}{1000} = 0.020 \text{[mol]}$

第2部 物質の変化と化学平衡

NH₄Cl の物質量 $= 0.20 \times \dfrac{300}{1000} = 0.060$ 〔mol〕

この混合溶液中では，NH₃ はほとんど電離しない。

また，NH₄Cl は完全に電離し，NH₄⁺ が生じる。

よって $[\mathrm{NH_3}] = \dfrac{0.020}{\dfrac{100+300}{1000}} = \dfrac{0.020}{0.400}$ 〔mol/L〕

$[\mathrm{NH_4^+}] = \dfrac{0.060}{\dfrac{100+300}{1000}} = \dfrac{0.060}{0.400}$ 〔mol/L〕

$K_\mathrm{h} = \dfrac{[\mathrm{NH_3}][\mathrm{H^+}]}{[\mathrm{NH_4^+}]} = \dfrac{\dfrac{0.020}{0.400} \times [\mathrm{H^+}]}{\dfrac{0.060}{0.400}}$

$= \dfrac{0.020[\mathrm{H^+}]}{0.060} = \dfrac{K_\mathrm{w}}{K_\mathrm{b}}$

$[\mathrm{H^+}] = \dfrac{0.060 \times K_\mathrm{w}}{0.020 \times K_\mathrm{b}} = \dfrac{0.060 \times 1.0 \times 10^{-14}}{0.020 \times 1.8 \times 10^{-5}}$

$= \dfrac{1}{2} \times \dfrac{1}{3} \times 10^{-8}$ 〔mol/L〕

よって $\mathrm{pH} = -\log_{10}[\mathrm{H^+}]$

$= -\log_{10}\left(\dfrac{1}{2} \times \dfrac{1}{3} \times 10^{-8}\right)$

$= \log_{10} 2 + \log_{10} 3 + 8$

$= 0.30 + 0.48 + 8$

$= 8.78 \fallingdotseq 8.8$

解答 (1) ア $\dfrac{[\mathrm{NH_4^+}][\mathrm{OH^-}]}{[\mathrm{NH_3}]}$　イ $\dfrac{c\alpha^2}{1-\alpha}$

ウ $c\alpha^2$　エ $\sqrt{cK_\mathrm{b}}$

オ $\dfrac{K_\mathrm{w}}{\sqrt{cK_\mathrm{b}}}$　カ $\mathrm{NH_3}$

キ $\mathrm{H_3O^+}$

(2) **弱酸性**

(3) **[OH⁻] が増加するので，その変化を和らげる方向，つまり左に平衡は移動する。**

(4) $K_\mathrm{h} = \dfrac{K_\mathrm{w}}{K_\mathrm{b}}$　(5) **8.8**

106 解説 (2) $\mathrm{BaSO_4} = 233$

よって，2.33×10^{-4} g の $\mathrm{BaSO_4}$ の物質量は

$\dfrac{2.33 \times 10^{-4}}{233} = 1.00 \times 10^{-6}$ 〔mol〕

$\mathrm{BaSO_4}$ は電離すると，$\mathrm{Ba^{2+}}$ と $\mathrm{SO_4^{2-}}$ になるので

$[\mathrm{BaSO_4}] = [\mathrm{Ba^{2+}}] = [\mathrm{SO_4^{2-}}]$

$= \dfrac{1.00 \times 10^{-6} \mathrm{mol}}{\dfrac{100}{1000} \mathrm{L}}$

$= 1.00 \times 10^{-5}$ mol/L

$K_{\mathrm{sp}} = [\mathrm{Ba^{2+}}][\mathrm{SO_4^{2-}}]$

$= (1.00 \times 10^{-5}) \times (1.00 \times 10^{-5})$

$= 1.00 \times 10^{-10}$ 〔(mol/L)²〕

(3) $[\mathrm{SO_4^{2-}}] = 0.0500$ mol/L

$\mathrm{BaSO_4}$ が x 〔mol〕溶けたとすると

$[\mathrm{Ba^{2+}}][\mathrm{SO_4^{2-}}] = x \times (0.0500 + x)$

$= 1.00 \times 10^{-10}$

ここで，x は非常に小さいため

$0.0500 + x \fallingdotseq 0.0500$

と近似できる。よって

$x \times (0.0500 + x) \fallingdotseq 0.0500x = 1.00 \times 10^{-10}$

$x = 2.00 \times 10^{-9}$ 〔mol〕

よって，硫酸 1 L に溶ける硫酸バリウムの質量は

$2.00 \times 10^{-9} \times 233 = 4.66 \times 10^{-7}$ 〔g〕

解答 (1) $K_{\mathrm{sp}} = [\mathrm{Ba^{2+}}][\mathrm{SO_4^{2-}}]$

(2) $K_{\mathrm{sp}} = 1.00 \times 10^{-10}$ (mol/L)²

(3) 4.66×10^{-7} g

107 解説 (2) 0.10 mol/L NaCl 水溶液 50 mL に 0.10 mol/L $\mathrm{AgNO_3}$ 水溶液 50 mL を加えているので，モル濃度はともにもとの半分になっている。

$[\mathrm{Cl^-}] = \dfrac{0.10}{2} = 0.050$ 〔mol/L〕

$[\mathrm{Ag^+}] = \dfrac{0.10}{2} = 0.050$ 〔mol/L〕

$[\mathrm{Ag^+}][\mathrm{Cl^-}] = 0.050 \times 0.050$

$= 2.5 \times 10^{-3}$ 〔(mol/L)²〕$> K_{\mathrm{sp}}$

より，AgCl の沈殿が存在し，飽和溶液になっている。

$[\mathrm{Ag^+}] = [\mathrm{Cl^-}]$ より

$K_{\mathrm{sp}} = [\mathrm{Ag^+}][\mathrm{Cl^-}] = [\mathrm{Ag^+}]^2$

よって $[\mathrm{Ag^+}] = \sqrt{K_{\mathrm{sp}}} = \sqrt{1.0 \times 10^{-10}}$

$= 1.0 \times 10^{-5}$ 〔mol/L〕

解答 (1) $K_{\mathrm{sp}} = [\mathrm{Ag^+}][\mathrm{Cl^-}]$　(2) 1.0×10^{-5} mol/L

108 解説 (1)

$\mathrm{H_2S} \rightleftarrows \mathrm{H^+} + \mathrm{HS^-}$　$K_1 = 1.0 \times 10^{-7}$ mol/L

$\mathrm{HS^-} \rightleftarrows \mathrm{H^+} + \mathrm{S^{2-}}$　$K_2 = 1.2 \times 10^{-14}$ mol/L

(2) $K_1 \gg K_2$ より，第 2 段階の電離は無視できる。

$[\mathrm{H^+}] = [\mathrm{HS^-}]$，$K_1 \ll 1$ なので，$[\mathrm{H_2S}] = 0.10$ mol/L

$K_1 = \dfrac{[\mathrm{H^+}][\mathrm{HS^-}]}{[\mathrm{H_2S}]} = \dfrac{[\mathrm{H^+}]^2}{0.10} = 1.0 \times 10^{-7}$

$[\mathrm{H^+}]^2 = 1.0 \times 10^{-8}$　$[\mathrm{H^+}] = 1.0 \times 10^{-4}$ mol/L

よって　pH $= -\log_{10}[H^+]$
$= -\log_{10}(1.0\times 10^{-4}) = 4.0$

別解　第2段階の電離を無視し，1価の弱酸と同じように計算する。

$[H^+] = \sqrt{cK_1}$ より

$[H^+] = \sqrt{0.10\times 1.0\times 10^{-7}}$
$= 1.0\times 10^{-4}$

よって　pH $= 4.0$

(3) $K_1\cdot K_2 = \dfrac{[H^+][HS^-]}{[H_2S]}\cdot\dfrac{[H^+][S^{2-}]}{[HS^-]}$

$= \dfrac{[H^+]^2[S^{2-}]}{[H_2S]}$

$= 1.0\times 10^{-7}\times 1.2\times 10^{-14}$

$= 1.2\times 10^{-21}\,[(\text{mol/L})^2]$

$[H^+] = 1.0\times 10^{-4}$ mol/L, $[H_2S] = 0.10$ mol/L より

$1.2\times 10^{-21} = \dfrac{(1.0\times 10^{-4})^2\times [S^{2-}]}{0.10}$

よって　$[S^{2-}] = 1.2\times 10^{-14}$ mol/L

解答　(1)　$H_2S \rightleftarrows H^+ + HS^-$,　$HS^- \rightleftarrows H^+ + S^{2-}$

(2)　4.0

(3)　1.2×10^{-14} mol/L

109 **解説**

(1) $K_1\cdot K_2 = \dfrac{[H^+][HS^-]}{[H_2S]}\cdot\dfrac{[H^+][S^{2-}]}{[HS^-]}$

$= \dfrac{[H^+]^2[S^{2-}]}{[H_2S]}$

$= 1.0\times 10^{-7}\times 1.0\times 10^{-14}$

$= 1.0\times 10^{-21}\,[(\text{mol/L})^2]$

いずれの溶液も pH が 1.0 であるので

$[H^+] = 1.0\times 10^{-1}$ mol/L

また，$[H_2S] = 0.10$ mol/L より

$[S^{2-}] = K_1\cdot K_2\cdot\dfrac{[H_2S]}{[H^+]^2}$

$= 1.0\times 10^{-21}\times\dfrac{0.10}{(1.0\times 10^{-1})^2}$

$= 1.0\times 10^{-20}$ [mol/L]

(2) 金属イオン M^{2+} と硫化物イオンの濃度の積を溶解度積 K_{sp} と比べ，$[M^{2+}][S^{2-}] > K_{sp}$ のとき沈殿が生じる。

$[Zn^{2+}][S^{2-}] = 1.0\times 10^{-3}\times 1.0\times 10^{-20}$
$= 1.0\times 10^{-23} > K_{sp} = 5.0\times 10^{-26}$

$[Cd^{2+}][S^{2-}] = 1.0\times 10^{-23} > K_{sp} = 1.0\times 10^{-28}$

$[Fe^{2+}][S^{2-}] = 1.0\times 10^{-22} < K_{sp} = 1.0\times 10^{-19}$

$[Ni^{2+}][S^{2-}] = 1.0\times 10^{-24} = K_{sp} = 1.0\times 10^{-24}$

よって，ZnS と CdS が沈殿する。

解答　(1)　1.0×10^{-20} mol/L　(2)　ZnS，CdS

実戦問題④　p.74〜75

1 **解説**　(1) (i) $v = k[A]^x[B]^y$ にデータを代入すると

$1.8\times 10^{-2} = k\times 0.30^x\times 1.00^y$ ……①

$9.0\times 10^{-3} = k\times 0.30^x\times 0.50^y$ ……②

$3.6\times 10^{-2} = k\times 0.60^x\times 0.50^y$ ……③

①÷② より　$2 = 2^y$　$y = 1$

③÷② より　$4 = 2^x$　$x = 2$

よって　$v = k[A]^2[B]$

(ii) 実験1の結果より

$1.8\times 10^{-2} = k\times (0.30)^2\times 1.00$

よって　$k = \dfrac{1.8\times 10^{-2}}{(0.30)^2} = 0.20\,[L^2/(\text{mol}^2\cdot s)]$

(iii) $v = 0.20\times [A]^2[B]$ より

$0.20\times 0.20^2\times 0.50 = 4.0\times 10^{-3}\,[\text{mol}/(L\cdot s)]$

(2) (ア) 温度が上昇しても，活性化エネルギーは変化しない。よって，誤り。

(イ) 触媒を加えると，活性化エネルギーは小さくなり，反応速度が大きくなる。よって，正しい。

(ウ) 温度が 10℃ 上昇したとき，反応速度が 2 倍になるので，温度が 40℃ 上昇すると，反応速度は $2^{\frac{40}{10}} = 2^4 = 16$ 倍になる。よって，誤り。

(エ) 触媒を加えると，活性化エネルギーは小さくなり反応速度が大きくなるが，平衡定数は変化しない。よって，誤り。

(オ) 変化を与えたとき，その変化を和らげる方向に平衡は移動する。よって，正しい。

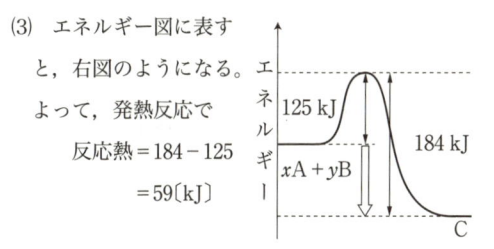

(3) エネルギー図に表すと，右図のようになる。よって，発熱反応で

反応熱 $= 184 - 125$
$= 59$ [kJ]

解答　(1) (i) $x:2$, $y:1$　(ii) $k = 0.20\,L^2/(\text{mol}^2\cdot s)$

(iii) 4.0×10^{-3} mol/(L・s)

(2) (ア), (ウ), (エ)

(3) 発熱反応, 59 kJ

(4) $H_2+I_2 \rightleftarrows 2HI$, $K=\dfrac{[HI]^2}{[H_2][I_2]}$

配点各10点（合計60点）

2 解説 (1) 25℃で, $K_w=1.0\times10^{-14}$ (mol/L)^2 であるので

$[H^+]=[OH^-]$ より

$$K_w=[H^+][OH^-]=[H^+]^2=1.0\times10^{-14}$$

$$[H^+]=1.0\times10^{-7} \text{ mol/L}$$

よって $pH=-\log_{10}[H^+]$
$=-\log_{10}(1.0\times10^{-7})=7.0$

(2) $K_a=\dfrac{[H^+][A^-]}{[HA]}$ の両辺で対数をとり, 負の符号をつけると

$$-\log_{10}K_a=-\log_{10}\dfrac{[H^+][A^-]}{[HA]}$$

$$pK_a=pH-\log_{10}\dfrac{[A^-]}{[HA]}$$

よって $pH=pK_a+\log_{10}\dfrac{[A^-]}{[HA]}$

(3)

	HA $\underset{}{\overset{\alpha}{\rightleftarrows}}$	H$^+$	+ A$^-$
電解前	C	0	0
変化量	$-C\alpha$	$+C\alpha$	$+C\alpha$
電離後	$C(1-\alpha)$	$C\alpha$	$C\alpha$

よって 平衡定数 $K_a=\dfrac{[H^+][A^-]}{[HA]}=\dfrac{C\alpha\cdot C\alpha}{C(1-\alpha)}$
$=\dfrac{C\alpha^2}{1-\alpha}$

(4) $1-\alpha\fallingdotseq1$ と近似すると

$$K_a=\dfrac{C\alpha^2}{1-\alpha}\fallingdotseq C\alpha^2 \quad \alpha=\sqrt{\dfrac{K_a}{C}}$$

$$[H^+]=C\alpha=C\times\sqrt{\dfrac{K_a}{C}}=\sqrt{CK_a}$$

よって $pH=-\log_{10}[H^+]=-\log_{10}\sqrt{CK_a}$
$=-\dfrac{1}{2}\log_{10}CK_a=-\dfrac{1}{2}\log_{10}C+\dfrac{1}{2}pK_a$
$=\dfrac{1}{2}(pK_a-\log_{10}C)$

解答 (1) 7　(2) 8　(3) 6　(4) 4

配点各10点（合計40点）

第3部　無機物質

第1章 非金属元素とその化合物

基本問題　p.77〜81

110 解説 (ア) イオン化傾向がHよりも小さい銅は塩酸とは反応しない。

(イ) H$^+$が酸性のもとである。

(エ) 水素H$_2$が燃焼すると, 水H$_2$Oが生成する。

(オ) 水を電気分解すると, 水素H$_2$と酸素O$_2$が生成する。

解答 (ウ)

111 解説 水素を燃焼させると水が生じる。

$$2H_2+O_2\longrightarrow 2H_2O$$

解答 (1) ア 水素　イ 水

(2) $Mg+2HCl\longrightarrow MgCl_2+H_2$

112 解説 (ア) 希ガスは常温・常圧で無色・無臭の気体である。

(イ), (ウ) 希ガスは単原子分子である。ファンデルワールス力は弱いので, 沸点, 融点は低い。

(エ) 希ガスは反応性が低い。

(オ) 希ガス原子は最外殻電子の数が, Heが2個, ほかの希ガス原子は8個で, 安定な電子配置（閉殻構造）となっている。このため結合力がほとんどなく, 単原子分子であり, また化合物をほとんどつくらないことから, 価電子の数を0とする。

解答 (イ)

113 解説 ハロゲンは化学的に非常に活発で, その反応性, 酸化力は$F_2>Cl_2>Br_2>I_2$の順である。常温においてF_2, Cl_2はそれぞれ淡黄色, 黄緑色の気体, Br_2は赤褐色の液体, I_2は黒紫色の金属光沢をもつ固体。

解答 (エ)

114 解答

(1) $SiO_2+6HF\longrightarrow H_2SiF_6+2H_2O$

(2) $NaCl+H_2SO_4\longrightarrow NaHSO_4+HCl$

(3) $CaF_2+H_2SO_4\longrightarrow CaSO_4+2HF$

(4) $HCl+NH_3\longrightarrow NH_4Cl$

115 解説 SO_2は無色で強い刺激臭をもち, 有害な気体で水に溶けて弱酸性を示す。実験室的製

法は濃硫酸に銅を加えて熱する。また，SO_2 は還元性をもち，漂白剤として使われることもある。

$$SO_2 + H_2O + (O) \longrightarrow H_2SO_4$$

解答 (ア), (ウ), (オ)

116 **解説** 濃硫酸は加熱すると酸化作用が強く，酸としてはそれほど強くない。希硫酸は強酸として作用する。

濃硫酸：$H_2SO_4 \longrightarrow H_2O + SO_2 + (O)$

希硫酸：$H_2SO_4 \longrightarrow 2H^+ + SO_4^{2-}$

解答 (ア) 無 (イ) 液 (ウ) 乾燥 (エ) 発生 (オ) 濃硫酸 (カ) 酸化 (キ) Cu (ク) 希硫酸

117 **解説** アンモニウム塩に強塩基を反応させると，弱塩基であるアンモニア NH_3 が遊離する。アンモニア NH_3 に濃塩酸 HCl をつけたガラス棒を近づけると，白煙を生じる。これは，NH_3 と HCl が反応して，塩化アンモニウム NH_4Cl の微結晶が生成したからである。この反応はアンモニアの検出に用いられる。

解答 (a) 2 (b) 2 (c) 2
(ア) H_2O (イ) 濃塩酸 (ウ) NH_4Cl

118 **解答** a 希硝酸
b $3Cu + 8HNO_3 \longrightarrow 3Cu(NO_3)_2 + 4H_2O + 2NO$
c アンモニア d $4NH_3 + 5O_2 \longrightarrow 4NO + 6H_2O$
e オストワルト f $2NO + O_2 \longrightarrow 2NO_2$
g 赤褐 h $3NO_2 + H_2O \longrightarrow 2HNO_3 + NO$
i 濃硝酸
j $Cu + 4HNO_3 \longrightarrow Cu(NO_3)_2 + 2H_2O + 2NO_2$

POINT

濃硫酸の性質
① 不揮発性　② 脱水性
③ 吸湿性　④ 酸化力(熱濃硫酸)

アンモニアの性質
① 特有の刺激臭をもつ無色の気体
② 水に可溶・水溶液は弱塩基性
③ HCl に触れると白煙(NH_4Cl)を生成

硝酸の性質
① 揮発性の強酸　② 酸化力大

119 **解説** (2) 石灰石の主成分は炭酸カルシウム $CaCO_3$ である。炭酸塩に強酸を反応させると，二酸化炭素 CO_2 が発生する。

(3) 二酸化炭素 CO_2 を石灰水に通じると，水に溶けにくい炭酸カルシウム $CaCO_3$ が生じ，白濁する。

(4) 炭酸カルシウムで白濁した石灰水に二酸化炭素を通じ続けると，水に溶けやすい炭酸水素カルシウム $Ca(HCO_3)_2$ が生じ，白濁が消える。

解答 (1) $Ca(OH)_2$
(2) $CaCO_3 + 2HCl \longrightarrow CaCl_2 + H_2O + CO_2$
(3) $CO_2 + Ca(OH)_2 \longrightarrow CaCO_3 + H_2O$
(4) $CaCO_3 + CO_2 + H_2O \longrightarrow Ca(HCO_3)_2$

120 **解説** (1), (2) ギ酸 HCOOH に濃硫酸(脱水剤)を加えて熱すると，一酸化炭素 CO が発生する。

(3) CO は無色・無臭の気体で，極めて有毒である。水に溶けにくい気体で，水上置換で捕集する。CO を燃焼させると青色の炎をあげる。高温で還元性が強く，例えば Fe_2O_3 を還元して Fe を生成する。

$$Fe_2O_3 + 3CO \longrightarrow 2Fe + 3CO_2$$

解答 (1) CO (2) $HCOOH \longrightarrow CO + H_2O$
(3) ①, ②, ⑥

応用問題　p.82〜83

121 **解説** 加熱により，未反応の HCl が Cl_2 に混ざって出てくる。HCl は Cl_2 よりも水に溶けやすいので，まず集めた気体を水に通し，次に濃硫酸に通して乾燥させる。塩素は空気より重いので下方置換で集める。

解答 (1) $MnO_2 + 4HCl \longrightarrow MnCl_2 + 2H_2O + Cl_2$
(2) $+4 \longrightarrow +2$
(3) B 液体名：水，作用目的：塩化水素の除去
　　C 液体名：濃硫酸，
　　　作用目的：水分の除去(乾燥)
(4) (イ)

122 **解説** ヨウ素の結晶は昇華法によって精製される。

解答 (1) ア KCl イ KBr
ウ I_2 エ $Ca(OH)_2$
(2) オ 加熱によって昇華され純粋なヨウ素の蒸気

となった後，冷却されヨウ素の板状結晶が丸底フラスコに付着する。

123 解答 (1) 接触法　(2) V_2O_5
(3) $2SO_2 + O_2 \longrightarrow 2SO_3$
(4) $SO_3 + H_2O \longrightarrow H_2SO_4$

124 解説 (2) ルシャトリエの原理を用いて考える。
① 容器の体積を小さくすると，容器内の圧力が増加するので，圧力を減らす方向に平衡が移動する。その結果，NH_3 の生成量が増加する。
③ 窒素を増やすと，窒素を減らす方向に平衡が移動する。その結果，NH_3 の生成量が増加する。
⑤ Ar ガスを加えても，体積が一定なので，N_2，H_2，NH_3 の濃度や分圧に影響はない。このため，平衡は移動しない。
解答 (1) ハーバー・ボッシュ　(2) ①，③

125 解説 $\frac{1}{4}(① + ② \times 3 + ③ \times 2)$ より
$NH_3 + 2O_2 \longrightarrow HNO_3 + H_2O$
解答 (1) オストワルト　(2) 白金
(3) $4NH_3 + 5O_2 \longrightarrow 4NO + 6H_2O$
(4) $2NO + O_2 \longrightarrow 2NO_2$
(5) $3NO_2 + H_2O \longrightarrow 2HNO_3 + NO$
(6) $NH_3 + 2O_2 \longrightarrow HNO_3 + H_2O$

126 解説
(ア) $MnO_2 + 4HCl \longrightarrow MnCl_2 + 2H_2O + Cl_2$
(イ) $3Cu + 8HNO_3 \longrightarrow 3Cu(NO_3)_2 + 4H_2O + 2NO$
(ウ) $2KClO_3 \longrightarrow 2KCl + 3O_2$
(エ) $2NH_4Cl + Ca(OH)_2 \longrightarrow CaCl_2 + 2H_2O + 2NH_3$
(オ) $Cu + 4HNO_3 \longrightarrow Cu(NO_3)_2 + 2H_2O + 2NO_2$
解答 (イ)

第2章　金属元素とその化合物

基本問題　p.85～89

127 解説 アルカリ金属は密度が小さく，やわらかい金属で，空気中の酸素で容易に酸化され，水と激しく反応するので石油中に保存する。
解答 (ア)，(ウ)

128 解説 Na_2CO_3 の工業的製法。
解答 (1) $NaCl + NH_3 + CO_2 + H_2O \longrightarrow NaHCO_3 + NH_4Cl$
(2) $2NaHCO_3 \longrightarrow Na_2CO_3 + CO_2 + H_2O$
(3) アンモニアソーダ法（ソルベー法）

129 解説 アルカリ土類金属の塩のうち，塩化物，硝酸塩は可溶性であるが，硫酸塩，炭酸塩は難溶性である。
解答 (イ)，(オ)

130 解説 アルカリ土類金属の水酸化物は水に溶け，強塩基性を示す。炭酸塩は水に難溶である。
解答 (1) (ア) 融解塩電解　(イ) 塩基性
(ウ) 塩基　(エ) 酸　(オ) イオン　(カ) 大きい
(2) (A) $Ca(OH)_2 + CO_2 \longrightarrow CaCO_3\downarrow + H_2O$
(B) $CaCO_3 + CO_2 + H_2O \longrightarrow Ca(HCO_3)_2$

131 解説 (ウ) Cu，Hg，Ag は(熱)濃硫酸か硝酸には溶ける。
(オ) イオン化傾向は Zn＞H＞Cu　ボルタ電池が形成されている。
解答 (ア) 正しい。　(イ) Hg は常温で液体。
(ウ) 硝酸または熱濃硫酸のような酸化力をもつ酸には溶ける。　(エ) Na_2CO_3 は熱に安定。
(オ) Zn は溶出し，銅の表面から H_2 を発生。

132 解説 Al，Zn，Sn，Pb は両性元素（両性金属）で，酸とも塩基とも反応して H_2 を発生。
$2Al + 6HCl \longrightarrow 2AlCl_3 + 3H_2\uparrow$
$2Al + 2NaOH + 6H_2O \longrightarrow 2Na[Al(OH)_4] + 3H_2\uparrow$
解答 (ア) H_2　(イ) $Al(OH)_3$
(ウ) $AlCl_3$　(エ) $Na[Al(OH)_4]$
(オ) 両性元素　(カ), (キ), (ク) Zn, Sn, Pb（順不同）

133 解説 ア 還元　イ 銑鉄　ウ スラグ　エ 酸素　オ 銅

134 解説 (A) $Ag^+ + Cl^- \longrightarrow AgCl\downarrow$
(C) $Cu^{2+} + H_2S \longrightarrow CuS\downarrow + 2H^+$
(D) $Cu^{2+} + 4NH_3 \longrightarrow [Cu(NH_3)_4]^{2+}$
(E) $Al^{3+} + 3OH^- \longrightarrow Al(OH)_3\downarrow$
(F) $Zn^{2+} + H_2S \longrightarrow ZnS\downarrow + 2H^+$
(G) $Ca^{2+} + (NH_4)_2CO_3 \longrightarrow CaCO_3\downarrow + 2NH_4^+$
カリウムの炎色反応は赤紫色を示す。
解答 (ア) 白　(イ) 黒　(ウ) 黒

(エ) 深青 (オ) 白 (カ) 赤紫
(A) AgCl (B) Ag (C) CuS (D) $[Cu(NH_3)_4]^{2+}$
(E) $Al(OH)_3$ (F) ZnS (G) $CaCO_3$ (H) K^+

135 解説 下線部のイオンの分離反応
(ア) $Ag^+ + Cl^- \longrightarrow AgCl\downarrow$
(イ) $2Ag^+ + C_2H_2 \longrightarrow Ag_2C_2\downarrow + H_2$
(ウ) $Ba^{2+} + SO_4^{2-} \longrightarrow BaSO_4\downarrow$
(エ) $Ca^{2+} + CO_3^{2-} \longrightarrow CaCO_3\downarrow$
(オ) $Fe^{3+} + 3OH^- \longrightarrow Fe(OH)_3\downarrow$

解答 (ア) 塩酸を加える
(イ) アセチレンを通じる(水酸化ナトリウム水溶液を十分加える)
(ウ) 硫酸を加える (エ) 二酸化炭素を十分に通じる
(オ) アンモニア水を過剰に加える

136 解答 (1) (ア), (ウ)
(2) (a) A 2 B 1 C 4 D 3
(b) 沈殿Ⅰ：AgCl, 沈殿Ⅱ：$BaSO_4$,
沈殿Ⅲ：$Fe(OH)_3$, ろ液1：$[Zn(NH_3)_4]^{2+}$,
ろ液2：$[Al(OH)_4]^-$

応用問題 p.90〜91

137 解説
アンモニアソーダ法
$NaCl + H_2O + NH_3 + CO_2$
　　$\longrightarrow NaHCO_3 + NH_4Cl$ ……①
$2NaHCO_3 \longrightarrow Na_2CO_3 + H_2O + CO_2$ ……②
$CaCO_3 \longrightarrow CaO + CO_2$ ……③
$CaO + H_2O \longrightarrow Ca(OH)_2$ ……④
$Ca(OH)_2 + 2NH_4Cl$
　　$\longrightarrow CaCl_2 + 2H_2O + 2NH_3$ ……⑤
全体の反応式は, ①×2+②+③+④+⑤ より
$CaCO_3 + 2NaCl \longrightarrow Na_2CO_3 + CaCl_2$
化合物Aはアンモニア NH_3, 化合物Bは二酸化炭素 CO_2 である。

解答 ⑤

138 解説
陽極) $Cu \longrightarrow Cu^{2+} + 2e^-$
陰極) $Cu^{2+} + 2e^- \longrightarrow Cu$
銀はイオンにならず, 陽極泥に含まれる。よって, Cu^{2+} の物質量は変化しない。

解答 ②

139 解説
操作1, 2 $Pb^{2+} + S^{2-} \longrightarrow PbS\downarrow$ (沈殿A)
Ba^{2+} は H_2S で沈殿しない。Zn^{2+} は酸性下では H_2S で沈殿しないが, 中性〜弱塩基性下では H_2S で沈殿する。 $Zn^{2+} + S^{2-} \longrightarrow ZnS\downarrow$ (沈殿B)
操作3 $Ba^{2+} + CO_3^{2-} \longrightarrow BaCO_3\downarrow$ (沈殿C)

解答 ②

140 解説 (1) 褐色の沈殿は Ag_2O である。
(2) 白色の沈殿は AgCN である。
(4) (C)は Pb^{2+} を含む。
(5) (D)は Ca^{2+} を含む。

解答 (1) $[Ag(NH_3)_2]^+$
(2) $[Ag(CN)_2]^-$
(3) $[Cu(NH_3)_4]^{2+}$
(4) $Pb^{2+} + CrO_4^{2-} \longrightarrow PbCrO_4\downarrow$
(5) $CaCO_3 + H_2O + CO_2 \longrightarrow Ca(HCO_3)_2$

実戦問題⑤ p.92〜93

1 解説 (1) アンモニウム塩と強塩基を反応させると, アンモニア NH_3 が発生する(硫酸カルシウムは強塩基ではないため誤り)。
$2NH_4Cl + Ca(OH)_2$
　　$\longrightarrow CaCl_2 + 2NH_3\uparrow + 2H_2O$
アンモニアは無色の気体で刺激臭がある。水に溶けやすく, 水に溶けて塩基性を示す。
$NH_3 + H_2O \rightleftarrows NH_4^+ + OH^-$

(2) 化学反応式の係数より, $NH_4Cl : Ca(OH)_2 : NH_3 = 2 : 1 : 2$ となっている。$Ca(OH)_2$ 0.010 mol に対して, NH_4Cl を 0.0200 mol まで加えているので, 加えた NH_4Cl はすべて反応している。よって, 加えた NH_4Cl と発生した NH_3 は, 1：1 の比になっている。

配点各10点(合計20点)

解答 (1) ③ (2) ④

2 解説 (1), (3) $Na[Al(OH)_4]$ は, 水溶液中では Na^+ と $[Al(OH)_4]^-$ になっている。

解答 (1) A：$2Al + 6HCl \longrightarrow 2AlCl_3 + 3H_2$
B：$2Al + 2NaOH + 6H_2O$
　　$\longrightarrow 2Na[Al(OH)_4] + 3H_2$

(2) $AlCl_3 + 3NaOH \longrightarrow Al(OH)_3\downarrow + 3NaCl$

(3) $Al(OH)_3 + NaOH \longrightarrow Na[Al(OH)_4]$

(4) $Al(OH)_3$

(5) $Al(OH)_3 + 3HCl \longrightarrow AlCl_3 + 3H_2O$

(6) $Zn(OH)_2$

(7) **酸と塩基のいずれとも反応する両性元素である。**

配点各10点(合計80点)

探究活動 / 対策問題

p.94〜95

1 解説 (3) 反応式 $Cl_2 + H_2O \longrightarrow HCl + HClO$

(5) 酸化力の大きさを比較している。酸化力の大きさは $Cl_2 > Br_2 > I_2$

解答 (1) $CaCl(ClO)\cdot H_2O + 2HCl \longrightarrow CaCl_2 + 2H_2O + Cl_2\uparrow$

(2) $Cu + Cl_2 \longrightarrow CuCl_2$

(3) **塩素ガスが水に溶けると、酸化作用の大きい次亜塩素酸になり、このはたらきにより色を漂白する。**

(4) (A) $2KBr + Cl_2 \longrightarrow 2KCl + Br_2$

(B) $2KI + Cl_2 \longrightarrow 2KCl + I_2$

(C) $2KI + Br_2 \longrightarrow 2KBr + I_2$

(5) $Cl_2 > Br_2 > I_2$

2 解説 ③ アルカリ土類金属の炭酸塩、硫酸塩は水に難溶。

④、⑤ $Zn(OH)_2$ や $Al(OH)_3$ は酸にも塩基にも溶けるので両性水酸化物と呼ばれる。

解答 (1) ① $AgCl$(白)，$PbCl_2$(白)

② $PbSO_4$(白)，$BaSO_4$(白)

③ $BaCO_3$(白)，$CaCO_3$(白)

④ Ag_2O(褐色)，$Cu(OH)_2$(青白色)，$Zn(OH)_2$(白)

⑤ $Al(OH)_3$(白)，$Zn(OH)_2$(白)，$Fe(OH)_3$(赤褐色)

(2) ④ $[Ag(NH_3)_2]^+$(無色)

$[Cu(NH_3)_4]^{2+}$(深青色)

$[Zn(NH_3)_4]^{2+}$(無色)

⑤ $[Al(OH)_4]^-$(無色)

$[Zn(OH)_4]^{2-}$(無色)

$Fe(OH)_3$(赤褐色の沈殿)

第4部 有機化合物

第1章 有機化合物の特徴・分類と化学式

基本問題
p.97

141 解説 化合物中の C，H，O の各質量は

(分子量：$CO_2 = 44$，$H_2O = 18$ より)

$C = 66 \times \dfrac{C}{CO_2} = 66 \times \dfrac{12}{44} = 18$ [mg]

$H = 27 \times \dfrac{2H}{H_2O} = 27 \times \dfrac{2.0}{18} = 3.0$ [mg]

$O = 45 - (18 + 3) = 24$ [mg]

解答 炭素：18 mg，水素：3.0 mg，酸素：24 mg

142 解説 (1) 炭素，水素，酸素の原子数比は

$C : H : O = \dfrac{18}{12} : \dfrac{3.0}{1.0} : \dfrac{24}{16} = 1 : 2 : 1$

したがって，組成式は CH_2O

(2) CH_2O の式量は 30 で，化合物の分子量が 60 であるから

$(CH_2O)_n \Rightarrow 30n = 60$ より $n = 2$

したがって，分子式は $C_2H_4O_2$

(3) $COOH + x = C_2H_4O_2$ $x = CH_3$

解答 (1) CH_2O (2) $C_2H_4O_2$

(3)
$$H-\underset{\underset{H}{|}}{\overset{\overset{H}{|}}{C}}-C\underset{O}{\overset{OH}{\diagup}}$$

> **POINT** 組成式の決定
>
> 組成式を $C_xH_yO_z$ とすると
>
> $x : y : z$
> $= \dfrac{Cの質量^*}{Cの原子量} : \dfrac{Hの質量}{Hの原子量} : \dfrac{Oの質量}{Oの原子量}$
>
> より，最も簡単な整数比 $x : y : z$ を求めることができる。＊Cの質量などは，質量パーセントを用いてもよい。

> **POINT** 分子式の決定
>
> 組成式の式量×n＝分子量（n：整数）
> より，n を決定する。
>
> 分子式＝$(C_xH_yO_z)_n = C_{nx}H_{ny}O_{nz}$

143 解説 アルカンの一般式は C_nH_{2n+2}

これに当てはまるものは，㋐ CH_4，㋓ C_3H_8

アルケンの一般式は C_nH_{2n}

これに当てはまるものは，㋑ C_2H_4，㋕ C_5H_{10}

アルキンの一般式は C_nH_{2n-2}

これに当てはまるものは，㋒ C_2H_2，㋔ C_3H_4

それぞれの名称
- ㋐ メタン
- ㋑ エチレン(エテン)
- ㋒ アセチレン(エチン)
- ㋓ プロパン
- ㋔ プロピン(メチルアセチレン)
- ㋕ ペンテン

解答 アルカン：㋐，㋓

アルケン：㋑，㋕

アルキン：㋒，㋔

POINT　炭化水素の一般式

アルカンの一般式は　C_nH_{2n+2}

アルケンの一般式は　C_nH_{2n}

アルキンの一般式は　C_nH_{2n-2}

応用問題
p.98～99

144 解説 (1) 塩化カルシウム管に H_2O が，ソーダ石灰管に CO_2 が吸収される。

(2) C，H，O の質量は

$$C \text{ の質量} = 88 \times \frac{12}{44} = 24 \text{(mg)}$$

$$H \text{ の質量} = 27 \times \frac{2.0}{18} = 3.0 \text{(mg)}$$

$$O \text{ の質量} = 59 - (24 + 3.0) = 32 \text{(mg)}$$

(3) C，H，O の原子数比は

C：H：O

$= \frac{24}{12} : \frac{3.0}{1.0} : \frac{32}{16}$

$= 2 : 3 : 2$

よって，組成式は　$C_2H_3O_2$

(4) $C_2H_3O_2 = 59$ で，分子量が 118 であるから

$(C_2H_3O_2)_n = 118$ より　$59n = 118$

$n = 2$ で，分子式は　$C_4H_6O_4$

解答 (1) 二酸化炭素：**88 mg**，水：**27 mg**

(2) 炭素：**24 mg**，水素：**3.0 mg**，酸素：**32 mg**

(3) $C_2H_3O_2$

(4) $C_4H_6O_4$

(5) ソーダ石灰は，H_2O と CO_2 の両方を吸収するので，ソーダ石灰管を先につなぐと，生成した H_2O と CO_2 の質量を別々に知ることができないため。

145 解説

(1) $C_mH_n + \left(m + \frac{n}{4}\right)O_2 \longrightarrow mCO_2 + \frac{n}{2}H_2O$

より　$m : \frac{n}{2} = 1 : 1$

$m : n = 1 : 2$

よって，組成式は　CH_2

(2) 分子量は　$(CH_2)_n \longrightarrow 14n = 56$　$n = 4$

よって，分子式は　$(CH_2)_4 = C_4H_8$

(3) アルケンとシクロアルカンの一般式はともに C_nH_{2n} である。C_4H_8 は，C_nH_{2n} に当てはまるので，アルケンとシクロアルカンが考えられる。

解答 (1) CH_2　(2) C_4H_8

(3) **アルケン，シクロアルカン**

146 解説 反応する酸素の体積を x〔mL〕とすると，反応前，反応する，反応後の体積はそれぞれ

$C_mH_n + \left(m + \frac{n}{4}\right)O_2 \longrightarrow mCO_2 + \frac{n}{2}H_2O$

20	250	←反応前の体積
20	x	←反応する体積
0	190	←反応後の体積

したがって，反応した酸素の体積 x は

$x = 250 - 190 = 60$〔mL〕

反応する C_mH_n と O_2 の体積比は

$20 : 60 = 1 : m + \frac{n}{4}$

$m + \frac{n}{4} = 3$

この m と n の関係式を満たす炭化水素は，C_2H_4

解答 ㋒

147 解説 ㋑ 共有結合の場合，一般に反応速度は遅い。

㋔ アセトンやエタノールなど低分子量の極性物質は水によく溶けるが，一般に有機化合物は，水に溶けにくい。

第 4 部　有機化合物　47

解答 ㋐, ㋒, ㋕, ㋖

148 **解説** ㋑ $CH_3-CH-CH_2-CH_3$
                              $|$
                              CH_3

(a) 主鎖が炭素数4のブタン（butane）

(b) CH_3基が結合する炭素の炭素番号が最小になるように番号をつける。

$\overset{1}{CH_3}-\overset{2}{CH}-\overset{3}{CH_2}-\overset{4}{CH_3}$
$\quad\quad |$
$\quad\quad CH_3$

2-メチルブタン（2-methylbutane）

注意 3-メチルブタン ではない。

$\overset{4}{CH_3}-\overset{3}{CH}-\overset{2}{CH_2}-\overset{1}{CH_3}$
$\quad\quad |$
$\quad\quad CH_3$

㋚ $\overset{4}{CH_3}-\overset{3}{CH_2}-\overset{2}{CH}-\overset{1}{CH_3}$
$\quad\quad\quad\quad |$
$\quad\quad\quad\quad OH$

(a) アルコールで，ブタン（butane）からブタノール（butanol）。

(b) OH基が結合する炭素の炭素番号が最小になるように番号をつける。

2-ブタノール（2-butanol）

（3-ブタノール ではない）

解答
㋐ ブタン（butane）
㋑ 2-メチルブタン（2-methylbutane）
㋒ 2,2-ジメチルプロパン（2,2-dimethylpropane）
㋓ 1-ブテン（1-butene）
㋔ 2-ブテン（2-butene）
㋕ 2-メチルプロペン（2-methylpropene）
㋖ プロピン（propyne）
㋗ 1-ブタノール（1-butanol）
㋘ 2-ブタノール（2-butanol）
㋙ $CH_3-CH_2-CH_3$
㋚ $CH_3-CH-CH_3$
$\quad\quad |$
$\quad\quad CH_3$
㋛ $CH_3-CH-CH-CH_3$
$\quad\quad |\quad\,\,\,|$
$\quad\quad CH_3\,CH_3$
㋜ $CH_3-CH_2-CH_2-OH$
㋝ $CH_3-CH-CH_3$
$\quad\quad |$
$\quad\quad OH$

第2章 脂肪族炭化水素

基本問題　p.101〜103

149 **解説** (1) 単結合（エタン）＞二重結合（エチレン）＞三重結合（アセチレン）

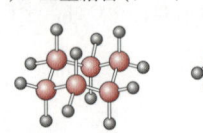

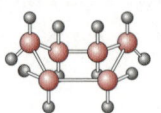

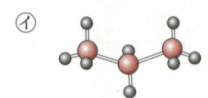

(2) ㋐

㋑

二重結合をする2個の炭素原子とそれらに結合する4個の原子の計6個（赤で示した原子）は同一平面上に存在する。

㋒ $\begin{array}{c} H \\ \,\,\,\,C=C \\ H \end{array} \begin{array}{c} CH_2-CH_3 \\ \\ H \end{array}$

㋓ $\begin{array}{c} H_3C \\ \,\,\,\,C=C \\ H \end{array} \begin{array}{c} CH_3 \\ \\ H \end{array} \quad \begin{array}{c} H_3C \\ \,\,\,\,C=C \\ H \end{array} \begin{array}{c} H \\ \\ CH_3 \end{array}$

答えは㋓

解答 (1) ㋐, ㋑, ㋒　(2) ㋓

150 **解説** (1)〜(3) 炭素鎖の枝分かれの有無は，無関係。

(4) シクロアルカンで，アルケンと同じ一般式。

解答 (1) C_nH_{2n+2}　(2) C_nH_{2n}
(3) C_nH_{2n-2}　(4) C_nH_{2n}

151 **解説** ㋐ 単結合は回転できるので，次の①と②は，同一分子。

① $CH_3-CH_2-CH_2-CH_2-CH_2-CH_3$

② $CH_3-CH_2-CH_2-CH_2-CH_2$
$\quad\quad\quad\quad\quad\quad\quad\quad\quad\quad |$
$\quad\quad\quad\quad\quad\quad\quad\quad\quad\quad CH_3$

同一分子を誤って異なる分子としないためには，最も長い炭素鎖（主鎖）を①のように，水平に書くとよい。次に示す分子は，①と②を含め，すべて同一分子。

$\begin{array}{l} \quad\quad\quad\quad CH_3-CH_2 \\ CH_3-CH_2 \quad\quad\quad\quad\,\,\,| \\ \quad\quad |\quad\quad\quad\quad CH_2-CH_2-CH_2-CH_3 \\ \quad\quad CH_2-CH_2\quad\quad CH_3-CH_2\,\,\,CH_2-CH_3 \\ \quad\quad\quad\quad\,\,\,|\quad\quad\quad\quad\,\,\,\,\,\,|\quad\quad\quad\,\,\,| \\ \quad\quad\quad\quad CH_2-CH_3\quad\quad CH_2-CH_2 \end{array}$

㋑〜㋔ 主鎖の炭素数が5の C_6H_{14} には，次の2種類の異性体がある。

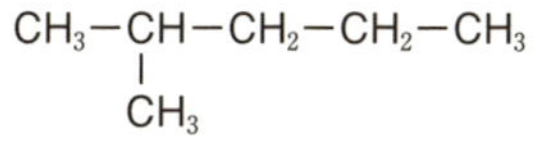

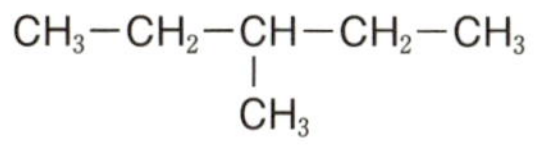

$$\text{CH}_3-\text{CH}-\text{CH}_2-\text{CH}_2-\text{CH}_3$$
$$\phantom{\text{CH}_3-}\text{CH}_3$$

$$\text{CH}_3-\text{CH}_2-\text{CH}-\text{CH}_2-\text{CH}_3$$
$$\phantom{\text{CH}_3-\text{CH}_2-}\text{CH}_3$$

主鎖の炭素数が4の C_6H_{14} には，次の2種類の異性体がある。

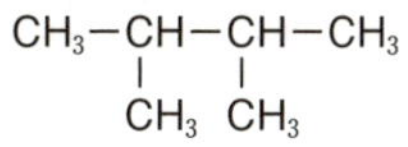

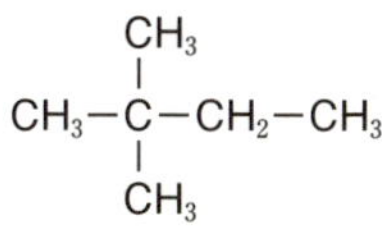

$$\text{CH}_3-\text{CH}-\text{CH}-\text{CH}_3 \qquad \text{CH}_3-\overset{\text{CH}_3}{\underset{\text{CH}_3}{\text{C}}}-\text{CH}_2-\text{CH}_3$$

㋕ 正しい。次の分子は，主鎖の炭素数は4。

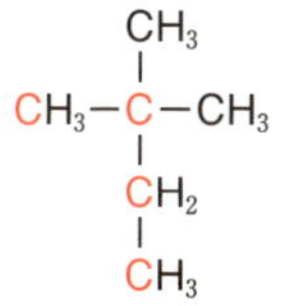

$$\text{CH}_3-\overset{\text{CH}_3}{\underset{\text{CH}_3}{\text{C}}}-\text{CH}_2-\text{CH}_3$$

赤の炭素鎖が主鎖(最も長い炭素鎖)。

解答 ㋑，㋘，㋕

152 **解説** 右図のように，二重結合をする炭素原子のいずれかの炭素原子に結合する2個の原子または原子団(図のa)が同じであるときは，幾何異性体は存在しない。

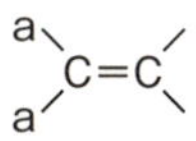

解答 ㋐

> **POINT** 幾何異性体 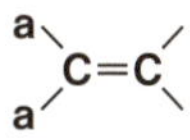
> $$\overset{a}{\underset{a}{>}}C=C\overset{}{\underset{}{<}}$$
> のとき，幾何異性体は存在しない。

153 **解説** ① 主鎖が C_4 と C_3 の2種類。
② $CH_3-CH_2-CH_3$ の H を Cl に置換することを考える。
③ 主鎖 C_4 には，次の二重結合の位置の違いによる a と b がある。b では，c と d の幾何異性体が存在する。

a $CH_2=CH-CH_2-CH_3$
b $CH_3-CH=CH-CH_3$
c $\overset{H_3C}{\underset{H}{>}}C=C\overset{CH_3}{\underset{H}{<}}$
d $\overset{H_3C}{\underset{H}{>}}C=C\overset{H}{\underset{CH_3}{<}}$

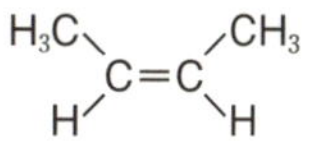

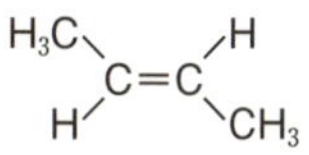

主鎖 C_3 $CH_2=\overset{}{\underset{CH_3}{C}}-CH_3$

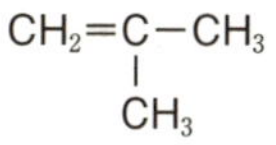

解答 ① $CH_3-CH_2-CH_2-CH_3$
  $CH_3-\overset{}{\underset{CH_3}{CH}}-CH_3$ 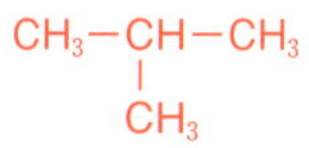
② $CH_3-CH_2-CH_2Cl \quad CH_3-CHCl-CH_3$
③ $CH_2=CH-CH_2-CH_3$
  $\overset{H_3C}{\underset{H}{>}}C=C\overset{CH_3}{\underset{H}{<}} \quad \overset{H_3C}{\underset{H}{>}}C=C\overset{H}{\underset{CH_3}{<}}$
  $CH_2=\overset{}{\underset{CH_3}{C}}-CH_3$

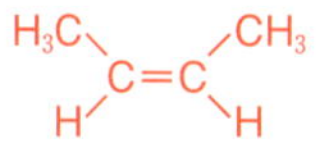

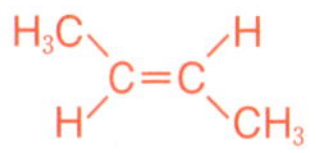

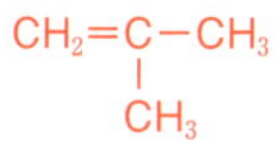

154 **解説** ㋐ メタノールではなく，エタノールと濃硫酸を加熱すると生成する。
㋑ 水に溶けにくく，引火性である。
㋒ 付加重合してポリエチレンになる。
㋓ 1,1-ジクロロエタンでなく，1,2-ジクロロエタンが生成する。
㋔ エチレングリコールでなく，エタノールが生成する。
㋕ 正しい。

解答 ㋕

155 **解説** C_2H_2 に H_2O を付加させると，ビニルアルコールができるが，これは不安定で，直ちにアセトアルデヒドに変化する。

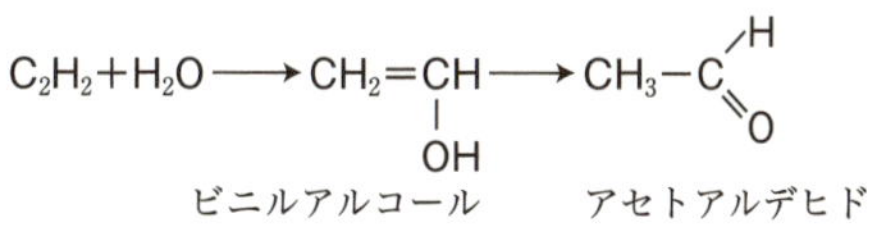

$$C_2H_2+H_2O \longrightarrow \underset{\text{ビニルアルコール}}{CH_2=\underset{OH}{CH}} \longrightarrow \underset{\text{アセトアルデヒド}}{CH_3-\overset{H}{\underset{O}{C}}}$$

解答 ㋐ $CaC_2+2H_2O \longrightarrow Ca(OH)_2+C_2H_2$
㋑ 1,2-ジクロロエチレン
㋒ 1,1,2,2-テトラクロロエタン
㋓ 付加
㋔ アセトアルデヒド

応用問題　　p.104〜107

156 **解説** $C_4H_8(C_nH_{2n})$ には，アルケンとシクロアルカンがある。また，炭素数4以上のアルケンには幾何異性体が存在する。

解答 $CH_2=CH-CH_2-CH_3$
$\overset{H_3C}{\underset{H}{>}}C=C\overset{CH_3}{\underset{H}{<}} \quad \overset{H_3C}{\underset{H}{>}}C=C\overset{H}{\underset{CH_3}{<}}$

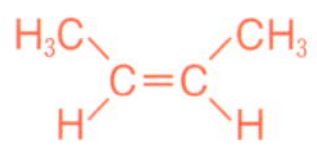

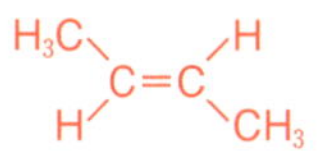

$CH_2=C-CH_3$ H_2C-CH_2
　　$|$　　　　　　$|$　　$|$
　　CH_3　　　H_2C-CH_2

　　　H_2
　　　C
$H_2C-CH-CH_3$

> **POINT** C_nH_{2n}
> C_nH_{2n} には，アルケンと炭素数3以上でシクロアルカンがある。
> アルケンでは，炭素数4以上で幾何異性体がある。

157 解説

① $CH_3-CH_2-CH_2-CH_3$ と $CH_3-CH-CH_3$
　　　　　　　　　　　　　　　　　　　　$|$
　　　　　　　　　　　　　　　　　　　CH_3

の1個のHをClに置換することを考える。

② $CH_3-CH_2-CH_3$ の2個のHをClに置換することを考える。

③ $\overset{H}{\underset{H}{>}}C=C\overset{H}{\underset{H}{<}}$ の2個のHをClに置換することを考える。二重結合があるので，幾何異性体も考慮に入れる。

④ $\overset{H}{\underset{H}{>}}C=C\overset{H}{\underset{CH_3}{<}}$ の1個のHをClに置換することを考える。二重結合があるので，幾何異性体も考慮に入れる。

解答

① $CH_3CH_2CH_2CH_2Cl$　　$CH_3CHCH_2CH_3$
　　　　　　　　　　　　　　　$|$
　　　　　　　　　　　　　　Cl

　CH_3CHCH_2Cl　　CH_3CCH_3
　　$|$　　　　　　　　　$|$
　　CH_3　　　　　　　CH_3
　　　　　　　　　　　　$|$
　　　　　　　　　　　Cl

② $CH_3CH_2CHCl_2$　　CH_3CHCH_2Cl
　　　　　　　　　　　　　$|$
　　　　　　　　　　　　Cl

　$CH_2Cl-CH_2-CH_2Cl$　　CH_3CCH_3
　　　　　　　　　　　　　　　　$|$
　　　　　　　　　　　　　　　Cl

③ $\overset{H}{\underset{}{>}}C=C\overset{Cl}{\underset{Cl}{<}}$　$\overset{Cl}{\underset{H}{>}}C=C\overset{Cl}{\underset{H}{<}}$　$\overset{Cl}{\underset{H}{>}}C=C\overset{H}{\underset{Cl}{<}}$

④ $\overset{H}{\underset{Cl}{>}}C=C\overset{H}{\underset{CH_3}{<}}$　$\overset{H}{\underset{H}{>}}C=C\overset{Cl}{\underset{CH_3}{<}}$

$\overset{H}{\underset{H}{>}}C=C\overset{Cl}{\underset{CH_3}{<}}$　$\overset{H}{\underset{H}{>}}C=C\overset{H}{\underset{CH_2Cl}{<}}$

158 解説 (a) 塩素1原子が k の位置に結合するもの，l の位置に結合するもの，m の位置に結合するものの3種類。

```
    k l m l k
    | | | | |
k-C-C-C-C-C-k
    | | | | |
    k l m l k
```

(b) k の位置に結合するものの1種類。

```
          k
          |
    k  k-C-k  k
    |  |   |  |
k-C —— C —— C-k
    |  |   |  |
       k-C-k
          |
          k
```

(c) k の位置に結合するもの，l の位置に結合するもの，m の位置に結合するもの，n の位置に結合するものの4種類。

```
       k  l  m  n
       |  |  |  |
   k-C-C-C-C-C-n
       |  |  |  |
       k  k-C-k  m  n
          |
          k
```

解答 ④

159 解説 アルカン C_nH_{2n+2} を基準にして，そこから何個の水素原子が減少するかを考えればよい。

(4) アルカンに比べ，β-カロテンの水素原子は，$40×2+2-56=26$〔個〕少ない。4個は環構造による。二重結合の個数を n とすると
　　$2n+4=26$　　よって　$n=11$

解答 (1) C_nH_{2n-2}　　(2) C_nH_{2n-2}
(3) 3個　　(4) 11個

160 解説 ただ1種類のケトンを生じるので，このアルケンの二重結合をしている炭素に水素は結合しておらず，二重結合を真ん中にもつ左右対称の分子である。次のABCの炭素骨格のものが可能である。

A:
```
C-C       C-C
   \     /
    C=C
   /     \
C-C       C-C
```

B:
```
C-C-C       C-C-C
     \     /
      C=C
     /     \
    C       C
```

C:
```
    C       C
    |       |
C-C-C       C-C
     \     /
      C=C
     /     \
C-C-C       C-C
    |       |
    C       C
```

BとCには，幾何異性体があるので，可能な構造式は5種類。幾何異性体は2組。

解答 (1) 5種類　　(2) 2組

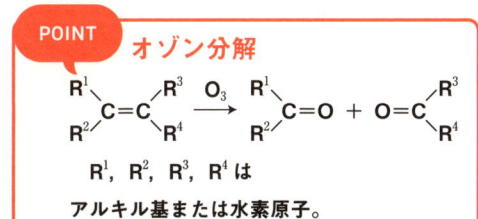

POINT　オゾン分解

$$\underset{R^2}{\overset{R^1}{>}}C=C\underset{R^4}{\overset{R^3}{<}} \xrightarrow{O_3} \underset{R^2}{\overset{R^1}{>}}C=O + O=C\underset{R^4}{\overset{R^3}{<}}$$

R^1, R^2, R^3, R^4 はアルキル基または水素原子。

161 解説　A ⟶ E の反応は，難しいかもしれないが，C ⟶ E の反応は，C_2H_2 への H_2O 付加で，E は CH_3CHO である。したがって，A ⟶ E の反応は，$CH_2=CH_2$ から CH_3CHO への反応である。実際には

$$CH_2=CH_2 + (O) \xrightarrow{PdCl_2+CuCl_2} CH_3CHO$$

解答
(1) A：$CH_2=CH_2$　D：$H-\underset{\underset{H}{|}}{\overset{\overset{H}{|}}{C}}-\underset{\underset{H}{|}}{\overset{\overset{H}{|}}{C}}-Cl$

E：$CH_3-\overset{\overset{H}{|}}{C}=O$　F：（ベンゼン環）

(2) ビニルアルコール　$\underset{H}{\overset{H}{>}}C=C\underset{OH}{\overset{H}{<}}$

(3) (ア)：(a)　(イ)：(b)　(ウ)：(c)　(エ)：(d)

162 解説　AとBより，環構造を1つと二重結合を2つもつので，アルカン C_nH_{2n+2} より水素原子が6個少ない。したがって，この炭化水素の一般式は C_nH_{2n-4} である。Cより

$$2n-4 = n+4 \quad よって \quad n=8$$

この炭化水素の分子式は，C_8H_{12} である。
この炭化水素の完全燃焼の化学反応式は

$$C_8H_{12} + 11O_2 \longrightarrow 8CO_2 + 6H_2O$$

となり，1 mol の C_8H_{12} を完全燃焼させるのに必要な O_2 は，11 mol

解答　⑤

163 解説　二重結合1つに臭素1分子が付加する。C_nH_{2n} の分子量$=12n+2n=14n$　$C_nH_{2n}Br_2$ の分子量$=14n+160$

C_nH_{2n} 5.60 g から $C_nH_{2n}Br_2$ 37.6 g が生成する。したがって，次の関係がある。

$$\begin{array}{cc} C_nH_{2n} + Br_2 \longrightarrow & C_nH_{2n}Br_2 \\ 14n & 14n+160 \\ 5.60\text{ g} & 37.6\text{ g} \end{array}$$

よって　$\dfrac{14n}{5.60} = \dfrac{14n+160}{37.6}$　$n=2$

解答　②

164 解説　(1) アルケン1分子に臭素1分子が付加する。アルケンを C_nH_{2n} とすると

$$C_nH_{2n} + Br_2 \longrightarrow C_nH_{2n}Br_2$$

分子量は，$C_nH_{2n}=14n$，
$C_nH_{2n}Br_2=14n+160$

$$\dfrac{14n+160}{14n}=3.3 \quad よって \quad n≒5$$

(2) アルカン C_5H_{12} の異性体は

$CH_3CH_2CH_2CH_2CH_3$

$CH_3CH_2CHCH_3$
　　　　　　$|$
　　　　　CH_3

$\underset{CH_3}{\overset{CH_3}{>}}C\underset{CH_3}{\overset{CH_3}{<}}$

の3種類である。しかし，このうち右の構造式は，対応するアルケンがないので，アルカンBの可能な構造式は2個である。

解答　(1) (オ)　(2) (イ)

165 解説　A　二重結合をする2個の炭素原子とそれらに結合する4個の原子の計6個は同一平面上に存在する。したがって，⑦以外のものが，Aに該当する。

B　水素化して得られるアルカンが，枝分かれをもつものは，①と⑦。

C　選択肢はすべてアルケン C_nH_{2n} で，このアルケンの分子量を x とすると

$$\begin{array}{cc} C_nH_{2n} + Br_2 \longrightarrow & C_nH_{2n}Br_2 \\ x\text{ (g)} & 1\text{ mol} \\ 0.56\text{ g} & 1.0\times\dfrac{10}{1000}\text{ mol} \end{array}$$

したがって　$\dfrac{x}{0.56}=\dfrac{1}{1.0\times\dfrac{10}{1000}}$　$x=56$

$$12n+2n=56 \quad n=4$$

よって，答えは　①　$CH_2=C(CH_3)_2$

解答　①

166

(1) (オ) $n\text{CH}_2=\text{CH}_2 \longrightarrow \text{[CH}_2-\text{CH}_2\text{]}_n$

(カ) $\text{CH}\equiv\text{CH} + \text{H}_2\text{O}$
  $\longrightarrow (\text{CH}_2=\text{CHOH})$ 不安定
  $\longrightarrow \text{CH}_3\text{CHO}$

(キ) $\text{CH}\equiv\text{CH} + \text{HCl} \longrightarrow \text{CH}_2=\text{CHCl}$

(ク) $\text{CH}\equiv\text{CH} + \text{CH}_3\text{COOH}$
  $\longrightarrow \text{CH}_2=\text{CHOCOCH}_3$

(2) A (C_5H_{10} アルケン)

主鎖の炭素数 5

$\text{CH}_2=\text{CH}-\text{CH}_2-\text{CH}_2-\text{CH}_3$

(CH₃)(CH₂-CH₃)C=C(H)(H)

(CH₃)(H)C=C(H)(CH₂-CH₃)

主鎖の炭素数 4

$\text{CH}_2=\text{C}(\text{CH}_3)-\text{CH}_2-\text{CH}_3$

$\text{CH}_2=\text{CH}-\text{CH}(\text{CH}_3)-\text{CH}_3$

$\text{CH}_2-\text{CH}=\text{C}(\text{CH}_3)(\text{CH}_3)$

B (C_5H_8 ジエン)

主鎖の炭素数 5

$\text{CH}_2=\text{CH}-\text{CH}_2-\text{CH}=\text{CH}_2$

$\text{CH}_2=\text{CH}-\text{C}(\text{CH}_3)=\text{CH}(\text{H})$

$\text{CH}_2=\text{CH}-\text{CH}=\text{CH}-\text{CH}_3$ (シス/トランス)

主鎖の炭素数 4

$\text{CH}_2=\text{C}(\text{CH}_3)-\text{CH}=\text{CH}_2$

C (C_5H_8 アルキン)

主鎖の炭素数 5

$\text{CH}\equiv\text{C}-\text{CH}_2-\text{CH}_2-\text{CH}_3$

$\text{CH}_3-\text{C}\equiv\text{C}-\text{CH}_2-\text{CH}_3$

主鎖の炭素数 4

$\text{CH}\equiv\text{C}-\text{CH}(\text{CH}_3)-\text{CH}_3$

解答 (1) ア エチレン イ アセチレン
ウ 無 エ 赤褐 オ ポリエチレン
カ アセトアルデヒド キ 塩化ビニル
ク 酢酸ビニル ケ 三重

(2) A **6** B **4** C **3**

(3)

$(\text{CH}_3)(\text{H})\text{C}=\text{C}(\text{CH}_2\text{-CH}_3)(\text{H})$

$(\text{CH}_3)(\text{H})\text{C}=\text{C}(\text{H})(\text{CH}_2\text{-CH}_3)$

POINT アセチレンの反応

(1) C_2H_2 に H−X (X：Cl, CN, OCOCH₃) が付加すると，ビニル化合物 $\text{CH}_2=\text{CHX}$ が生成する。

$(\text{H})(\text{H})\text{C}=\text{C}(\text{H})(\text{Cl})$ $(\text{H})(\text{H})\text{C}=\text{C}(\text{H})(\text{CN})$

$(\text{H})(\text{H})\text{C}=\text{C}(\text{H})(\text{OCOCH}_3)$

(2) C_2H_2 に H_2O が付加すると，不安定なビニルアルコールを経てアセトアルデヒドになる。

$\text{CH}\equiv\text{CH} + \text{H}_2\text{O}$
  $\longrightarrow (\text{CH}_2=\text{CHOH}) \longrightarrow \text{CH}_3\text{CHO}$

167

混合気体の物質量は，$\dfrac{2.24}{22.4} = 0.100$ 〔mol〕

1 mol のエチレンには，1 mol の水素が付加し，1 mol のアセチレンには，2 mol の水素が付加するので，アセチレンの物質量を x〔mol〕とすると，

$$(0.100-x) + 2x = \dfrac{3.36}{22.4}$$

$$x = 0.050 \text{〔mol〕}$$

1 mol の C_2H_2 から 1 mol の $\text{AgC}\equiv\text{CAg}$ が生成するので，生成する $\text{AgC}\equiv\text{CAg}$ ($M=240$) は

$0.050 \times 240 = 12$〔g〕

解答 12 g

168

解説 A を完全燃焼させると，
CO_2 17.6 g (0.4 mol) と H_2O 7.2 g (0.4 mol) が生成するので，A を C_mH_n とおくと

$$\text{C}_m\text{H}_n \Rightarrow m\text{CO}_2 + \dfrac{n}{2}\text{H}_2\text{O} \text{ より}$$

$$m = \dfrac{n}{2} \quad \text{よって} \quad n = 2m$$

したがって，A，B，CはC$_m$H$_{2m}$となり，アルケンである。

A，B，Cに水素を付加したDの分子量が58なので，

$$C_mH_{2m+2}=58 \text{ より } m=4$$

A，B，Cの分子式はC$_4$H$_8$で，このアルケンの異性体をすべて書くと

(ア) CH$_2$=CH-CH$_2$-CH$_3$

(イ) CH$_3$\C=C/CH$_3$ H/　　\H

(ウ) CH$_3$\C=C/H H/　　\CH$_3$

(エ) CH$_2$=C-CH$_3$
　　　　　|
　　　　　CH$_3$

の4種類であるが，水素を反応させたときに，同一の化合物Dになるのは，(ア)，(イ)，(ウ)である。また，Br$_2$を付加したときに，同一の化合物Fになるものは，(イ)，(ウ)である。(イ)と(ウ)がBとCに対応する。したがって，Aは(ア)である。

解答 (1) 付加反応

(2) 二重結合（不飽和結合）

(3) A：CH$_2$=CH-CH$_2$-CH$_3$

B，C：

CH$_3$\C=C/CH$_3$ H/　　\H

CH$_3$\C=C/H H/　　\CH$_3$

(4) C$_4$H$_8$ + 6O$_2$ ⟶ 4CO$_2$ + 4H$_2$O

(5) D：CH$_3$-CH$_2$-CH$_2$-CH$_3$

E：CH$_2$Br-CHBr-CH$_2$-CH$_3$

F：CH$_3$-CHBr-CHBr-CH$_3$

POINT　アルケンの付加反応

① 互いに異性体のアルケンに水素付加し，同一のアルカンを生じた場合⇨不飽和結合の位置が異なり，炭素骨格は同じである。

CH$_3$-CH=CH-CH$_3$ ⎫
CH$_2$=CH-CH$_2$-CH$_3$ ⎭ $\xrightarrow{H_2}$

CH$_3$-CH$_2$-CH$_2$-CH$_3$

② 幾何異性体にBr$_2$を付加⇨同一の化合物

第3章　酸素を含む脂肪族化合物

基本問題　p.109～111

169 解説

CH$_3$CH$_2$OH $\xrightarrow[\text{濃硫酸}]{\text{約130℃}}$ CH$_3$CH$_2$OCH$_2$CH$_3$（A）

CH$_3$CH$_2$OH $\xrightarrow[\text{濃硫酸}]{\text{約170℃}}$ CH$_2$=CH$_2$（B）

CH≡CH（C） $\xrightarrow[\text{付加}]{H_2}$ CH$_2$=CH$_2$（B）

CH≡CH（C） $\xrightarrow[\text{付加}]{H_2O}$ CH$_3$CHO（D）

CH$_3$CH$_2$OH $\underset{\text{酸化反応}}{\overset{\text{還元反応}}{\rightleftarrows}}$ CH$_3$CHO（D）

CH$_3$CHO（D） $\xrightarrow{\text{酸化反応}}$ CH$_3$COOH

解答 A：ジエチルエーテル

CH$_3$CH$_2$OCH$_2$CH$_3$

B：エチレン　CH$_2$=CH$_2$

C：アセチレン　CH≡CH

D：アセトアルデヒド　CH$_3$CHO

(ア) 酸化　(イ) 還元

POINT　エタノールの脱水反応

高温（160～170℃）　分子内脱水
　　　　　　　　　　エチレンを生成

CH$_3$CH$_2$OH ⟶ CH$_2$=CH$_2$

低温（130～140℃）　分子間脱水
　　　　　　　　　　ジエチルエーテルを生成

CH$_3$CH$_2$OH ⟶ CH$_3$CH$_2$OCH$_2$CH$_3$

170 解説　OH基の結合した炭素原子（※印）に結合している炭素原子（〜〜〜）が1個または0個のとき，第一級アルコール，2個，3個のとき，それぞれ，第二級アルコール，第三級アルコールという。

第一級アルコール

CH$_3$-CH$_2$-CH$_2$-*CH$_2$-OH

CH$_3$\CH-*CH$_2$-OH
CH$_3$/

第二級アルコール

$$CH_3-CH_2-\overset{*}{C}H-CH_3$$
$$\qquad\qquad\quad |$$
$$\qquad\qquad\ OH$$

第三級アルコール

$$\qquad\quad CH_3$$
$$\qquad\quad\ |$$
$$CH_3-\overset{*}{C}-CH_3$$
$$\qquad\ |$$
$$\qquad OH$$

解答 (ア) $CH_3-CH_2-CH_2-CH_2-OH$

$\qquad\ CH_3$
$\qquad\ \ |$
$\quad\ CH-CH_2-OH$
$\ \ /$
CH_3

(イ) $CH_3-CH_2-CH-CH_3$
$\qquad\qquad\qquad\ |$
$\qquad\qquad\qquad\ OH$

(ウ) $\qquad CH_3$
$\qquad\quad |$
$\ CH_3-C-CH_3$
$\qquad\quad |$
$\qquad\ OH$

171 **解説** 結合した原子または原子団がすべて異なっている炭素原子を，不斉炭素原子（＊印）という。不斉炭素原子が存在すると，光学異性体が存在する。(オ)には，不斉炭素原子はない。

(ウ) $\qquad\quad H$
$\qquad\qquad |$
$\ CH_3-\overset{*}{C}-COOH\quad$ 乳酸
$\qquad\qquad |$
$\qquad\quad OH$

(オ) $\qquad\quad H$
$\qquad\qquad |$
$\ HOH_2C-C-CH_2OH$
$\qquad\qquad |$
$\qquad\quad OH$

解答 (イ)，(ウ)，(カ)

POINT 不斉炭素原子と光学異性体

不斉炭素原子が存在する。
⟷ 光学異性体が存在する。

172 **解説** (1) ヨードホルム反応は，部分構造

CH_3-CH-
$\qquad\quad |$
$\qquad\ OH$
をもつアルコール，および部分構造

CH_3-C-
$\qquad\ ||$
$\qquad\ O$
をもつアルデヒドかケトンの検出反応。

(2) 右図のように，ギ酸は，カルボキシ基とアルデヒド基を含むので，還元性の酸性物質。

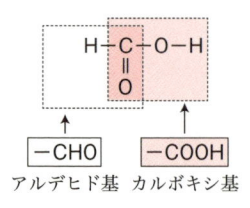

$\ H-C-O-H$
$\quad\ \ ||$
$\qquad O$

─CHO　─COOH
アルデヒド基　カルボキシ基

(3) 水に溶けにくいのは，(オ)と(ク)。このうち，(ク)はエステルで，水酸化ナトリウムによりけん化され，水溶性のエタノールと酢酸ナトリウムになり，水に溶けるようになる。

(4) エステルで(ク)。

$$CH_3COOH+C_2H_5OH \longrightarrow CH_3COOC_2H_5+H_2O$$

解答 (1) (エ)，(カ)，(コ)　(2) (ア)
(3) (ク)　(4) (ク)

POINT ヨードホルム反応

部分構造 CH_3-CH-　をもつアルコール，
$\qquad\qquad\qquad\quad |$
$\qquad\qquad\qquad\ OH$

および

部分構造 CH_3-C-　をもつアルデヒド，
$\qquad\qquad\qquad\ ||$
$\qquad\qquad\qquad\ O$

または　ケトンの検出反応。

POINT ギ酸（HCOOH）の性質

還元性のあるカルボン酸 ➡ ギ酸

173 **解説** 油脂は，グリセリンと高級脂肪酸のエステルで，NaOHでけん化すると，セッケンを生じる。

$R^1COO-CH_2$
$\quad\ \ |$
$R^2COO-CH\ +3NaOH$
$\quad\ \ |$
$R^3COO-CH_2$

$\qquad\qquad\quad R^1COONa\quad HO-CH_2$
$\qquad\qquad\qquad\qquad\qquad\qquad\ |$
$\longrightarrow R^2COONa+HO-CH$
$\qquad\qquad\qquad\qquad\qquad\qquad\ |$
$\qquad\qquad\quad R^3COONa\quad HO-CH_2$
$\qquad\qquad\quad\ セッケン\qquad グリセリン$

セッケンの水溶液は塩基性で，動物性繊維をいためるため，動物性繊維の洗浄には適さない。Ca^{2+}，Mg^{2+} が存在すると水に不溶の塩をつくるため，硬水中では，洗浄力が低下する。

解答 ア　グリセリン　イ　不飽和　ウ　飽和
エ　けん化（加水分解）　オ　セッケン
カ　塩基　キ　乳　ク　Ca^{2+}　ケ　硬水

174 **解説** 油脂はグリセリンと高級脂肪酸のエステルで，1 molの油脂をけん化するのに3 molのKOH（式量56.0）を要する。油脂の分子量をMとすると

$$\frac{8.90}{M} \times 3 = \frac{1.68}{56.0}$$
$$M = 890$$

油脂は脂肪酸とグリセリン(分子量92.0)から3分子の水が脱離して縮合したエステルなので、高級脂肪酸の分子量を X とすると

$$3X + 92.0 - 3 \times 18.0 = 890$$
$$X = 284$$

解答 油脂：890，高級脂肪酸：284

応用問題 p.112〜115

175 **解説** (1) (エ) アルコールの $-OH$ 基は中性。

(2) エタノールは酸化されて，アセトアルデヒド，さらに酢酸になる。

$$CH_3CH_2OH \longrightarrow CH_3CHO \longrightarrow CH_3COOH$$

化合物(P)は銀鏡反応を示すので，還元性があり，アセトアルデヒドである。

解答 (1) (エ) (2) (ア)：(b) (イ)：(c)

176 **解説** プロパンの $-OH$ 基による一置換体には

$$CH_3CH_2CH_2OH \quad \begin{matrix}CH_3\\CH_3\end{matrix}\!\!>\!\!CH-OH$$

の2種類がある。(A)は，酸化するとアルデヒドになるので，第一級アルコールである。

$$CH_3CH_2CH_2OH \xrightarrow{(O)} (A) CH_3CH_2CHO$$
$$\xrightarrow{(O)} CH_3CH_2COOH \ (C)$$

$$\begin{matrix}CH_3\\CH_3\end{matrix}\!\!>\!\!CH-OH \xrightarrow{(O)} (B) \begin{matrix}CH_3\\CH_3\end{matrix}\!\!>\!\!C=O \ (D)$$

$C_3H_6O_2$ のエステルは，次の2種が存在する。

$$CH_3-\underset{\underset{O}{\|}}{C}-O-CH_3 \text{ と } H-\underset{\underset{O}{\|}}{C}-O-CH_2CH_3$$

銀鏡反応を示すカルボン酸はギ酸で，(E)はギ酸エチルである。

解答 (A) 1-プロパノール $CH_3CH_2CH_2OH$

(B) 2-プロパノール $\begin{matrix}CH_3\\CH_3\end{matrix}\!\!>\!\!CH-OH$

(C) プロピオン酸 $CH_3CH_2-\underset{\underset{O}{\|}}{C}-OH$

(D) アセトン $CH_3-\underset{\underset{O}{\|}}{C}-CH_3$

(E) ギ酸エチル $H-\underset{\underset{O}{\|}}{C}-O-CH_2CH_3$

(ア) カルボン酸 (イ) 2

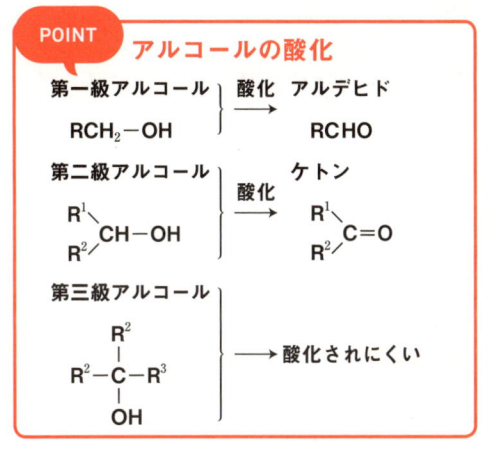

POINT アルコールの酸化

第一級アルコール $\xrightarrow{酸化}$ アルデヒド
RCH_2-OH　　　　　　　　$RCHO$

第二級アルコール $\xrightarrow{酸化}$ ケトン
$\begin{matrix}R^1\\R^2\end{matrix}\!\!>\!\!CH-OH$　　　　$\begin{matrix}R^1\\R^2\end{matrix}\!\!>\!\!C=O$

第三級アルコール $\longrightarrow$ 酸化されにくい
$R^2-\underset{\underset{OH}{|}}{\overset{\overset{R^2}{|}}{C}}-R^3$

177 **解説** 分子式 $C_4H_{10}O$ より，A〜Gは鎖式飽和の化合物，アルコールとエーテルが考えられる。(a)よりA〜Cはエーテル，(e)よりD〜Gはアルコール。

(b)，(d)の反応は

$$C_3H_7ONa + CH_3I \longrightarrow C_3H_7OCH_3 + NaI$$

アルコールYは，酸化されてケトンを生じるから，第二級アルコールで，Aは

A：$\begin{matrix}CH_3\\CH_3\end{matrix}\!\!>\!\!CH-O-CH_3$

アルコールZは，酸化されてアルデヒドを生じるから，第一級アルコールで，Cは

C：$CH_3CH_2CH_2-O-CH_3$

(c)より，エーテルBは同種のアルキル基をもったエーテルで

B：$CH_3CH_2-O-CH_2CH_3$

(f)より，Dは第三級アルコールで

D：$\begin{matrix}CH_3\\CH_3\end{matrix}\!\!>\!\!\underset{\underset{OH}{|}}{C}\!\!<\!\!\begin{matrix}CH_3\\\end{matrix}$

(g)より，E，Fは第一級アルコールで，Eは直鎖なので

E：$CH_3CH_2CH_2CH_2-OH$

FはEの構造異性体であるから

F: $CH_3-CH-CH_2-OH$
      $\,\,\,\,\,\,|$
      CH_3

(h)より，Gは第二級アルコールで

G: $CH_3CH_2CHCH_3$
            $\,\,\,\,\,\,|$
            OH

解答 A: $CH_3-CH-O-CH_3$
              $\,\,\,\,\,\,\,|$
              CH_3

B: $CH_3CH_2-O-CH_2CH_3$

C: $CH_3CH_2CH_2-O-CH_3$

D: $CH_3\,\,\,CH_3$
      $\,\,\,\,\,\,\backslash\,/$
      $\,\,\,\,\,\,\,C$
      $\,\,\,\,\,\,/\,\backslash$
      $CH_3\,\,\,OH$

E: $CH_3CH_2CH_2CH_2-OH$

F: CH_3CHCH_2OH
        $\,\,|$
        CH_3

G: $CH_3CH_2CHCH_3$
              $\,\,\,\,\,\,|$
              OH

POINT アルコールとエーテル

分子式 $C_4H_{10}O$ から
① 鎖式で飽和の化合物
② アルコールとエーテルの異性体が存在。

178 **解説** (A)～(C)の燃焼の反応式を書くと

$$C_mH_n(O) \xrightarrow{O_2} mCO_2 + \frac{n}{2}H_2O$$

$m:\frac{n}{2} = 2:3$

よって $n = 3m$

(A)の組成式は CH_3 である。この組成式を満たす分子は C_2H_6 のみであり，(A)はエタン。同様に，(B)，(C)の分子式は，C_2H_6O である。

(B)は，アルコールであり，CH_3CH_2OH の構造をもつ。また(C)は，メタノール(ア)の脱水縮合反応でできる CH_3OCH_3 である。

C_2H_6(A)は，エチレンまたはアセチレン(イ)の水素付加反応で生じる。

解答 (1) (ア) メタノール

(イ) エチレン（アセチレン）

(2) (A) C_2H_6 エタン

(B) CH_3CH_2OH エタノール

(C) CH_3OCH_3 ジメチルエーテル

179 **解説** (1) 油脂は次の構造式のように，3分子の高級脂肪酸とグリセリン(分子量92)から3分子の H_2O(分子量18)が脱離してつくられる。

$R^1COOH\,\,\,\,\,\,\,\,HO-CH_2\,\,\,\,\,\,\,\,\,\,\,\,R^1COO-CH_2$
$R^2COOH + HO-CH \longrightarrow R^2COO-CH + 3H_2O$
$R^3COOH\,\,\,\,\,\,\,\,HO-CH_2\,\,\,\,\,\,\,\,\,\,\,\,R^3COO-CH_2$

したがって，この油脂の分子量は

$$284 + 282 + 280 + 92 - 3 \times 18 = 884$$

(2) 油脂を構成する3分子の高級脂肪酸中の炭素－炭素間二重結合を数え上げればよい。飽和脂肪酸は，$C_nH_{2n+1}COOH$ で表される。高級脂肪酸の炭化水素基中に，x 個の二重結合が存在すると，$C_nH_{2n+1-2x}COOH$ と表される。ステアリン酸 $C_{17}H_{35}COOH$ では $x=0$，オレイン酸 $C_{17}H_{33}COOH$ では，$x=1$，リノール酸 $C_{17}H_{31}COOH$ では，$x=2$ であるので，合計3個の炭素－炭素間二重結合がある。

解答 (1) 884 (2) 3個

POINT 油脂の分子量

油脂の分子量
＝高級脂肪酸3分子の分子量
＋グリセリンの分子量(92)
－水3分子分の分子量(3×18)

180 **解説** 分子式 C_4H_8O の化合物は，炭素－炭素間二重結合またはカルボニル基または環構造を1個もつ。

(1) ケトンとしては，① $CH_3-\underset{\underset{O}{\|}}{C}-CH_2-CH_3$ のみが可能。

(2) アルデヒドとしては，次の②と③が可能。

② $CH_3-CH_2-CH_2-C\underset{O}{\overset{H}{\diagdown}}$

③ $CH_3-\underset{\underset{}{\overset{CH_3}{|}}}{CH}-C\underset{O}{\overset{H}{\diagdown}}$

枝分かれ構造を含むものは③。

(3) $\underset{H}{\overset{R^1}{\diagdown}}C=C\underset{R^2}{\overset{H}{\diagdown}}$ の形のエーテルで④。

④ $\underset{H}{\overset{CH_3}{\diagdown}}C=C\underset{O-CH_3}{\overset{H}{\diagdown}}$

(4) 不斉炭素原子に注目すると $C_2H_3-\underset{\underset{H}{|}}{\overset{\overset{CH_3}{|}}{*C}}-OH$

C₂H₃－を価標で表すと⑤。

⑤ H   H
    C＝C*
    H   C－OH
         |
         CH₃
         H

(5) 四員環に注目すると，⑥と⑦が考えられる。

⑥ CH₂－*CH－CH₃
    | |
    CH₂－ O

⑦ CH₃－CH －CH₂
         | |
         CH₂－ O

メチル基が結合する⑥の炭素原子は，不斉炭素原子であるが，メチル基が結合する⑦の炭素原子は，不斉炭素原子でない。

⑥の場合，環を右回りしたときと，左回りしたときでは，原子の結合順が違ってくるため，不斉炭素原子になるが，⑦の場合は，右回りと左回りで同じになるため，不斉炭素原子にならない。

⑥ ↓CH₂－*CH－CH₃
       | |
       CH₂－ O

    ← －O－CH₂－CH₂－*CH－CH₃
    → －CH₂－CH₂－O↑

なお，次の三員環もある。

    CH₂－*CH－CH₂－CH₃
      \\ /
       O

(6) 四員環では，2個の不斉炭素原子は存在しないので，次の三員環⑧。

⑧ HO－*CH－*CH－CH₃
         \\ /
          CH₂

(7) 第三級アルコールは C－C－C の構造をもつので，次の⑨。
                    |
                   OH

⑨   OH
         |
    CH₂－C－CH₃
    |
    CH₂

解答 (1) CH₃－C－CH₂－CH₃
               ‖
               O

(2)   CH₃   H
         \\   /
    CH₃－CH－C
              ‖
              O

(3) CH₃   H
      \\   /
       C＝C
      /   \\
     H   O－CH₃

(4) H   H
      \\   /
       C＝C
      /   \\ CH₃
     H   *C－OH
            |
            H

(5) CH₂－*CH－CH₃
    | |
    CH₂－ O

(6) HO－*CH－*CH－CH₃
           \\ /
            CH₂

(7)   OH
        |
    CH₂－C－CH₃
    |
    CH₂

181 解説 カルボン酸とアルコールのCとHとOの和は，C 6個, H 14個, O 3個。

A → C₃H₆O₂（D）＋ CH₃CH₂CH₂OH

Dはカルボン酸で，CH₃CH₂COOH

Aは CH₃CH₂COOCH₂CH₂CH₃

B → CH₃COOH ＋ C₄H₁₀O（E）

Eは第二級アルコールで

    CH₃－CH－CH₂－CH₃
         |
         OH

Bは CH₃COO－CH－CH₂－CH₃
                |
                CH₃

Gは還元性のあるカルボン酸で，HCOOH

C → HCOOH（G）＋ C₅H₁₂O（F）

Fは第一級アルコールで不斉炭素原子をもつので

    CH₃－CH₂－*CH－CH₂－OH
              |
              CH₃

Cは HCOO－CH₂－CH－CH₂－CH₃
                 |
                 CH₃

(2) もう1つのアルコールとエーテルがある。

    CH₃－CH－CH₃
         |
         OH

    CH₃－O－CH₂－CH₃

解答 (1) D：CH₃CH₂COOH
            A：CH₃CH₂COOCH₂CH₂CH₃

(2) CH₃－CH－CH₃   CH₃－O－CH₂－CH₃
         |
         OH

(3) E：CH₃－CH－CH₂－CH₃
            |
            OH

B：CH$_3$COO−CH−CH$_2$−CH$_3$
　　　　　　　|
　　　　　　CH$_3$

(4) G：HCOOH

C：HCOO−CH$_2$−CH−CH$_2$−CH$_3$
　　　　　　　　　|
　　　　　　　　CH$_3$

182 解説

(1)
R^{1}COO−CH$_2$
|
R^{2}COO−CH　+3NaOH
|
R^{3}COO−CH$_2$

　　　R^{1}COONa　HO−CH$_2$
　　　　　　　　　　　　|
⟶　R^{2}COONa　+　HO−CH
　　　　　　　　　　　　|
　　　R^{3}COONa　HO−CH$_2$

油脂Aの分子量をMとすると，NaOHの式量は40なので，上式より

$$\frac{1.00}{M} \times 3 = \frac{0.136}{40.0}$$

$$M ≒ 882$$

(2) 油脂A 1.00 gをけん化したとき生成するグリセリン（分子量92.0）は，$\frac{0.136}{40} \times \frac{1}{3} \times 92 ≒ 0.104$〔g〕

生成するセッケンの質量をx〔g〕とすると，質量保存の法則より

$$1.00 + 0.136 = x + 0.104$$

$$x ≒ 1.03 〔g〕$$

(3) 油脂A 1 mol（882 g）に付加するI$_2$（分子量254）の物質量は，$\frac{882}{100} \times 85.8 \times \frac{1}{254} ≒ 2.98$〔mol〕

二重結合 1 molにI$_2$ 1 molが付加するので，二重結合の数は2.98個。よって 3個

解答 (1) **882**　(2) **1.03 g**　(3) **3個**

183 解説　R^{1}COOR^2 + NaOH
　　　　　⟶ R^{1}COONa + R^{2}OH

となり，エステルとNaOHは物質量比1：1で反応する。また，硫酸は2価の酸である。このエステルの分子量をMとすると

$$\frac{5.42}{M} + 2 \times 1.00 \times \frac{7.65}{1000} = 1.00 \times \frac{50.0}{1000}$$

$$M ≒ 156$$

不飽和カルボン酸 C$_m$H$_{2m-1}$COOH は，1個の炭素−炭素間の二重結合をもち，Br$_2$ 1 molが付加する。分子量は $14m+44$ なので

$$\frac{1.00}{14m+44} = \frac{2.60-1.00}{80.0 \times 2}$$

$$m = 4$$

C$_4$H$_7$COOC$_n$H$_{2n+1}$ の分子量は，156なので

$$14n + 100 = 156 \quad よって \quad n = 4$$

解答　$m = 4$，$n = 4$

POINT　エステルの分子量

エステルの分子量は，けん化より求める。

$$\frac{エステルの質量〔g〕}{エステルの分子量} = NaOHの物質量$$

184 解説　(1)アルコールCは，分子式 C$_n$H$_{2n+2}$O で表されるので，飽和のアルコールである。また，酸化されるとカルボン酸になるので，第一級アルコールであり，R−CH$_2$−OHで表される。またR−CH$_2$−OHを酸化して得られるカルボン酸には異性体が2種類しかないので，アルコールCの異性体もCを含め2個である。この条件を満たすnを求めることになる。

$n=3$では異性体はなく，$n≧5$では，3個以上になるので，$n=4$が正解。

(2) CH$_3$CH$_2$CH$_2$−CH$_2$−OH
　　　　　　　　　　　　　(ア)

　　CH$_3$
　　　＼
　　　　CH−CH$_2$−OH
　　　／　　　　　　(イ)
　　CH$_3$

(ア)，(イ)を酸化したカルボン酸である。

解答 (1) $n = 4$

(2) CH$_3$CH$_2$CH$_2$−C$\begin{smallmatrix}\diagup OH\\ \diagdown O\end{smallmatrix}$

CH$_3$
　＼
　　CH−C$\begin{smallmatrix}\diagup OH\\ \diagdown O\end{smallmatrix}$
　／
CH$_3$

(3) **エステルAに希水酸化ナトリウム水溶液を加えて加熱し，アルコールとカルボン酸の塩とする。この混合溶液をエーテルで抽出し，エーテル層からアルコールCを得る。残液に希塩酸を加え酸性にしたあと，エーテルで抽出すると，カルボン酸がエーテル層に移る。エーテル層を分離し，エーテルを蒸発させ，カルボン酸Bを得る。**

185 解説　(a)において，銀鏡反応を示すカルボン酸はギ酸で，A，Bの加水分解で生じたアルコールは，メタノール。したがって，A，Bは

$CH_3-O-CO-C_3H_6OH$ ……①

また，ヨードホルム反応を示すアルデヒドはアセトアルデヒドで，C，Dはエタノールのエステルであるので，C，Dは

$CH_3CH_2-O-CO-C_2H_4OH$ ……②

と書ける。

一方，(b)より，A，Cは第一級アルコールであるから，Aは，①より

$CH_3-O-CO-C_2H_4-CH_2-OH$

また，(c)より，光学異性体が存在するので，Aは

A：$CH_3-O-\underset{O}{\overset{\|}{C}}-\overset{*}{C}H-CH_2-OH$
　　　　　　　　　　　　CH_3

Cは，②より

C：$CH_3-CH_2-O-\underset{O}{\overset{\|}{C}}-CH_2-CH_2-OH$

Bは，酸化されにくいので，第三級アルコールであるから，①より

B：$CH_3-O-\underset{O}{\overset{\|}{C}}-\underset{CH_3}{\overset{CH_3}{C}}-OH$

Dは，酸化され，ケトンになるので，第二級アルコールで，かつ光学異性体が存在するから，②より

D：$CH_3-CH_2-O-\underset{O}{\overset{\|}{C}}-\overset{*}{\underset{OH}{\overset{CH_3}{C}}}H$

解答 A：$CH_3-O-\underset{O}{\overset{\|}{C}}-\underset{CH_3}{\overset{|}{C}H}-CH_2-OH$

B：$CH_3-O-\underset{O}{\overset{\|}{C}}-\underset{CH_3}{\overset{CH_3}{C}}-OH$

C：$CH_3-CH_2-O-\underset{O}{\overset{\|}{C}}-CH_2-CH_2-OH$

D：$CH_3-CH_2-O-\underset{O}{\overset{\|}{C}}-\underset{OH}{\overset{CH_3}{C}H}$

第4章　芳香族化合物

基本問題　p.117〜119

186 解答 (ウ)，(オ)

POINT　ベンゼン環の性質
ベンゼン環は，付加反応よりも置換反応を起こしやすい。

187 解答 (ア) 芳香族　(イ) 無
(ウ) 不飽和　(エ) アルキン　(オ) 付加反応
(カ) 置換反応

188 解説 フェノール C_6H_5OH は，弱酸で，NaOH の水溶液を加えると，塩(ナトリウムフェノキシド $C_6H_5O^-Na^+$)をつくって溶解する。

一方，アニリン $C_6H_5NH_2$ は弱塩基で，希塩酸を加えると，塩(アニリン塩酸塩 $C_6H_5NH_3^+Cl^-$)をつくって溶解する。

解答 ア　ヒドロキシ　イ　酸　ウ　塩
エ　フェノール　オ　弱　カ　還元
キ　アニリン　ク　アミノ　ケ　アニリン塩酸

a：⟨⟩−OH　b：⟨⟩−O⁻Na⁺　c：FeCl₃
d：⟨⟩−NH₂　e：⟨⟩−NH₃⁺Cl⁻

POINT　フェノールとアニリンの性質
フェノールは弱酸。NaOH 水溶液を加えると塩($C_6H_5O^-Na^+$)をつくって溶解する。
アニリンは弱塩基。希塩酸を加えると，塩($C_6H_5NH_3^+Cl^-$)をつくって溶解する。

189 解説 アルコールもフェノールも−OH基をもつ。アルコールの−OH基は中性で，フェノールの−OH基は弱酸性。

解答 A：(オ)　B：(イ)，(エ)　C：(ア)，(ウ)

190 解説 フェノールは，クメン $C_6H_5CH(CH_3)_2$ を経るクメン法などで製造される。一方，アニリンは，ベンゼンをニトロ化してニトロベンゼンをつくり，これを還元して製造される。

解答 (イ)，(エ)

第4部　有機化合物

191 〔解説〕 氷冷したアニリンの希塩酸溶液に亜硝酸ナトリウムを加えると，塩化ベンゼンジアゾニウムを生じる。
これにナトリウムフェノキシドを加えると，アゾ化合物である赤色の p-ヒドロキシアゾベンゼンになる。

〔解答〕 (ア) HNO_3　硝酸

(イ) 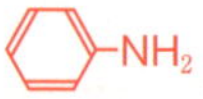 ⬡-NH_2　アニリン

(ウ)  ⬡-$N^+ \equiv NCl^-$　塩化ベンゼンジアゾニウム

(エ) 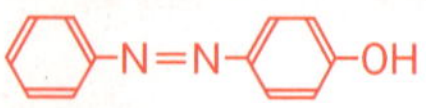 ⬡-$N=N$-⬡-OH　p-ヒドロキシアゾベンゼン

POINT　アゾ化合物の合成

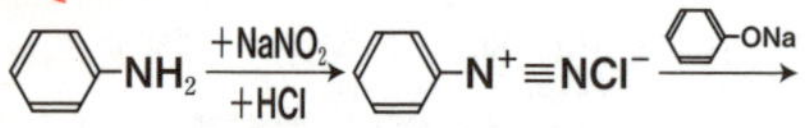

⬡-NH_2 $\xrightarrow[+HCl]{+NaNO_2}$ ⬡-$N^+ \equiv NCl^-$ $\xrightarrow{\text{⬡-ONa}}$
塩化ベンゼンジアゾニウム

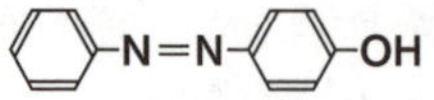

⬡-$N=N$-⬡-OH
p-ヒドロキシアゾベンゼン

192 〔解説〕 混合物のエーテル溶液に塩酸Aを加えると，アニリンが塩となって溶け，水層に移る。エーテル層にフェノールとトルエンが残り，これにNaOH水溶液Bを加えると，フェノールが塩となって溶け，水層へ移る。
エーテル層に残ったトルエンは，蒸留によりエーテルを除き，精製される。

〔解答〕 A：塩酸
B：水酸化ナトリウム水溶液
C：トルエン
D：フェノール

POINT　芳香族化合物の分離

エーテル溶液で
　フェノール類，カルボン酸 ＋ NaOH 水溶液
　　　　　　　　　　　➡水層へ移る
　アニリン＋希塩酸　　➡水層へ移る

応用問題　p.120〜123

193 〔解説〕 もし，ベンゼン環中の二重結合がアルケンの二重結合と性質が同じであるとすれば，次のようになる。

(ア) 二重結合と単結合では，結合の長さが異なり正六角形にならない。正解の1つ。

(イ) 加熱と触媒は不要。

(ウ) 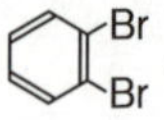 ⬡(Br,Br隣接) と ⬡(Br,Br別位置) は異性体となる。正解の1つ。

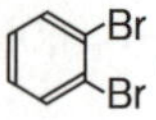

(エ) 生成物は ⬡(H,H,OH) で，フェノールではない。

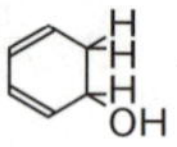

〔解答〕 (ア)，(ウ)

194 〔解説〕

(1) 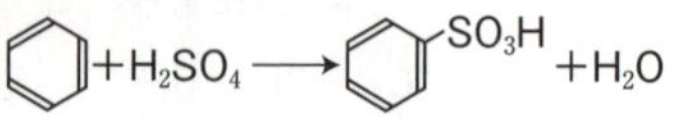 ⬡ + H_2SO_4 ⟶ ⬡-SO_3H + H_2O

(2) 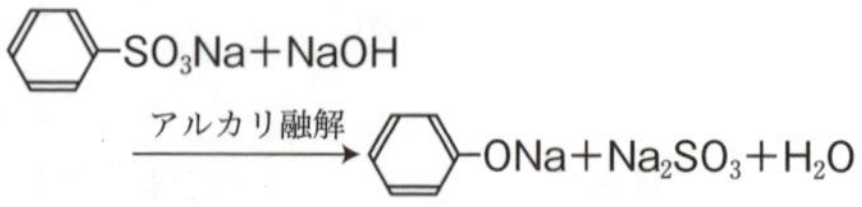 ⬡-SO_3Na + NaOH $\xrightarrow{\text{アルカリ融解}}$ ⬡-ONa + Na_2SO_3 + H_2O

(3) ⬡-ONa + CO_2 $\xrightarrow{\text{高温・高圧}}$ ⬡(OH, COONa)
（コルベ・シュミット反応）

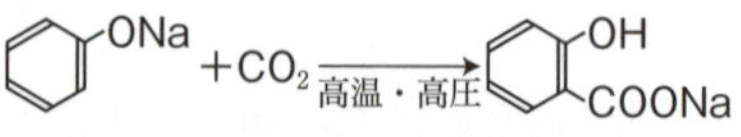

(4) 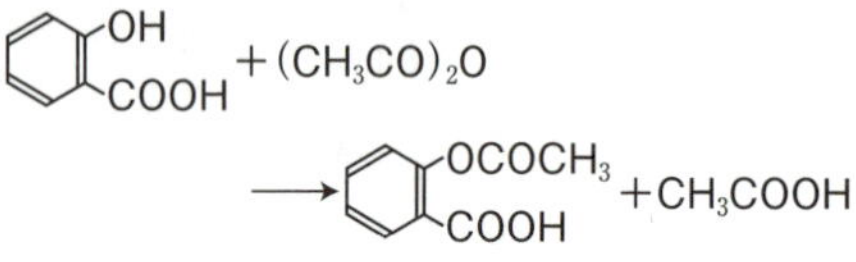 ⬡(OH, COOH) + $(CH_3CO)_2O$ ⟶ ⬡($OCOCH_3$, COOH) + CH_3COOH

(5) 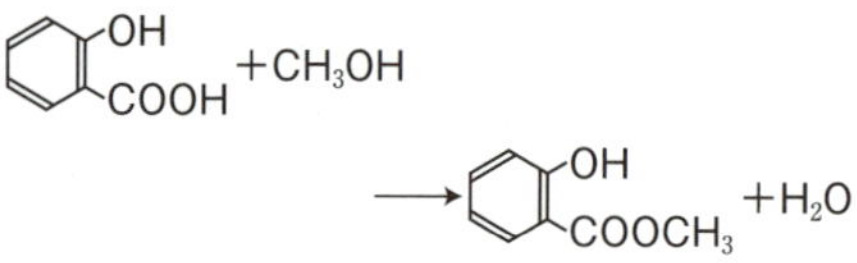 ⬡(OH, COOH) + CH_3OH ⟶ ⬡(OH, $COOCH_3$) + H_2O

〔解答〕 a：ベンゼンスルホン酸，⬡-SO_3H

b：フェノール，⬡-OH

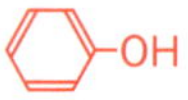

c：サリチル酸，⬡(OH, COOH)

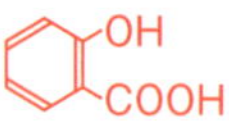

d：アセチルサリチル酸，⬡($OCOCH_3$, COOH)

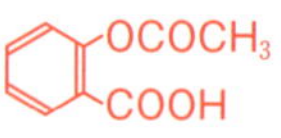

e：サリチル酸メチル，⬡(OH, $COOCH_3$)

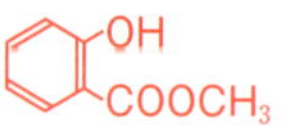

195 〔解説〕

(1) 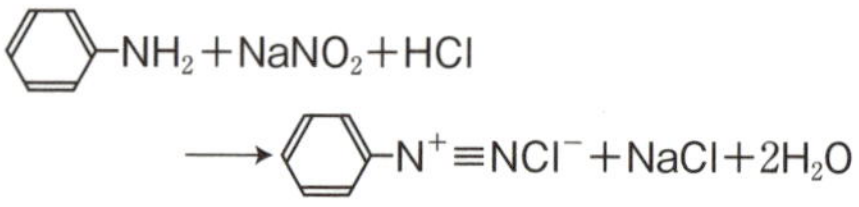 ⬡-NH_2 + $NaNO_2$ + HCl
　⟶ ⬡-$N^+ \equiv NCl^-$ + NaCl + $2H_2O$

(2) 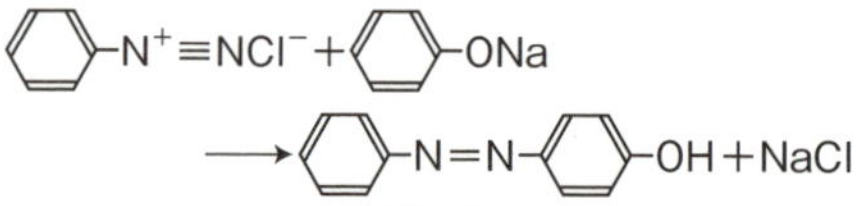 ⬡-$N^+ \equiv NCl^-$ + ⬡-ONa
　⟶ ⬡-$N=N$-⬡-OH + NaCl
　p-ヒドロキシアゾベンゼン

(3) C₆H₅-CH₃ →(O)→ C₆H₅-COOH

(4) 3-CH₃-C₆H₄-OH + (CH₃CO)₂O → 3-CH₃-C₆H₄-OCOCH₃ + CH₃COOH

(5) C₆H₆ + CH₂=CH-CH₃ → C₆H₅-CH(CH₃)₂ (クメン) (オ)

酸化→ C₆H₅-C(CH₃)₂-O-O-H クメンヒドロペルオキシド

H₂SO₄で分解→ C₆H₅-OH + CH₃COCH₃ (カ) (キ)

(6) C₆H₅OH + 3Br₂ → 2,4,6-トリブロモフェノール + 3HBr

(7) ナフタレン →(O)/高温→ 無水フタル酸

解答
(ア) C₆H₅-N⁺≡N Cl⁻
(イ) C₆H₅-N=N-C₆H₄-OH
(ウ) C₆H₅-COOH
(エ) 3-CH₃-C₆H₄-OCOCH₃
(オ) C₆H₅-CH(CH₃)-CH₃ 　※CH₃CHCH₃ 付き
(カ) C₆H₅-OH
(キ) CH₃COCH₃
(ク) 2,4,6-トリブロモフェノール
(ケ) 無水フタル酸

196 解説 A, Bは，フェノール類で，分子式より

A: 2-CH₃-C₆H₄-OH
B: 2-HOOC-C₆H₄-OH

なお，NaOH水溶液を加えると，-OHと-COOHは，-ONa，-COONaとなって溶けるが，CO₂を通すと，-ONaのみが-OHとなり，Aが遊離し，エーテル層に移る。弱酸の塩により強い酸を作用させると，弱酸が遊離する。

Cは，NaOH水溶液を加えても，エーテル層にとどまることや，分子式からo-トルイジン。Dは，無水物をつくることや，分子式などからフタル酸。Eは，酸化されてフタル酸になることと，分子式よりo-キシレン。

C: 2-CH₃-C₆H₄-NH₂
D: 1,2-(COOH)₂-C₆H₄
E: 1,2-(CH₃)₂-C₆H₄

解答
(1) (A) 2-CH₃-C₆H₄-OH　o-クレゾール
(B) 2-HOOC-C₆H₄-OH　サリチル酸
(C) 2-CH₃-C₆H₄-NH₂　o-トルイジン
(D) 1,2-(COOH)₂-C₆H₄　フタル酸
(E) 1,2-(CH₃)₂-C₆H₄　o-キシレン

(2) 2-CH₃-C₆H₄-ONa + CO₂ + H₂O → 2-CH₃-C₆H₄-OH + NaHCO₃

POINT　酸の強さ
-COOH > 炭酸(CO₂+H₂O) > -OH (フェノール類)

197 解説 (1)より，AはNaHCO₃水溶液で抽出されるから，カルボン酸のアセチルサリチル酸。(2)より，Bは，NaOH水溶液で抽出されるから，酸(フェノール類)で，サリチル酸メチル。(3)より，Cはうすい塩酸で抽出されるのでアニリン。(4)より，Dは，アセトアニリド。

解答 A:(a)　B:(d)　C:(c)　D:(b)

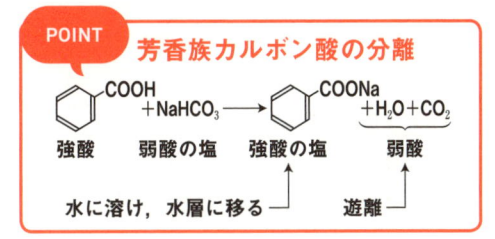

POINT　芳香族カルボン酸の分離
C₆H₅-COOH + NaHCO₃ → C₆H₅-COONa + H₂O + CO₂
強酸　　弱酸の塩　　強酸の塩　　弱酸
水に溶け，水層に移る　　遊離

198 【解説】

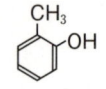

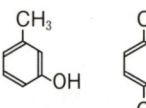

オルト、メタ、パラ置換体（CH₃, OH 基をもつ3種）、$C_6H_5-CH_2OH$、$C_6H_5-O-CH_3$ の5種類。

NaOH 水溶液や Na と反応しない化合物は $C_6H_5-O-CH_3$

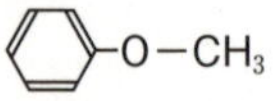

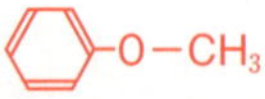

【解答】 ア：5　A：$C_6H_5-O-CH_3$

POINT　芳香族化合物 C_7H_8O の異性体

オルト、メタ、パラの3つの二置換体のほかに、一置換体も考える。

二置換体：(o-, m-, p- の CH₃・OH 二置換体)

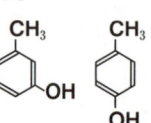

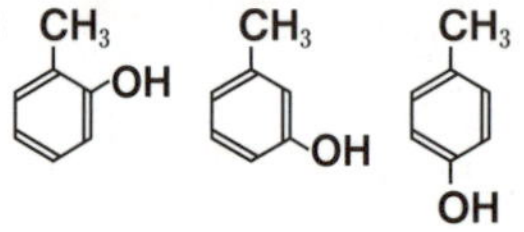

一置換体：$C_6H_5-CH_2OH$、$C_6H_5-OCH_3$

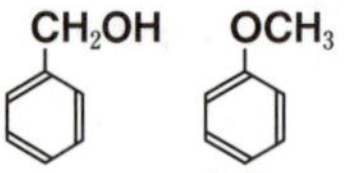

199 【解説】

Xは、分子式が C_7H_8O であり、酸化されて安息香酸になることから、$C_6H_5-CH_2OH$ である。

(1) Na_2CO_3 水溶液で抽出される（溶ける）のは安息香酸。水層中で、$C_6H_5-COO^-$ となる。

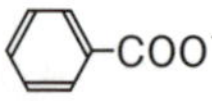

(2) 希塩酸に抽出されるのはアニリン。水層中で、$C_6H_5-NH_3^+$ となる。

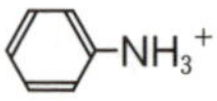

(3) 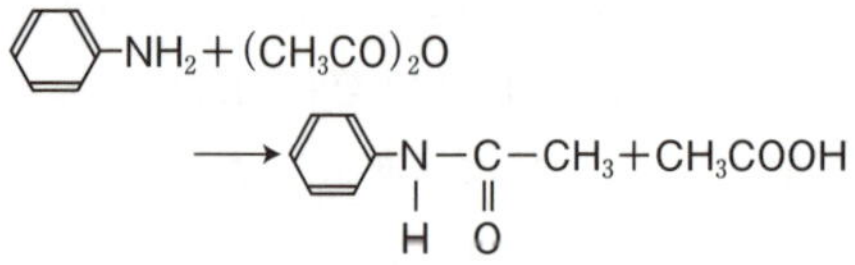 $C_6H_5-NH_2 + (CH_3CO)_2O$
   $\longrightarrow C_6H_5-NH-CO-CH_3 + CH_3COOH$

(4) エーテル層Ⅱに残るのは、Xである。

【解答】 (1) 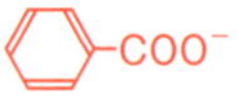 $C_6H_5-COO^-$　(2) 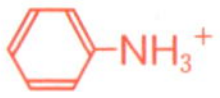 $C_6H_5-NH_3^+$
(3) $C_6H_5-NH-CO-CH_3$ 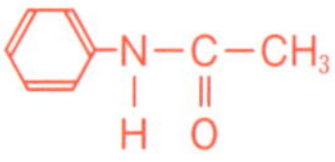　(4)  $C_6H_5-CH_2OH$

200 【解説】

置換基にあたる各原子数は
$$C=2,\ H=5,\ O=1\text{（一置換体）}$$
$$C=2,\ H=6,\ O=1\text{（二置換体）}$$ ……①

A、B、C、D は Na と反応し H_2 を発生するから、

フェノール類またはアルコールである。

C、D はパラ置換体で、C は NaOH 水溶液と反応するので、フェノール類。①より

C：$HO-C_6H_4-CH_2CH_3$

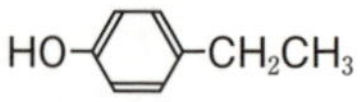

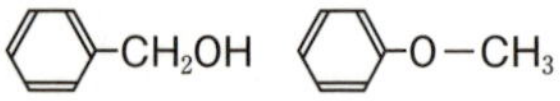

D：$CH_3-C_6H_4-CH_2OH$

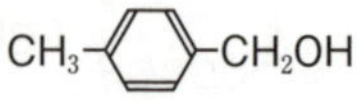

A、B は、NaOH 水溶液に溶けないので、アルコール。B はヨードホルム反応を示すので、$CH_3CH(OH)-$ の部分構造をもつ。一置換体であること、および①より

B：$C_6H_5-CH(OH)-CH_3$

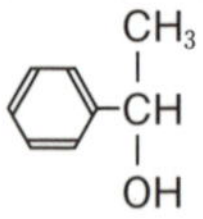

A：$C_6H_5-CH_2CH_2OH$

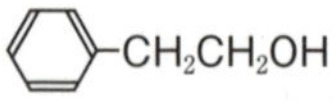

F は、A、B より $C_6H_5-CH=CH_2$

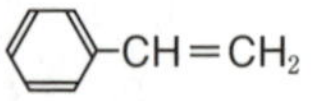

G、H は、それぞれ

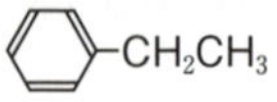

G：$C_6H_5-CH_2CH_3$　H：$C_6H_5-CH-CH_2Br$
　　　　　　　　　　　　　　　　　$|$
　　　　　　　　　　　　　　　　　Br

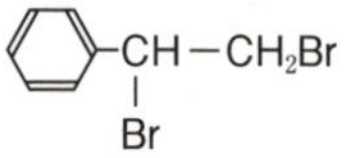

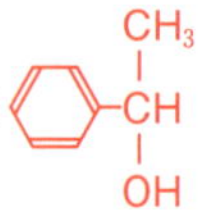

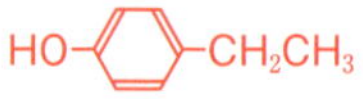

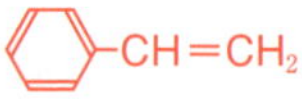

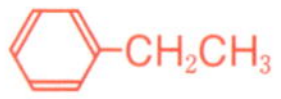

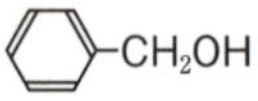

【解答】 A：$C_6H_5-CH_2CH_2OH$　B：$C_6H_5-CH(OH)-CH_3$

C：$HO-C_6H_4-CH_2CH_3$

D：$CH_3-C_6H_4-CH_2OH$

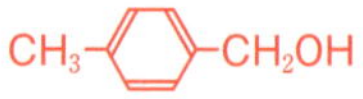

E：CHI_3　F：$C_6H_5-CH=CH_2$

G：$C_6H_5-CH_2CH_3$　H：$C_6H_5-CH(Br)-CH_2Br$

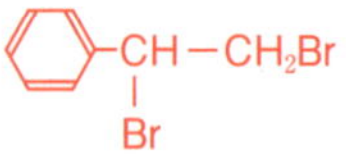

POINT　ベンゼンの置換体

置換基の C、H、O の数を一置換体、二置換体に分けて考える。

一置換体では分子式から C_6H_5、二置換体では C_6H_4 を引いたものとなる。

201 【解説】

A および B を酸化して得られるジカルボン酸を加熱すると酸無水物 $C_8H_4O_3$ を生じることから、酸無水物 $C_8H_4O_3$ は無水フタル酸で、ジカルボン酸はオルト位に2つの $-COOH$ をもつフタル酸である。

$$\underset{\text{フタル酸}}{\underset{}{\bigcirc}\text{COOH} \atop \text{COOH}} \xrightarrow{\text{加熱}} \underset{\text{無水フタル酸}}{\bigcirc\!\!\!<\!\!{\text{CO} \atop \text{CO}}\!\!>\!\!\text{O}} + H_2O$$

したがって，AとBは，オルト位に置換基をもつ。Aは銀鏡反応をすることから－CHOが存在し，その分子式 $C_8H_8O_2$ を考えあわせると，次の構造をとる。(A)

CHO / CH₂－OH (オルト置換ベンゼン)

また，Bは $NaHCO_3$ と反応して気体 CO_2 を発生するので，－COOH が存在し，分子式を考えあわせると，(B)

COOH / CH₃ (オルト置換ベンゼン)

なお，(A)，(B)とも酸化すると右のフタル酸になる。

COOH / COOH

解答 A: ベンゼン環に CHO と CH₂－OH（オルト） B: ベンゼン環に COOH と CH₃（オルト）

POINT　側鎖の酸化

$$\bigcirc\!\!-\!\!R \xrightarrow{(O)} \bigcirc\!\!-\!\!COOH$$

$R: -CH_3, -CH_2CH_2CH_3,$
$-CH_2OH, -CHO$ など

POINT　フタル酸の脱水反応

フタル酸を加熱すると無水フタル酸になる
⇒ オルト位の証拠

$$\underset{}{\bigcirc\!\!{\text{COOH} \atop \text{COOH}}} \xrightarrow{\text{加熱}} \bigcirc\!\!\!<\!\!{\text{CO} \atop \text{CO}}\!\!>\!\!\text{O}$$

202 解説　AとBは，水酸化ナトリウムと反応して，カルボン酸のナトリウム塩とアルコールになるので，ともにエステルである。Aからのカルボン酸は安息香酸 C_6H_5COOH なので，アルコールCの分子式は，次のようになる。

$$C_{11}H_{14}O_2 \text{ (A)} + H_2O$$
$$\longrightarrow C_6H_5COOH + C_4H_{10}O \text{ (C)}$$

Cはヨードホルム反応を示すので，分子式と考えあわせると，次のようになる。

C : $CH_3-\underset{\underset{OH}{|}}{CH}-CH_2-CH_3$

したがって，エステルAは，次のようになる。

A : $C_6H_5-\underset{O}{\underset{\|}{C}}-O-\underset{\underset{CH_3}{|}}{CH}-CH_2-CH_3$

一方，Bから得られるカルボン酸Dは，酸化，加熱すると酸無水物Gになる。このGは，無水フタル酸で，Dはオルト位に2個の炭素原子が結合した，炭素数8以上の化合物である。また，Bから得られるアルコールEは，第二級アルコールで，BとDの炭素数から考えると炭素数3で，次のようになる。

$CH_3-\underset{\underset{OH}{|}}{CH}-CH_3$

Dは炭素数8で，次のようになる。

D : ベンゼン環に CH_3 と $\underset{O}{\underset{\|}{C}}-OH$（オルト）

したがって，エステルBは，次のようになる。

B : ベンゼン環に CH_3 と $\underset{O}{\underset{\|}{C}}-O-\underset{\underset{CH_3}{|}}{CH}-CH_3$（オルト）

解答 A : $C_6H_5-\underset{O}{\underset{\|}{C}}-O-\underset{\underset{CH_3}{|}}{CH}-CH_2-CH_3$

B : ベンゼン環に CH_3 と $\underset{O}{\underset{\|}{C}}-O-\underset{\underset{CH_3}{|}}{CH}-CH_3$（オルト）

203 解説　(1) $C : 70.4 \times \dfrac{12.0}{44.0} = 19.2 \text{ (mg)}$

$H : 14.4 \times \dfrac{2.0}{18.0} = 1.60 \text{ (mg)}$

$O : 30.4 - (19.2 + 1.60) = 9.60 \text{ (mg)}$

$C : H : O$
$= \dfrac{19.2}{12.0} : \dfrac{1.60}{1.0} : \dfrac{9.60}{16.0} = 8 : 8 : 3$

Bの組成式は $C_8H_8O_3$

化合物Aの炭素数が，21個で，B，C，Dはそれぞれベンゼン環をもつので，Bの分子式は $C_8H_8O_3$ となる（組成式の2倍の $C_{16}H_{16}O_6$ は，考えられない）。

Bは，$NaHCO_3$ と反応するので，－COOHをも

第4部　有機化合物　63

ち，不斉炭素原子を含むことから，次のように推定される。

（構造式：ベンゼン環に *CH(OH)-COOH）

(2) C は C_6H_7N よりアニリンで，無水酢酸と反応してアセトアニリドEとなる。

アニリン C: C₆H₅-NH₂ + (CH₃CO)₂O
⟶ C₆H₅-NHCOCH₃ + CH₃COOH
アセトアニリド E

(3) Dの分子式を考える。

$C_{21}H_{17}NO_4$ (A) + $2H_2O$
⟶ $C_8H_8O_3$ (B) + C_6H_7N (C) + D

D：$C_7H_6O_3$　Dは，塩化鉄(Ⅲ)との呈色反応より，-OH をもち，NaHCO₃ と反応するので，-COOH をもつベンゼンの二置換体。次のオルト，メタ，パラの3種類が考えられる。

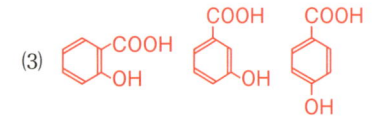

（構造式：o-, m-, p-ヒドロキシ安息香酸）

解答
(1) ベンゼン環-*CH(OH)-COOH
(2) ベンゼン環-NHCOCH₃
(3) o-, m-, p-ヒドロキシ安息香酸

実戦問題⑥　p.124～125

1 **解説** C_4H_{10} の異性体は，次の2種類。
CH₃-CH₂-CH₂-CH₃
CH₃-CH(CH₃)-CH₃

解答 ア　2　イ　幾何（シス-トランス）
a　C_nH_{2n+2}　b　C_nH_{2n}　c　C_nH_{2n-2}
d　CH₂=C(CH₃)CH₃　e　CH₃CH=CHCH₃
f　CH₂=CHCH₂CH₃

配点各2点（合計16点）

2 **解説** A 9.0 mg 中の C, H, O の質量は

$$C = 19.8 \times \frac{12}{44} = 5.4 \text{ [mg]}$$

$$H = 10.8 \times \frac{2.0}{18} = 1.2 \text{ [mg]}$$

$$O = 9.0 - (5.4 + 1.2) = 2.4 \text{ [mg]}$$

C, H, O の原子数比は

$$C : H : O = \frac{5.4}{12} : \frac{1.2}{1.0} : \frac{2.4}{16} = 3 : 8 : 1$$

よって，組成式は　C_3H_8O

C_3H_8O の式量が 60，A の分子量が 60 であることから，分子式は　C_3H_8O

解答 組成式：C_3H_8O，分子式：C_3H_8O

配点各5点（合計10点）

POINT　組成式と分子式

$$n = \frac{\text{分子量}}{\text{組成式量}} \Rightarrow \text{分子式} = n \times \text{組成式}$$

3 **解説** $C_4H_8O_2$ の A は，水酸化ナトリウム水溶液と加熱すると，脂肪酸のナトリウム塩とアルコールが生成することから，エステルである。B は還元性を示す脂肪酸なのでギ酸 HCOOH である。

$C_4H_8O_2$ (A) + NaOH ⟶ HCOONa + (C)

より，アルコール C の分子式は，C_3H_8O となる。C はヨードホルム反応を示すので，

CH₃-CH(OH)-CH₃ である。

したがって，エステル A は，次のようになる。

H-C(=O)-O-CH(CH₃)-CH₃

油脂は，高級脂肪酸とグリセリンのエステルで，水酸化ナトリウム水溶液により，次のようにけん化される。けん化されて生成する高級脂肪酸のナトリウム塩を，セッケンという。

R¹COO-CH₂
R²COO-CH　　+ 3NaOH
R³COO-CH₂

⟶ R¹COONa　　HO-CH₂
　　R²COONa + HO-CH
　　R³COONa　　HO-CH₂
　　セッケン　　グリセリン

解答 (1) A: H-C-O-CH-CH₃ (O double bond, CH₃ branch)

B: H-C-OH (=O) C: CH₃-CH-CH₃ (OH)

D: HO-CH₂ / HO-CH / HO-CH₂

(2) **セッケン**

配点(1)各2点，(2)1点（合計9点）

4 **解説** ベンゼンから出発して，Eを経てGに至る反応は，フェノールの製法の1つであるクメン法。このとき，Fのアセトンも生成する。

解答 ① (ク) ② (カ) ③ (コ)
④ (シ) ⑤ (オ) ⑥ (ス) ⑦ (サ)

A: C₆H₅-NO₂   B: C₆H₅-NH₂

C: C₆H₅-N⁺≡N Cl⁻   D: C₆H₅-NH-C(=O)-CH₃

E: C₆H₅-CH(CH₃)₂   F: CH₃-C(=O)-CH₃

G: C₆H₅-OH   H: C₆H₅-ONa

I: サリチル酸ナトリウム (COONa, OH)   J: サリチル酸 (COOH, OH)

K: サリチル酸メチル (COOCH₃, OH)   L: アセチルサリチル酸 (COOH, OCOCH₃)

M: C₆H₅-N=N-C₆H₄-OH

配点各1点（合計20点）

5 **解説** 芳香族化合物 C_7H_8O には，ベンゼンの一置換体と二置換体がある。二置換体には，オルト，メタ，パラの3種類のクレゾールがある。

一方，一置換体には，アルコール（ベンジルアルコール）とエーテル（メチルフェニルエーテル）が各1種類ずつ存在する。

(1) 塩化鉄(Ⅲ)水溶液で呈色することからフェノール類で3種類のクレゾール。

(2) ナトリウムで水素を発生することから，-OH基をもつが，水酸化ナトリウム水溶液と反応しないからアルコール。

(3) ナトリウムを加えて水素を発生しないからエーテル。

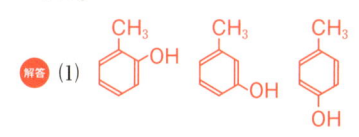

解答 (1) o-クレゾール, m-クレゾール, p-クレゾール

(2) C₆H₅-CH₂OH   (3) C₆H₅-O-CH₃

配点(1)各2点，(2)，(3)各3点（合計12点）

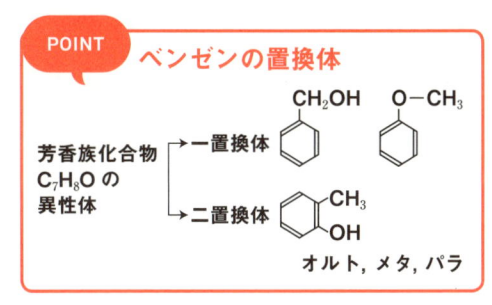

POINT　ベンゼンの置換体

芳香族化合物 C_7H_8O の異性体
→ 一置換体：CH₂OH, O-CH₃
→ 二置換体：CH₃, OH（オルト, メタ, パラ）

6 **解説** エーテル混合溶液に希塩酸を加えると，塩基性のアニリンが水層Aに移る。

エーテル層Aに希水酸化ナトリウム水溶液を加えると，酸性のフェノールと安息香酸が水層Bに移り，ベンゼンはエーテル層Bに残る。

次に，水層Bに CO_2 を吹きこむと，CO_2 より弱い酸であるフェノールが遊離し，さらにエーテルを加えると，フェノールがエーテル層Cに移り，安息香酸は水層Cにとどまる。

解答 (1) a (エ) b (ア) c (ウ)

(2) 水層A: C₆H₅-NH₃Cl

水層C: C₆H₅-COONa

エーテル層B: C₆H₆

エーテル層C: C₆H₅-OH

配点各2点（合計14点）

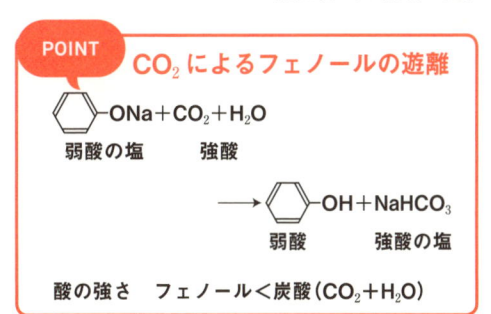

POINT　CO_2 によるフェノールの遊離

C₆H₅-ONa + CO_2 + H_2O
弱酸の塩　　強酸

→ C₆H₅-OH + $NaHCO_3$
　　弱酸　　　強酸の塩

酸の強さ　フェノール＜炭酸（CO_2+H_2O）

第4部　有機化合物

7 【解説】 $C_4H_{10}O$ の構造異性体は，次の7種類。

アルコール

C−C−C−C−OH

C−C−C−C
   |
   OH

  C
  |
C−C−C−OH

  C
  |
C−C−C
  |
  OH

エーテル

C−C−O−C−C

C−C−C−O−C

  C
  |
C−C−O−C

③より，A，Eはエーテル，B，C，Dはアルコール。①と⑤より

 A：$C_2H_5OC_2H_5$

 E：CH_3−CH−O−CH_3
   CH_3

Dは，②より酸化されないので第三級アルコールかエーテルで，③よりアルコールとわかるので

  CH_3
   |
 CH_3−C−OH
   |
  CH_3

Cは，④より

  CH_3
   |
  CH−CH_2−OH
   |
  CH_3

⑥はヨードホルム反応で，Bが酸化されてできたFは CH_3−C− をもつ。
         ‖
         O

Bは，②と⑥より

 CH_3−*CH−CH_2−CH_3
    |
    OH   *は不斉炭素原子

【解答】(1) C：CH_3−CH−CH_2−OH
       |
       CH_3

  E：CH_3−CH−O−CH_3 I：H−C−I
    | |
    CH_3 I

(2) B

(3) A：**エーテル** G：**アルデヒド**

 H：**カルボン酸**

(4) H_2

配点 (1) C，E 各3点，I 2点，(2) 3点，(3) 各2点，(4) 2点（合計19点）

探究活動 対策問題 p.126〜127

1 【解説】(1) 金属ナトリウムを加えて気体(H_2)が発生するものは−OH基をもつ。

(2) ヨードホルム反応は，CH_3−CH− 基をもつア
           |
           OH

ルコールおよび CH_3−C− 基をもつアルデヒドや
        ‖
        O

ケトンが陽性となる。

(4) ①より，AとBは{メタノールかエタノール}，②より，BとCは{エタノールかエチルメチルケトン}。よって，A：メタノール，B：エタノール，C：エチルメチルケトン。なお，金属ナトリウムとの反応は，メタノールのほうがエタノールより激しい。

【解答】(1) **AとBはアルコールで，メタノールかエタノールのいずれかで，Cはエチルメチルケトンであること。**

(2) CH_3−C− または CH_3−CH−
    ‖ |
    O   OH

(3) Bとの反応：$2CH_3OH + 2Na$
          $\longrightarrow 2CH_3ONa + H_2 \uparrow$

 Aとの反応：$2C_2H_5OH + 2Na$
          $\longrightarrow 2C_2H_5ONa + H_2 \uparrow$

(4) A：**メタノール** B：**エタノール**

 C：**エチルメチルケトン**

2 【解答】(1) 酢酸とエタノールが反応して酢酸エチルに変化したため，酢酸臭が消え，酢酸エチルの芳香が現れた。

 $CH_3COOH + C_2H_5OH \longrightarrow CH_3COOC_2H_5 + H_2O$

(2) 触媒

(3) 生成した酢酸エチルは，水に溶けないため。

(4) 酢酸エチルがけん化（加水分解）され，水溶性のエタノールと酢酸ナトリウムになったため。

(5) $CH_3COOC_2H_5 + NaOH$
       $\longrightarrow CH_3COONa + C_2H_5OH$

第5部　高分子化合物

第1章　天然高分子化合物

基本問題　p.129〜131

204 解説 (1) ウ，エ　加水分解は水溶液中で行うので，できた単糖は α 型，鎖状構造，β 型の平衡状態になり，α-グルコースや β-フルクトースと答えるべきではない。

解答 (1) ア　**単糖（類）**　イ　**縮合**
　　ウ，エ　**グルコース，フルクトース**　（順不同）
　　オ　**転化糖**　カ　**赤**

(2) ラクトース：**グルコースとガラクトース**
　　マルトース：**グルコースとグルコース**

POINT　二糖(類)のまとめ

① 加水分解酵素と生成物
　マルトース ⇒ マルターゼで
　　　　　　　　グルコースとグルコースに
　セロビオース ⇒ セロビアーゼで
　　　　　　　　グルコースとグルコースに
　スクロース ⇒ インベルターゼで
　　　　　　　　グルコースとフルクトースに
　ラクトース ⇒ ラクターゼで
　　　　　　　　グルコースとガラクトースに

② 還元性
　スクロースは還元性を示さない。

POINT　還元性について

　同一炭素にヒドロキシ基 −OH とエーテル結合 −O− が結合した構造をヘミアセタール構造といい，水に溶かすとこの部分で開環し，還元性をもつ鎖状構造になる。
　二糖のうちスクロースが還元性を示さないのは，α-グルコースと β-フルクトースのヘミアセタール構造どうしで脱水縮合（グリコシド結合）をしているためである。

205 解答 α-グルコース：(ア)，マルトース：(カ)，スクロース：(キ)

206 解説 (イ)，(ウ)　酸性の −COOH と塩基性の −NH$_2$ をもっており，結晶中ではそれぞれ −COO$^-$ と −NH$_3^+$ となっているので双性イオンと呼ばれ，イオン結晶で，水に溶けやすく有機溶媒に溶けにくい。

(エ)　R の中に −NH$_2$ を含むものを塩基性アミノ酸，−COOH を含むものを酸性アミノ酸という。

(オ)　R が H（水素原子）のグリシンには不斉炭素原子が存在しない。

(カ)　ジペプチドは，アミノ酸2分子がペプチド結合したもので，ペプチド結合を1つもつ。

解答 (ア) ○　(イ) ○　(ウ) ×　(エ) ×　(オ) ×
(カ) ×

207 解説 (1)　α-アミノ酸で唯一不斉炭素原子をもたないグリシンと，不斉炭素原子をもつ α-アミノ酸で最も簡単なアラニンの構造は必ず覚えておく。
　また，(ア)はリシン，(ウ)はシステイン，(オ)はグルタミン酸，(カ)はフェニルアラニンである。

(2)　α-アミノ酸の基本構造は

$$\begin{array}{c} H \\ | \\ R-C-COOH \\ | \\ NH_2 \end{array}$$

で，R の中に −COOH を含むものを酸性アミノ酸，−NH$_2$ を含むものを塩基性アミノ酸という。

(3)　pH6.0 前後では，カルボキシ基もアミノ基もイオン化している。

解答 (1) (イ)　**グリシン**　(エ)　**アラニン**
(2) 酸性アミノ酸：(オ)，塩基性アミノ酸：(ア)
(3) H−CH−COO$^-$
　　　|
　　　NH$_3^+$

208 解説

(ア)
$$\begin{array}{cc} H\ H & H\ H \\ |\ \ | & |\ \ | \\ H-N-C-\boxed{C-OH\ \ H-N}-C-C-OH \\ |\ \ \| & |\ \ \| \\ \boxed{R_1}\ O & \boxed{R_2}\ O \end{array}$$

$$\longrightarrow \begin{array}{c} H\ H\ \ \boxed{H}\ H \\ |\ \ |\ \ \ \ |\ \ | \\ H-N-C-C-N-C-C-OH \\ |\ \ \|\ \ \ \ |\ \ \| \\ \boxed{R_1}\ O\ \ \boxed{R_2}\ O \end{array}$$

ペプチド結合

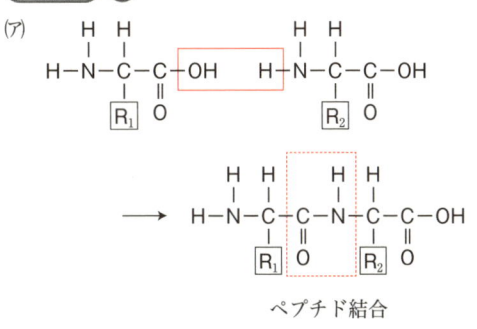

一般的にはアミド結合であるが，アミノ酸どうしによるアミド結合はペプチド結合という。

(イ) キサントプロテイン反応。アンモニア水を加えると，さらに橙黄色になる。ベンゼン環をもつアミノ酸のフェニルアラニンやチロシンでも起こる。

(ウ) 高分子なので，デンプンと同じく加水分解しないと吸収できない。

(エ) 加水分解してα-アミノ酸のみを生じるタンパク質が単純タンパク質で，α-アミノ酸以外に糖や核酸，リン酸なども生じるタンパク質は複合タンパク質という。

(オ) β-ヘリックスではなくβ-シートで，これとα-ヘリックスを二次構造という。

解答 (ア)，(エ)，(オ)

209 **解答** ア 水素　イ 二重らせん
ウ タンパク質　エ チミン　オ ウラシル

応用問題　p.132～133

210 **解説** (1) イ −CH₂OHの炭素原子以外は不斉炭素原子である。

オ 第一級アルコールの酸化で学習した。

$$R-\underset{\underset{O-H}{|}}{\overset{\overset{H}{|}}{C}}-H \xrightarrow{-2H} R-\underset{\underset{O}{\|}}{C}-H \xrightarrow{+O} R-\underset{\underset{O}{\|}}{C}-O-H$$

カ 6位の炭素原子がDの左端の HOH₂C− になっている。

(3) この部分がさらに変化して還元性を示す。また，ケトン基をもつのでケトースに分類され，グルコースやガラクトースはアルデヒド基をもつのでアルドースに分類される。

解答 (1) ア β　イ 5　ウ アルデヒド
エ 還元　オ カルボキシ基　カ 5

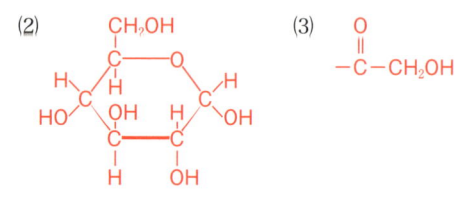

(2) （グルコースの環状構造の図）　(3) （フルクトースの開環部分の図）

211 **解説** (2) ア 3つとも C₆H₁₂O₆ である。
イ 二糖類は単糖類2分子を脱水縮合させたものである。

$$C_6H_{12}O_6 + C_6H_{12}O_6 \longrightarrow \underset{二糖類}{C_{12}H_{22}O_{11}} + H_2O$$

ウ すべての単糖類とスクロース以外の二糖類は還元性を示す。

(3) $(C_6H_{10}O_5)_n + \frac{n}{2}H_2O \longrightarrow \frac{n}{2}C_{12}H_{22}O_{11}$

$162n : 342 \times \frac{n}{2} = 16.2 : x$

$x = 17.1$ 〔g〕

解答 (1) A：グルコース，B：フルクトース，
C：ガラクトース，X：マルトース，
Y：スクロース，Z：ラクトース，
P：アミラーゼ，Q：インベルターゼ（スクラーゼ）

(2) ア ○　イ ○　ウ ×　(3) X = 17.1 g

212 **解説** (1) エ，オのほかに，窒素や硫黄を検出する反応や，ニンヒドリン反応についても復習しておくこと。

(2) アミノ酸の順番に気をつける。アミノ基の残った N 末端を左側に，カルボキシ基の残った C 末端を右側に書くのがふつうである。

(3) ベンゼン環のニトロ化によって呈色する。

解答 (1) ア アミノ　イ カルボキシ
ウ ペプチド　エ ビウレット
オ キサントプロテイン

(2)
$$H_2N-\underset{\underset{H}{|}}{\overset{\overset{H}{|}}{C}}-\underset{\underset{O}{\|}}{C}-N-\underset{\underset{H}{|}}{\overset{\overset{CH_3}{|}}{C}}-\underset{\underset{O}{\|}}{C}-OH$$

$$H_2N-\underset{\underset{H}{|}}{\overset{\overset{CH_3}{|}}{C}}-\underset{\underset{O}{\|}}{C}-N-\underset{\underset{H}{|}}{\overset{\overset{H}{|}}{C}}-\underset{\underset{O}{\|}}{C}-OH$$

(3) ベンゼン環

213 **解説** (1) タンパク質は，一次構造から四次構造まであるように非常に複雑な構造をしており，これが基質特異性をもたらす。

(2) 無機触媒は温度が上がれば上がるほど反応速度は大きくなる（10℃で2～3倍）。一方で酵素は温度が上がりすぎると，複雑な構造を保っていた水素結合などが切れて構造が変わり（変性），基質と結合できなくなる（失活）。反応速度が最大となる体温付近の35～40℃を最適温度という。

(3) ペプシンは塩酸が含まれる胃液中に存在し，トリプシンはすい液中に存在する。すい液は胃から出たあたりで分泌されるので，胃液を中和するた

めに少し塩基性になっている。反応速度が最大となる pH を最適 pH という。

解答 (1) ア タンパク質　イ 触媒
ウ 基質特異性　(2) a
(3) だ液アミラーゼ：d，ペプシン：c，
トリプシン：e

第2章　合成高分子化合物

基本問題　p.135〜137

214 **解説** 重合反応にはほかに共重合というものがあり，2種類以上の単量体による付加重合をさす。

解答 (1) 付加重合　(2) 縮合重合　(3) 開環重合

215 **解説** (1) ペットボトルの主成分である。
(2), (4) アミド結合をもつポリアミド系の繊維でナイロンと呼ばれる。単量体の炭素数を名称に入れる。
(3) 羊毛に似た肌ざわりでセーターや毛布に用いられる。

解答 (1) ポリエチレンテレフタラート：エチレングリコールとテレフタル酸
(2) ナイロン6：ε-カプロラクタム
(3) アクリル繊維：アクリロニトリル
(4) ナイロン66：ヘキサメチレンジアミンとアジピン酸

216 **解説** (1) 炭素数がヘキサメチレンジアミンもアジピン酸も6なので，ナイロン66のことである。
(2), (3) アミド結合をもつ繊維の総称がナイロンである。
(4) 木綿の主成分はセルロースで，親水基であるヒドロキシ基−OHを多く含むが，ナイロンにはほとんどないので，吸湿性は木綿のほうがよい。

解答 (2), (4)

217 **解説** アは鎖状構造の重合体で，イは三次元立体網目状構造の重合体である。

解答 ア 熱可塑性　イ 熱硬化性
(a) ア　(b) イ　(c) イ　(d) ア　(e) ア
(f) ア

218 **解説** 陽イオン交換樹脂と陰イオン交換樹脂を用いると，海水を淡水にすることができる。

解答 ア (c)　イ (h)　ウ (a)　エ (e)　オ (i)
カ (b)　キ (f)((c)でも可)　ク (f)

219 **解説** (1) (イ) 凝析という語から判断する。

解答 (1) ア ラテックス　イ コロイド
ウ 天然　エ 付加　オ シス

(2) $\begin{array}{c} H\\ \end{array}$C=C$\begin{array}{c} CH_3 \\ \end{array}$
　　H　　　C=C　　　H
　　　　　H　　CH　　　(3) 加硫

(4) 架橋構造

220 **解説** (1) ポリエチレンの繰り返し単位 $-CH_2CH_2-$ の式量は 28 で，分子量は $28n$ と表される。
よって　$28n = 8.4 \times 10^4$
　　　　$n = 3.0 \times 10^3$

(2) $+CH_2-CH_2+_n + 3nO_2 \longrightarrow 2nCO_2 + 2nH_2O$

ポリエチレン 14 g は，$\dfrac{14 〔g〕}{28n 〔g/mol〕} = \dfrac{1}{2n}$ 〔mol〕

よって，生じる二酸化炭素は $\dfrac{1}{2n} \times 2n = 1$ 〔mol〕

解答 (1) 3.0×10^3　(2) 22.4 L

応用問題　p.138〜139

221 **解答** (1) ① 化学繊維　② 植物繊維
③ 動物繊維　④ 再生繊維　⑤ 半合成繊維
⑥ 合成繊維

(2) (各順不同) a, b (イ), (エ)　c, d (ウ), (ク)
e (キ)　f (ア)　g, h, i (オ), (カ), (ケ)

222 **解説** (2) ③ ビニロンの製法は，次の POINT に示すように複雑である。

解答 (1) ① (b), (d)　② (e), (f)　③ (a)　④ (c)
(2) ① ヘキサメチレンジアミンとアジピン酸，縮合重合
② エチレングリコールとテレフタル酸，縮合重合
③ 酢酸ビニル，付加重合
④ アクリロニトリル，付加重合

(3) 親水基であるヒドロキシ基を分子内に多くもつから。

POINT ビニロンの製法

$nCH_2=CH$
　　　$|$
　　　$OCOCH_3$
酢酸ビニル

付加重合→ $-[CH_2-CH]-_n$
　　　　　　　　　$|$
　　　　　　　　　$OCOCH_3$
ポリ酢酸ビニル

けん化 NaOH → $-[CH_2-CH]-_n$
　　　　　　　　　　$|$
　　　　　　　　　　OH
ポリビニルアルコール

アセタール化 HCHO →

$\cdots-CH_2-CH-CH_2-CH-CH_2-CH-\cdots$
　　　　　　$|$　　　　$|$　　　　$|$
　　　　　　$O-CH_2-O$　　　　OH
ビニロン

ポリビニルアルコールをつくるには、ビニルアルコール $CH_2=CH$
　　　　　　　　　　　　　　　　　　　　　　　　　　　$|$
　　　　　　　　　　　　　　　　　　　　　　　　　　　OH
を付加重合させればよいように思えるが、ビニルアルコールは不安定で、単量体として用いることができないので、上のような方法をとる。また、ポリビニルアルコールは親水性のヒドロキシ基−OHが多すぎて水に溶けてしまうので、60％程度をホルムアルデヒドHCHOでアセタール化する必要がある。

223 解説 ① 縮合重合ではなく、付加重合である。
② イオン結合を含むものはない。共有結合のみである。
③ どれも熱可塑性樹脂で変形する。
⑤ 塩化水素が生じる。

解答 ④、⑤

224 解説 (1) ア ② イ ④ ウ ⑥
エ ⑨ オ ⑪ カ ⑫ キ ⑯
(2) **架橋構造**

225 解説 (a) アクリロニトリル-ブタジエンゴム（NBR）　(b) フェノール樹脂
(c) ポリイソプレン　(d) ナイロン66

解答 (1) (a) ② (b) ③ (c) ① (d) ④
(2) (a) ② (b) ③ (c) ⑤ (d) ①

実戦問題⑦　p.140〜141

1 解説 (1) セロビオースはβ-グルコース2分子がβ-1,4-グリコシド結合、トレハロースはα-グルコース2分子がα-1,1-グリコシド結合してできた二糖であることが問題の図からわかる。

(2) 分子式は$C_{12}H_{22}O_{11}$なので分子量は342である。
加水分解の式は $C_{12}H_{22}O_{11} + H_2O \longrightarrow 2C_6H_{12}O_6$
$C_6H_{12}O_6$の分子量180より
$$342 : 2\times 180 = 9.0 : x$$
$$x \fallingdotseq 9.5 \text{(g)}$$

(4) 水に溶かすと還元性を示すヘミアセタール構造（赤の実線で囲まれた部分）を、下図に示す。

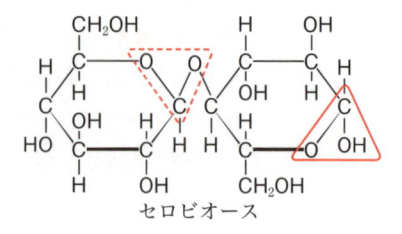

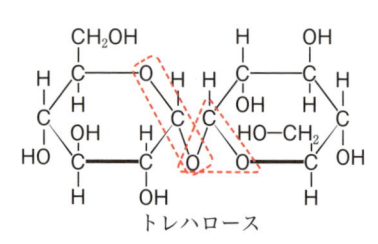

セロビオース

トレハロース

セロビオースは1か所残っているが、トレハロースはヘミアセタール構造どうしでグリコシド結合しているので残っていない。

解答 (1) セロビオース：**グルコース**
　　　トレハロース：**グルコース**
(2) 分子量：**342**、単糖：**9.5 g**
(3) **アルデヒド基、銀鏡反応**
(4) セロビオース：**示す**
　　トレハロース：**示さない**

　　　　　　　　配点各5点（合計20点）

2 解説 (4) L型とD型は鏡像の関係にある。

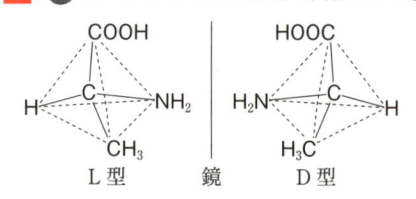

L型　　鏡　　D型

70　第5部　高分子化合物

(5) $A \rightleftarrows B + H^+$ より $K_{a1} = \dfrac{[B][H^+]}{[A]}$

$B \rightleftarrows C + H^+$ より $K_{a2} = \dfrac{[C][H^+]}{[B]}$

$K_{a1} \times K_{a2} = \dfrac{[B][H^+]}{[A]} \times \dfrac{[C][H^+]}{[B]} = \dfrac{[C][H^+]^2}{[A]}$

等電点では $[A] = [C]$ より

$K_{a1} \times K_{a2} = [H^+]^2$

$[H^+] = \sqrt{K_{a1} \times K_{a2}}$

$= 1.0 \times 10^{-6.0}$ 〔mol/L〕

$pH = -\log_{10}[H^+]$ より　6.0

解答 (1) ア ① イ ⑪ ウ ③ エ ⑤ オ ⑦ カ ⑨ キ ⑩　(2) **配位結合**

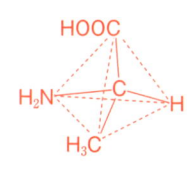

(3) H-N(H)-C(H)(H)-C(=O)-OH

(4) HOOC-C(NH₂)(CH₃)-H (四面体構造)

(5) **6.0**

配点(1)各1点, (2)〜(5)各4点(合計23点)

3 **解説** 含まれていたタンパク質の質量を x〔g〕とすると, それに含まれる窒素の質量は $\dfrac{16}{100}x$〔g〕と表される。

また, アンモニア NH_3 の分子量は17なので

$14 : 17 = \dfrac{16}{100}x : 0.32$　　$x \fallingdotseq 1.6$〔g〕

解答 **1.6g**

配点6点

4 **解答** (1) **ポリエチレンテレフタラート：エチレングリコール**と**テレフタル酸**

(2) **ポリアクリロニトリル：アクリロニトリル**

(3) **ナイロン66：ヘキサメチレンジアミン**と**アジピン酸**

(4) **ナイロン6：ε-カプロラクタム**

配点各5点(合計20点)

5 **解説** セルロースの分子式は $[C_6H_{10}O_5]_n$ であるが, 基本の繰り返し構造内にヒドロキシ基 $-OH$ は3つあるので, $[C_6H_7O_2(OH)_3]_n$ と表され, 3か所をアセチル化できる。

解答 ア　**銅アンモニア**　イ　**再生**　ウ　**無水酢酸**　エ　**トリアセチルセルロース**　オ　**半合成**

配点各3点(合計15点)

6 **解説** SBRはスチレン-ブタジエンゴム(styrene-butadiene rubber)の略である。

解答 1 (ウ)　2 (オ)　3 (カ)　4 (エ)　5 (キ)　6 (ク)　7 (イ)　8 (ア)

配点各2点(合計16点)

探究活動 対策問題　p.142〜143

1 **解説** (5) 触媒として加えた硫酸を中和するために, 炭酸水素ナトリウムを加えている。弱酸の遊離が起こり, 二酸化炭素が発生した。

(6) 二糖や多糖は, 酸か塩基によっても加水分解。

解答 (1) Cu_2O　(2) **還元性**

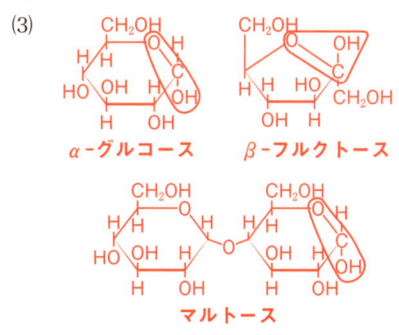

(3) α-グルコース　β-フルクトース　マルトース (構造式)

(4) **α-グルコースとβ-フルクトースが, 還元性を示すヘミアセタール構造どうしでグリコシド結合をしているから。**

(5) $H_2SO_4 + 2NaHCO_3 \longrightarrow Na_2SO_4 + 2H_2O + 2CO_2$

(6) **加水分解**

2 **解説** ベンゼン環をもつアミノ酸のチロシン, 硫黄原子を含むアミノ酸のシステイン, 酸性アミノ酸のアスパラギン酸, 塩基性アミノ酸のアルギニン, タンパク質を特定する実験である。

(2) ビウレット反応は, ペプチド結合を2つ以上もつペプチド, つまりトリペプチド以上ならば呈色。

解答 (1) A：**酸性アミノ酸**, E：**塩基性アミノ酸**

(2) **ビウレット反応, 赤紫色**

(3) **キサントプロテイン反応, 黄色**

(4) B_2, D_2 ともに **橙黄色**　(5) **硫黄反応, PbS, 黒色**

(6) 名称：**アンモニア**, 確認方法：**濃塩酸をつけたガラス棒を近づけ, 白煙が生じることを確認する。あるいは湿らせた赤色リトマス紙を近づけ, 青になることを確認する。**

(7) A：**アスパラギン酸**, B：**卵白**, C：**システイン**, D：**チロシン**, E：**アルギニン**

元素の周期表